超圖解

數位行銷與廣告管理

伍忠賢 博士 著

善用數位媒體，懂行銷、會賣才是王道！

五南圖書出版公司 印行

作者序

Facebook、IG、TikTok與YouTube等數位行銷當道

你的手機裡有幾個臉書（Facebook）、IG（Instagram）、抖音（TikTok，中國大陸抖音Douyin的海外版）或YouTube（YT）的帳戶？一天共花多少時間觀看？

2017年起，全球（主要是美國）、中國大陸、臺灣大約開始出現數位媒體（尤其是社群媒體）廣告與傳統媒體（平面、影音廣告，尤其占其中50%的電視廣告）的黃金交叉。

對一般人閱聽行為的結構轉變，有二句順口溜：「不看『書』（含雜誌、報紙），只看『臉書』（Facebook）」和「不看電視，只看IG」。

一、需求為發明之本

作者看過許多美、中、臺關於數位行銷的書，依「80：20原則」來區分，其「不足之處」如下。

（一）80%缺乏「食譜」般的操作步驟（即不實用）：絕大部分是一些數位行銷「廣告」、「顧問」、「服務」公司的原則（而且大部分沒有邏輯順序）。美國公司提出在先，中國大陸和臺灣的公司、媒體譯成中文。

（二）20%「瞎子摸象」：沒看到「全景」、「近景」，就直接拉「特寫」，例如專談內容行銷，但依然「原則」一堆，碎片化知識。

二、本書特色：系統、實用（個案分析）

本系列書籍至少有二大特色，由「全景」到「近景」，以及到「特寫」。

（一）全景

拙著《超圖解公司數位經營》（五南圖書公司，2024年1月），先拉個全景，說明在數位經營環境下，二大類個體——政府、公司（前二者是法人的主體）與個人（例如自己）該如何「數位經營」（digital management），這至少包括企業功能活動中的核心活動（研發、生產、行銷／業務）和支援活動（人力資源、財務管理、資訊管理）。

由上可見，本書《超圖解數位行銷與廣告管理》只是「數位經營」中的功能、專論。

（二）近景

數位行銷與廣告管理（簡稱數位行銷）只是「行銷管理」中針對行銷工具（例如傳播媒體），以數位媒體（主要是3C產品）為例，本書「溯本正源」知道發展淵源，才能鑑古知今。

（三）特寫Ⅰ：80%個案分析，20%理論

1. 80%篇幅是美國星巴克、中國大陸李子柒網路商店。

⑴ 美國星巴克占9章（主要是第2、5~12章）。

⑵ 中國大陸李子柒網路商店占3章（第13~15章）。

2. 有系統的以美、中二大國一線公司為例，談及數位行銷管理：

⑴ 策略、組織設計。

⑵ 功能管理：行銷相關、資訊管理（四大部，約100人）。

⑶ 績效管理，尤其是數位行銷在「注意－興趣－慾求－購買－續薦」（AIDAR）五階段的績效指標，有一以貫之的衡量指標，易懂易記易用。

（四）特寫Ⅱ：中國大陸李子柒網路商店

本書特別以中國大陸浙江省杭州市微念公司旗下的李子柒網路商店（主要在天貓、京東）為例，說明二階段作大：

1. 2015年~2017年7月，捧紅擁有億位粉絲的網路紅人（KOL）李子柒（Liziqi，本名李佳佳）。

2. 2017年9月~2020年，在天貓等網路商場開設。以2020年為例，營收人民幣16億元，主力產品是廣西壯族自治區的螺螄（米）粉。

這是一個「用小錢賺大錢」、「小兵立大功」的數位行銷成功案例。

三、作者伍忠賢著作的四大競爭優勢

（一）理論：作者從政治大學國貿與國企系大三受教於高熊飛教授，一直到企管系博士班副修行銷管理，又受教於幾位教授。

（二）實務：從外界工作（主要是1996年媽媽塔食品公司總經理）到自營作業（尤其2016年起出版1,000多冊電子書），對行銷略有涉獵。

（三）10萬小時的練習：從2000年起，主要在全華圖書公司陸續出版《零售業管理》、《服務業管理：個案分析》，約寫50個一線公司行銷管理的中型（3萬字）個案分析。

（四）創意：至少開發出50個以上的量表，例如麥當勞、星巴克顧客服務App吸引力量表。

伍忠賢 謹誌於

臺灣新北市新店區台北小城

2024年2月

目錄

作者序   iii

Chapter 1   數位行銷零基礎秒懂 —————————— 001

1-1	行銷的功能	002
1-2	全景：行銷的重要性	006
1-3	近景：數位行銷的重要性	008
1-4	全景：數位廣告二階段發展	010
1-5	近景：數位廣告——美國的發展沿革	013
1-6	特寫：影響美國網路廣告的二大總體環境因素	015
1-7	美國公司數位經營的三大滲透率	017
1-8	極特寫：美國十大數位廣告主、三大數位廣告公司	019
1-9	近景：傳統與數位行銷的差別	021
1-10	社會科學，先有實務再有理論	023
1-11	美國行銷協會對行銷的定義，兼論麥可‧波特對行銷管理的定位	026
附 錄	三種美國普及率的資料來源	028

Chapter 2   數位行銷組織設計與行銷優勢劣勢、公共事務量表 —————————— 029

2-1	「行銷管理」面的數位轉型：策略管理	030
2-2	「行銷管理」面的數位轉型：執行與控制	033
2-3	行銷管理的必要條件：星巴克的行銷費用	035
2-4	行銷優勢劣勢分析：星巴克79分比麥當勞54分	037
2-5	星巴克二階段行銷相關組織的時空背景	039
2-6	星巴克組織管理	041

2-7	全景：星巴克行銷相關部門	043
2-8	星巴克行銷管理第一大類部門	045
2-9	公司公共事務吸引力、績效量表分析	047
2-10	星巴克行銷相關管理第二大類部門：公共事務部、社會部與社會衝擊部	049

Chapter 3　數位行銷環境偵察，兼論數位行銷研究 ——— 053

3-1	行銷策略三之一：行銷環境偵察——競爭者與消費者知識	054
3-2	全景：傳統vs.數位行銷研究	056
3-3	近景：數位行銷的市場研究——社群媒體聆聽	058
3-4	全景：消費者消費決策過程——AIDAR架構	060
3-5	近景：AIDAR架構的發展沿革	062
3-6	特寫：AIDAR同義字——接觸關鍵時刻、消費者體驗與旅程	064
3-7	特寫：AIDAR同義字——三階段潛在顧客，美國直接行銷的沿革	066
3-8	近景：消費者知識	068
3-9	星巴克對分析與市場研究的上層設計	070
3-10	環境偵察與市場研究「組織設計」	072
3-11	行銷策略三之二：市場定位	074
附 錄	傳播媒體、使用者原創內容發展沿革	076

Chapter 4　行銷科技：星巴克個案分析 ——————— 077

4-1	全景：行銷科技範圍，兼論大學教育與研究	078
4-2	行銷科技的發展沿革	081
4-3	全景：行銷科技業	083
4-4	近景：行銷科技公司分類	085
4-5	特寫：行銷科技公司代表	087
4-6	行銷規劃類行銷科技兼論大數據分析	090

4-7	星巴克資料驅動的預測分析	092
4-8	行銷執行類行銷科技：商業與（人員）銷售	094
4-9	特寫：行銷自動化	096
4-10	行銷執行之顧客關係管理	098
4-11	行銷執行之第3P促銷中溝通	100
4-12	行銷控制：績效衡量	103
附 錄	星巴克資訊系統中消費者資料分析循環	105

Chapter 5　星巴克顧客服務行動App ——— 107

5-1	全景：2008年起星巴克「數位經營」，兼論透過行銷科技進行數位行銷	108
5-2	全景：1994年起星巴克解決尖峰時間排隊問題，兼論服務行銷的服務藍圖	110
5-3	星巴克的顧客服務行動App種類：2009年起跟3G、4G通訊世代發展	112
5-4	全景：公司對顧客服務行動App功能量表——星巴克87分比麥當勞51分	114
5-5	顧客服務行動App使用性量表：星巴克82分比麥當勞54分	116
5-6	星巴克行動App頁面	119
5-7	星巴克行動App核心、基本功能	121
5-8	星巴克App期望功能：星巴克忠誠計畫	123
5-9	星巴克App基本功能第三項：2011~2016年手機支付	125
附 錄	星巴克與麥當勞手機App四大功能進程	127

Chapter 6　數位促銷之對外溝通：星巴克個案分析 ——— 129

6-1	全景：行銷組合第3P促銷策略——AIDAR架構	130
6-2	美國「行銷長調查」（CMO survey）	132
6-3	全景：法人對外溝通，兼論公司第3P促銷五之一的公司對外溝通	135

6-4	特寫：公司對外溝通	137
6-5	媒體的性質	139
6-6	公司溝通策略	141
6-7	特寫：公司數位溝通	143
6-8	極特寫：公司跟消費者間溝通流程	145
6-9	促銷、AIDAR五階段下適配的媒體型態	147

Chapter 7

數位促銷策略之公司聲譽、品牌管理：星巴克個案分析 ——— 151

7-1	先知道什麼是聲譽：品牌與聲譽管理大同小異	152
7-2	公司聲譽管理快易通	155
7-3	特寫：聲譽管理相關主題的學門	157
7-4	公司聲譽管理：AIDAR架構、心理學「認知行為」理論	159
7-5	公司聲譽範圍與五層級	162
7-6	公司聲譽管理：星巴克組織設計	164
7-7	公司聲譽管理：副總裁至處長、經理負責範圍	166
7-8	公司聲譽管理：董事長或總裁負責範圍	168
7-9	特寫：公司聲譽管理之危機管理	171
7-10	公司聲譽控制：績效（聲譽）衡量方式	173
7-11	公司聲譽控制：績效衡量之三級單位公司聲譽部層級	175

Chapter 8

公司數位廣告製作與購買，兼論星巴克的數位廣告管理 ——— 177

8-1	全景：法人、自然人廣告與管理	178
8-2	全景：美中臺數位廣告金額、結構	180
8-3	公司廣告管理快易通	182
8-4	特寫：廣告管理的「規劃―執行―控制」	184
8-5	近景：公司廣告目標、廣告內容分類與媒體――星巴克一級主管	186

8-6　特寫：數位廣告策略——星巴克二級主管（資深副總裁）　188

8-7　數位廣告製作與購買，以臉書廣告為例　190

附　錄　公司對外溝通方式、促銷中的小項　193

Chapter 9　社群行銷：星巴克二階段發展個案分析 ————— 195

9-1　全景：星巴克二階段行銷組合——1987~2007年傳統行銷，2008年起數位行銷　196

9-2　星巴克數位行銷策略　198

9-3　星巴克社群行銷組織設計、品牌與聲譽行銷部，兼論數位顧客體驗部組織發展　200

9-4　星巴克店內數位音樂體驗、視訊體驗　202

9-5　星巴克整合行銷溝通企劃案，兼論整合行銷溝通　204

9-6　星巴克社群行銷「內容與媒體」組合　207

9-7　星巴克社群行銷導論　209

9-8　星巴克社群行銷AIDAR階段　211

9-9　星巴克社群行銷指導方針：品牌與聲譽行銷部之第五處全球社群媒體處　213

9-10　星巴克對員工使用社群媒體指導方針：公共事務部下員工溝通及認同部的職責　215

Chapter 10　社群行銷：星巴克社群五層級個案分析 ————— 217

10-1　星巴克董事長霍華・舒茲對社群行銷重要性體會　218

10-2　全景：三重底線、公司企業社會責任　220

10-3　社群行銷第一級：星巴克法令遵循階段 I ——2018年4月~2021年3月　223

10-4　星巴克法令遵循階段 II ——2021年4月起　225

10-5　星巴克策略階段行銷：行銷導向——2008年3月起以12種社群媒體進行內容行銷　227

10-6　星巴克策略導向行銷　229

10-7	近景：星巴克企業社會責任、行銷，兼論環境治理社會（ESG）發展沿革	232
10-8	特寫：星巴克企業社會責任、行銷——社區導向促銷，2015年起星巴克社區店	235
10-9	特寫：星巴克企業社會責任、行銷——環境篇，2014、2015年白紙杯繪圖比賽	237
10-10	星巴克社群行銷績效衡量	239
附錄	麥當勞、星巴克在推特、臉書上的粉絲數	245

Chapter 11

顧客關係管理：星巴克個案分析 ——————— **243**

11-1	顧客關係管理的重要性與權威書、論文	244
11-2	全景：顧客關係管理快易通	246
11-3	近景：顧客關係管理四大目標，兼論顧客關係管理績效評估量表	248
11-4	星巴克總裁在顧客關係管理的決策	251
11-5	星巴克公司網頁上的顧客大分類	253
11-6	顧客關係管理之一：一般顧客服務吸引力量表	255
11-7	特寫：電話與網路顧客服務品質量表——星巴克84分比麥當勞62分	257
11-8	顧客對公司營收、淨利的貢獻分群	259
11-9	公司顧客關係管理二大類之二：顧客忠誠計畫——公司顧客忠誠計畫吸引力量表	261
11-10	星巴克顧客忠誠計畫發展沿革	263
11-11	特寫：星巴克五級會員集點送	265
11-12	特寫：星巴克顧客忠誠計畫之績效評估	267

Chapter 12

數位行銷績效衡量：星巴克個案分析 ——————— **271**

12-1	全景：公司行銷績效衡量	272
12-2	公司總裁、行銷長負責的行銷績效——星巴克與麥當勞行銷組織設計	274

12-3 近景：關鍵字廣告（電子郵件）、展示型廣告（網頁）　276

12-4 近景：影音、口碑／內容行銷　278

12-5 近景：AIDAR階段中AI階段行銷績效衡量　280

12-6 近景：AIDAR「購買」與「續購與推薦」績效衡量
　　　——廣義顧客忠誠度量表　282

12-7 近景：網路品牌績效衡量——網友X.com（推特）貼
　　　文大數據分析　285

12-8 近景：AIDAR「購買」之消費者滿意程度——星巴克
　　　77分比麥當勞68分　287

12-9 特寫：AIDAR淨推薦分數——星巴克71分比麥當勞-8分　289

12-10 近景：行銷績效中財務績效之投資報酬率　291

Chapter 13	網路商店數位行銷管理：天貓商場李子柒旗艦店個案分析 —————— **293**

13-1 李子柒旗艦店的行銷管理組織設計　294

13-2 行銷相關部門管理，兼論客服品質管理處　296

13-3 行銷策略之一：市場定位——產品五層級觀念運用　298

13-4 行銷組合第1P產品策略：品牌型態與架構　300

13-5 行銷組合第1P產品策略：產品組合　302

13-6 特寫：產品組合之食品的商品力量表　304

13-7 特寫：產品策略——核心產品「螺螄米粉」　306

13-8 螺螄米粉的消費者滿意程度　308

13-9 行銷組合第2P定價策略　310

Chapter 14	口碑內容行銷以塑造個人品牌：中國大陸超級（現象級）網紅李子柒經營方式 —————— **313**

14-1 全景：現象級網路紅人、直播主為數位時代夢幻工作
　　　之首　314

14-2 過程Ⅰ：2016年~2017年5月李佳佳的說法　317

14-3	過程Ⅱ：李子柒影片三階段發展	320
14-4	過程Ⅲ：從技術採用模型分析中國大陸網路紅人	322
14-5	過程Ⅳ：微念公司打造李子柒的全景	324
14-6	過程Ⅴ：打造一位千萬粉絲網路紅人的組織設計	326
14-7	過程Ⅵ：影音社群媒體的選擇	328
14-8	公開承認Ⅰ：人士公開承認量表	330
14-9	公開承認Ⅱ：金氏世界紀錄認證	332
14-10	公開承認Ⅲ：2020年起李子柒在中文版YouTube位列第一	335
14-11	現象級網路紅人的影響	337

Chapter 15 數位促銷：李子柒旗艦店個案分析 ——————— **341**

15-1	全景：促銷五項活動——消費者消費過程與AIDAR模式	343
15-2	行銷組合第3P促銷之一：溝通	345
15-3	李子柒商品第3P促銷之二：李子柒的口碑／內容行銷	347
15-4	行銷組合第3P促銷之二：社群行銷——業配文、用戶評語，以小紅書為例	349
15-5	AIDAR模式之二「興趣」與行銷組合第3P促銷之一：網路商店	351
15-6	特寫：天貓商場顧客對李子柒旗艦店評分4.9分	353
15-7	李子柒網路商店網站設計	355
15-8	網站評比：李子柒旗艦店75分比星巴克67分	357
15-9	AIDAR模式全景：行銷組合第3P促銷之三——社群媒體行銷Ⅰ，李子柒旗艦店、微博貼文與影片	360
15-10	李子柒社群媒體稽核	362
15-11	AIDAR模式之三「慾求」與行銷組合第3P促銷之二：社群媒體行銷Ⅱ，李子柒與其網路商店微博貼文主題標籤	364
15-12	AIDAR模式之四「購買」與行銷組合第3P促銷之四：贈品	366

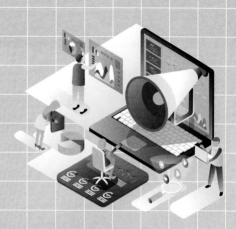

Chapter 1

數位行銷零基礎秒懂

1-1 行銷的功能

1-2 全景：行銷的重要性

1-3 近景：數位行銷的重要性

1-4 全景：數位廣告二階段發展

1-5 近景：數位廣告——美國的發展沿革

1-6 特寫：影響美國網路廣告的二大總體環境因素

1-7 美國公司數位經營的三大滲透率

1-8 極特寫：美國十大數位廣告主、三大數位廣告公司

1-9 近景：傳統與數位行銷的差別

1-10 社會科學，先有實務再有理論

1-11 美國行銷協會對行銷的定義，兼論麥可‧波特對行銷管理的定位

附錄 三種美國普及率的資料來源

「數位行銷」（digital marketing，中國大陸稱數字營銷），更白話的說，就是「網路行銷」（internet marketing，中國大陸稱互聯網營銷）。行銷方式依媒體型態（medium type）分成傳統、數位媒體。「行銷」（marketing，中國大陸稱營銷），又稱為市場學、市場行銷學。

一、全景：會賣才是師傅，會做沒什麼了不起

右上表中，以美國來說，公司對「業務／行銷」（sales／marketing）部門的重視，分成四階段，背後有總體環境四大項背景，你上網會看到較窄時期的斷代方式。

1. 1833年以前，供不應求，生產導向

1790年美國財政部採取保證貿易政策，發展鋼鐵、棉布織布業，1833年以前，第一次工業革命效果還沒出來，小農、小作坊做得出來，就賣得掉。

2.1834~1902年，供過於求，銷售導向

1834年以後，美國歷經40年工業發展，產能過剩，會賣才是重點。1850年起，廣告公司大量設立，重要功能在於幫助公司銷售。

3.1903~1979年，行銷導向時代

1790年起美國商務部（人口）普查局開始進行人口普查，1903年起，對外公布各州人口（性別、種族、人口數等）。這對公司來說，是市場定位的基本資料，進入「行銷導向」（marketing orientation）時代。

4.1980年代起，社會行銷導向時代

1980年代，「環境、社會與公司治理」（environmental, social and corporate governance，簡寫ESG，註：本書不採ESG）的經營方式，已成各國股票上市公司的必要遵守準則，在行銷方面稱為「社會行銷導向」（social marketing orientation）。

二、近景：董事會視野

由本單元最末的表可見，公司董事會負責公司策略管理，其中管理活動中的「規劃」最重要（占重要程度50%，即「正確的開始，成功了一半」）。同樣

的，站在董事會的角度，最重要的企業功能可說是「業務／行銷」，這在損益表上的「營收」、「行銷費用」都有顯示。

由該表亦可見公司的策略、行銷管理活動大同小異。

表　公司經營環境發展，以美國為例				
時	1833年以前	1834~1902年	1903~1979年	1980年起
一、總體環境 （一）政治／法律	1790年起，美國財務部統一發行美鈔	美國內戰時期，聯邦政府促銷公債	政府（商務部）人口普查資料公布	—
（二）經濟／人口	採取保護貿易政策，發展鋼鐵、棉	1895年美國成為第一大經濟國	同左	同左
（三）社會／文化	—	—	—	美國很重視企業公司社會責任、環境保育
（四）科技／環境	第一次工業革命	第二次工業革命	1950年起第三次工業革命	
二、公司經營	生產導向（production orientation）	銷售導向（sales orientation）	行銷導向（marketing orientation）	社會行銷導向（social marketing orientation）

表　全球數位廣告主要資料來源		
時	2022年11月23日	2022年11月22日	2022年12月13日
地	美國紐約市	愛爾蘭都柏林市	德國漢堡市
人	eMarketer公司	行銷與市場公司	Statista公司
事	（Worldwide Digital Ad Spending, 2021）Worldwide：指38國，由「Insider Intelligence」公布	公布 Digital Advertising and Marketing —Global Market	公布 Global Advertising Revenue, 2012~2026

Chapter 1
數位行銷零基礎秒懂

表　行銷觀念五階段演進：總體環境因素

時	總體環境科技／環境	供過於求程度（%）	行銷觀念五階段	1995~1997年三大類五中類	2017年26小分類
1980年起	第三次工業革命：資訊產業	300	社會行銷導向（social marketing orientation）	三、道德（morality）或倫理（ethical）	3小類環保（green）14種
1903~1979年	總體環境：「（一）政治／法律」：商務部普查局公布普查資料	200	行銷導向（marketing orientation）	二、感性（emotional）（二）情感（emotional）	potential adventure empathy social brand
1870~1902年	第二次工業革命：電力、電器	100	銷售導向（sales orientation）	（一）美感（esthetic）	popularity humor musical personal
1850年~		50	產品導向（product orientation）	一、理性（rational）（二）好奇	youth romantic sexual
1850年前	第一次工業革命1760年起英法德	0	生產導向（production orientation）	（一）知性（intellectual）	9種 beauty statistics natural status transparent contractions testimonial scarcity pain solution

®伍忠賢，2022年3月20日。

管理活動	策略管理組織層級	行銷管理	
		組織管理	行銷管理活動
一、規劃 （一）環境偵察	董事會 （一）SWOT分析		（一）行銷環境偵察 1. 總體環境 2. 個體環境
（二）訂定目標	（二）公司目標 　　　營收、淨利		（二）行銷目標：營收、 　　　市場占有率
（三）構想	（三）構想		（三）行銷研究
（四）決策	（四）公司策略 1. 成長方向 水平vs.垂直 2. 成長方式 內部vs.外部 3. 成長速度	總裁 2 營運長	（四）行銷策略（STP） 1. 市場區隔 　（segmentation） 2. 市場定位 　（targeting） 3. 行銷組合 　（marketing mix，俗 　稱4Ps）
二、執行 組織設計	慢vs.快 （一）總裁 （二）事業部 （三）功能部	事業部長 2 行銷長	
三、控制 （一）績效衡量	（一）財務長等	（一）行銷分析部	（一）行銷績效衡量： 　　　消費者滿意程度 　　　等
（二）回饋修正	（二）董事會、總裁	（二）總裁、行銷 　　　長	（二）修正行銷策略、 　　　執行

表　公司策略下的行銷策略

1-2　全景：行銷的重要性

每次討論一個產（其下「行」）業的重要性時，會從三個角度做表討論：行業產值占「總產值」（GDP，國內生產毛額）比率、對經濟成長率的貢獻、行業員工數占總就業人數比率。但是「業務／行銷」（狹義指行銷）人員是種職業，不是行業，本單元以行銷中一大項目「廣告」（advertisement，簡寫ad），以2022年全球、美、中廣告業（advertising industry）產值占總產值比率來說明。

一、全球

1. 廣告業產值占總產值比率0.93%

這個比率看起來很小，即全球廣告業產值占全球總產值近1%。

2. 數位廣告占廣告比率50%以上

數位廣告產值占廣告業產值50%以上。

二、美國

1. 廣告業產值占總產值比率1.38%

這比率很高，突顯出美國總產值中，以需求結構來看，消費占近70%，是全球最大的廣告市場，公司打廣告打得大，廣告曝光率也提高。

2. 數位廣告滲透率60%

數位廣告「滲透率」（penetration rate），指數位廣告產業占廣告業產值比重。

三、中國大陸

· 廣告業產值業產值占總產值比率0.965%。
· 數位廣告滲透率80.4%。

四、臺灣

· 廣告業產值占總產值比率0.48%。
· 數位廣告滲透率54%。

表　全球、美、中、臺廣告業產值占總產值比率

單位：兆元

地理範圍	2005年	2010年	2015年	2019年	2020年	2021年	2022年
一、全球							
（一）經濟實力							
1. 總產值（美元）	47.5	66.036	75.037	87.265	84.97	94.93	104
2. 人口（億人）	65.4	69.56	73.8	7.71	78	78.19	80
（二）廣告							
1. 全部	0.271	0.48	0.513	0.664	0.623	0.763	0.837
2. 部分：數位	0.0125	0.026	—	0.33	0.35	0.521	0.602
二、美國							
（一）經濟實力							
1. 總產值（美元）	13.039	15.049	18.206	21.37	20.801	23	24.8
2. 人口（億人）	2.96	3.09	3.21	3.28	3.315	3.32	3.33
（二）廣告（美元）							
⑴ 全部	0.071	0.082	0.18	0.239	0.231	0.326	0.342
⑵ 部分：數位	0.0125	0.0254	0.0596	0.1246	0.14	0.21	0.24
⑶＝⑵／⑴（%）	17.56	31	33	52.1	60.5	64.4	70
三、中國大陸							
（一）經濟實力							
1. 總產值（人民幣）	18.73	41.21	68.885	98.65	101.6	114.4	120
2. 人口（億人）	13.18	13.6	14	14.1	14.02	14.03	14.04
（二）廣告（人民幣）							
1. 全部	—	—	—	—	—	—	—
2. 部分：數位	—	—	0.7968	0.864	0.98	1.18	—
四、臺灣							
（一）經濟實力							
1. 總產值（臺幣）	12.036	14.06	17.055	18.932	19.77	21.71	22.95
2. 人口（億人）	0.2277	0.2361	0.2349	0.236	0.2356	0.235	0.234
（二）廣告（臺幣）（億元）							
1. 全部	—	—	—	—	—	—	—
2. 部分：數位	—	85.48	193.52	458.41	482.56	544	600

資料來源：Station to Grump M，WPP集團旗下。

註：eMarketer 公司。

1-3　近景：數位行銷的重要性

一句話便可說明「數位行銷的重要性」，2020年「全球」數位廣告金額首度超過傳統廣告，美國2017年、中國大陸2018年。本單元以數位廣告超車傳統廣告為例，包括全球、美、中。

一、數位廣告的產值

各國皆有廣告協會等統計一年廣告主的廣告支出金額，但主要來自大眾媒體、廣告公司，所以呈現下列情況。

1. 公司直接「行銷」（或廣告）占0%

數位廣告中，直接行銷包括二項：電子郵件行銷、App行銷甚至網頁行銷，各公司行銷費用中沒有細項金額，外界也沒有統計數字。

2. 廣告占100%

二、全景：全球

1. 2020年，數位廣告滲透率50.3%

傳統廣告中，大宗電視廣告1,410億美元、占廣告16.85%。

2. 2016年起，手機廣告首次在數位廣告中過半

三、特寫：美國

2017年，數位廣告滲透率破50%；十大數位廣告主，詳見單元1-8。

四、特寫：中國大陸

2015年，數位廣告滲透率破50%；十大數位廣告主中，2022年零售型網路商場（淘寶、京東、蘇寧易購、拼多多、美圖）等占數位廣告支出46%，主要刊登在淘寶、百度、騰訊上。

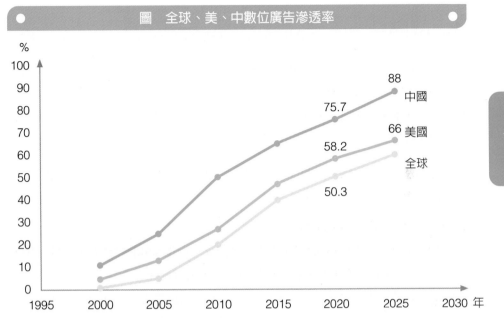

圖　全球、美、中數位廣告滲透率

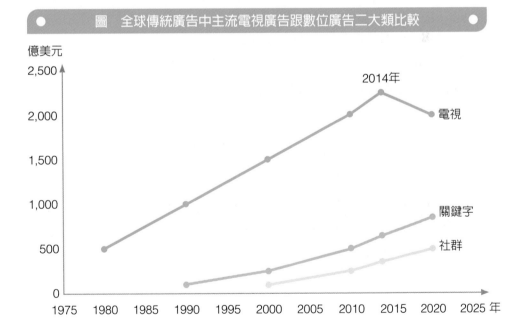

圖　全球傳統廣告中主流電視廣告跟數位廣告二大類比較

1-4 全景：數位廣告二階段發展

數位廣告二階段，係指1970~1989年電話線數據機及1990年起網路時代。1960年全球開始引進電腦，到1975年才有第一個數位廣告，由於資訊革命引發的第三次工業革命，主要發生在美國，所以本章說明數位廣告（其大分類網路廣告）以美國為對象。

一、大分類：二階段

在1960年電腦化時代以來，依通訊技術把3C產品間的通訊方式分成二階段：

1. 第一階段：1975~1990年11月

1970年，美國麻州理工大學的工程師Ray Tomlinson開發出電子郵件，由右表可見，1973年美國國防部國防高等研究計畫署規範電子郵件地址命名；1978年數位設備公司寄出第一封電子郵件廣告，主要是賣電腦。1775年，美國聯邦政府成立郵政署（郵政部的前身機構），公司得以直接郵寄（direct mail, DM）給消費者，電子郵件行銷是直接郵寄的電腦版。

2. 第二階段：1990年12月起網際網路全球資訊網上線

1990年12月24日，網路開放給大眾使用，數位廣告分生出網路廣告（internet或online ads），常見的網路廣告有四種型式，詳見單元1-5。

二、特寫：以2021年中國大陸網路廣告主說明廣告的目的

中國大陸艾瑞諮詢公司每年9月出版的報告，其中「產業篇」列出了廣告主的網路廣告「目的」（可複選），本單元最末頁的上表以三種架構整理呈現。

· 依顧客身分，見本單元末頁上表第一列。

· 消費者購買決策過程AIDAR架構，見本單元末頁上表第二列。

· 依廣告種類，見本單元末頁上表第三列。

階段	I	II
表　數位廣告二階段發展		
一、傳統廣告		
時	1775年	1735年
人	美國郵政署（USPS）	富蘭克林（Benjamin Franklin, 1706~1790）
事	直接郵寄（direct mail, DM）	雜誌上廣告（magazine ads）
二、數位廣告		
（一）技術		
時	1973年	1990年12月20日
人	美國國防部國防高等研究計畫署網路（ARPANET）	柏納斯·李（Timothy J. Beners-Lee, 1955~）
事	公布電子郵件地址命名規範（electronic mail address）	全球資訊網（World Wide Web, WWW）
（二）廣告	數位廣告（digital ads）	網路廣告（internet ads）
時	1978年5月3日	1994年10月27日
人	數位設備公司（Digital Equipment Corporation）的員工（Gary Thuerk）	美國電話電報公司（AT&T）
事	寄出電子郵件廣告給美國西岸的消費者，他有電子行銷之父之稱	在網路版雜誌上刊出全球第一個橫幅（banner）廣告

表　2021年中國大陸廣告主的網路廣告目的

對象	潛在顧客（中國大陸稱「拉引」）			所有顧客	
				新顧客	老顧客
2.消費者反應：AIDAR架構廣告分類	注意（attention）告知型廣告（informative ads）	興趣（interest）提醒型廣告（reminder ads）	慾求（desire）比較型廣告（comparative ads）	購買（action）說服型廣告（persuasive ads）	續薦（repurchase）增強型廣告（reinforced ads）
占比重（%）	34.8	38.1	63	51.7	25.4
1.公司的作為（可複選）	增加企業曝光度，接觸更多潛在顧客	優化工作流程架構指降低消費者「營運」成本	提高潛在顧客轉換率	⑴提高留存率 ⑵提高活躍程度	提高顧客生命週期價值

表　有關四種數位廣告的回顧文章

時	人	事
2018年 4月2日	Laura Kloot	在outbrain公司網站上文章 「A history of native advertising」
2019年 3月29日	Jenny K. Pollock	在Basis-net公司網站上文章 「A brief history of search engine marketing」
2019年	Neha Mehta	在ads cholars網站上文章 「Evolution of digital advertising」
2021年 11月29日	Karla Hesterberg	在HubSpot公司網站上文章 「A brief history of online advertising」
—	英文維基百科 同上	Timeline of online advertising Digital display advertising

1-5 近景：數位廣告 —— 美國的發展沿革

網路廣告只是傳統廣告在網路上的呈現，本單元以美國四大類網路廣告，依時間軸先後呈現。後頁表中第四列「占比」，是2022年臺灣數位廣告的統計數字。

一、以傳統廣告類比

在後頁表中第五列左右，把四種網路廣告跟傳統廣告類比。

1. 平面媒體廣告（print media ads）

四大類網路廣告中展示型、關鍵字、口碑／內容廣告，本質上是傳統廣告中平面媒體廣告的網路版。

2. 廣播電視廣告（radio and television ads）

網路廣告中影音廣告（vedio ads）是廣播電視廣告的網路版。

二、關鍵字廣告

表中關鍵字廣告，俗稱「搜尋（引擎）廣告」（search engine ads），跟傳統廣告中平面媒體廣告中電話簿廣告（phone book ads）比較像，但1990年後出生的人都沒有看過黃色電話簿了。

三、特寫：口碑／內容廣告

1. 源頭，1900年代，事：新聞性廣告（advertorials，由advertising加editorial合成），1930年代起廣播電台流行，許多新聞性廣告在廣播新聞中播出。

2. 2011年，網路廣告時代。2005年7月，英國馬沙布爾公司（Mashable）成立，可說是公司部落格行銷的專科新聞部落格公司。後頁表中我們以美國第一家此類公司Buzz Feed公司為例，buzz是嗡嗡聲之意，有網路行銷引申為「口碑聲」。

表　美國四大類網路廣告發展沿革

網路	網路1.0（web1.0）1990~2000年		網路2.0（web2.0）2001~2020年	
型態	展示型廣告 （display ads）	關鍵字廣告	影音廣告 （video ads）	口碑／內容廣告
又名	橫幅廣告 （banner ads）	搜尋（引擎）廣告（search ads）	─	原生廣告（native advertising）
占比（%）	35.24	24.53	25.22	14.65
傳統廣告	報紙、刊物廣告 （news, paper, ads）	電話簿廣告 （phone book ads）	電視廣告 （TV ads）	公司刊物 （company magazine）
時 人	1994年10月27日 AT&T	1996年 開放文本公司 （OpenText）， 1991年成立	2004年 臉書	2006年11月19日 Buzz Feed成立
事	在《連線》(Wired)雜誌上3個月，3萬美元，按讚率44%	在加拿大的公司提供論次計價的搜尋引擎廣告	在粉絲照片（影片）推出橫幅廣告，稱為「FB flyers」	偏重在著名社群媒體上的部落格
時 人	1996年 DoubleClick	2000年10月23日 谷歌（註：2007年收購Double Click）	2009年1月 YouTube	2011年 臉書
事	推出軟體計算展示型廣告觀看次數的軟體服務 （dynamic advertising reporting & targeting, DART）	論次計價（pay-per click）的廣告服務（ad words）另計分方式（quality score）（註：已更名Google ads）	推出廣告	推出「贊助故事」（Sponsored Stories）

1-6 特寫：影響美國網路廣告的二大總體環境因素

行銷管理的相關人士解讀「數位廣告費用占廣告產值比率突破50%」，這是廣告主（95%是公司，5%是政府）因應總體環境的結果。本單元從「推動力」、「拉引力」二方面說明。

一、數位經營的必要條件：總體環境之四「科技／環境」的推動力（push）

3C產品、網路大幅改變人的生活方式，公司轉向數位經營。

1. 1980年代，個人電腦普及

．1981年起，IBM等推出個人電腦，進入成長期。

．1988年起，筆記本型電腦導入期。

1988年10月起，一線電腦公司（日本恩益禧和美國蘋果、康柏等）推出「筆記本型」（notebook style）電腦，1995年起，隨著筆電價格低而暢銷，美國網路上網率由9.2%到2000年43%。

2. 3G手機，2002年1月28日

美國上網大爆發主因在於2002年7月威瑞遜（Verizon）第一支3G手機上市，由2001年上網普及率49%，2002年59%。

2007年6月29日，蘋果公司iPhone手機上市，使用容易，更加速3G手機銷量，2016年手機上網滲透率72%，預估2026年87.66%。

二、數位經營的充分條件：總體環境之二「經濟／人口」的拉引力（pull）

隨著人民生活方式改變，公司逐漸轉向網路經營。

1. 1980年起，金融業中銀行推出網路銀行業務

最直接的便是透過個人電腦進行銀行轉帳、信用卡刷卡付款。人不用出門，便可進行自動櫃員機等許多業務。

2. 1995年7月起，零售型電子商務

亞馬遜公司是全球零售型電子商務霸主，1995年7月上線賣出第一本書，2006年營收破100億美元，關於「亞馬遜效應」（Amazon effect）有許多論文，其中最大的影響是對實體商店有「殺很大」的殺傷力。在美國，零售型電子商務占零售業產值15%。

表　影響上網、數位廣告滲透率二大總體環境因素

投入／產出	I	II	III
一、投入： （一）四之四	總體環境 科技／環境：推動力		
時 人 事	1981~1988年9月 IBM公司 推出桌上型電腦	1988年10月~2001年 蘋果公司 筆記本型電腦	2002年7月~2010年 威瑞遜公司 第一支3G手機 （DMA2000 1X）
補充	1983年蘋果公司量產 版個人電腦上市	2001年全球銷量2,800 萬台	2006年6月29日 蘋果公司iPhone上市
（二）四之二 1. 網路金融	經濟／人口：拉引力		
時 人 事	1980年代 美國四大金融，花 旗、大通等 透過電話數據線提供 銀行轉帳等	1995年5月18日 富國銀行 網路銀行	1999年2月22日 印第安那州 網路銀行 第一家純網路銀行
2. 網路商場 時 人 事	— — 零售型電子商務滲透 率	1995年7月 亞馬遜公司 零售型電子商務上網 銷售	2006年 同左 營收107億美元 突破百億美元
二、產出 （一）上網 滲透率	1995年9.2%	2000年43%	2005年68% 2010年72%
（二）數位廣告 （億美元）	2000年80.9	2005年125	2010年260 2020年1,400
主要廣告方式	直接行銷之電子郵件	網路搜尋引擎（雅 虎、谷歌、美國線 上） ・公司橫幅廣告 （banner）	社群媒體 ・臉書 ・IG
時 人 事		1994年10月27日 AT&T 在《連線》（Wired） 上廣告	

1-7　美國公司數位經營的三大滲透率

公司數位經營有因有果，本書「數位行銷」，著重於數位廣告，本單元以個表先說明三個滲透率，把相似觀念整理成一個表，易懂自然記住，不用特意去背公式。後頁下圖用圖形呈現，視覺效果更佳。

一、投入：公司數位經營最主要的拉引力：零售型電子商務

前述，提及人們在生活中越來越依賴3C產品上網，這包括生活八大項：

· 「食衣住行」，偏重零售型電子商務。

· 「育樂」，偏重數位內容行業，例如：網路音樂思播（Spotify）、網路影片的網飛（Netflix）。

· 金融服務、其他，金融服務包括三中類行業，銀行業的「手機服務」，號稱Bank3.0；證券業的電子下單已逾70%。

二、產出Ⅰ：網路滲透率

1. 公式

每次碰到以「人口」為主的公式，便有二種分母情況，常見的是總人口，少見的是「15歲以上人口數」，這個數字查詢比較麻煩。

2. 網路滲透率

這是指人口中網路用戶占比率，網路用戶中再依上網工具去區分，80%以上是手機上網。

三、產出Ⅱ：數位廣告超車傳統廣告

1. 傳統廣告中媒體結構

廣告媒體分為「文音影」三種，2010年以前，電視廣告占所有廣告50%以上，但2000年起，隨著數位廣告抬頭（成長率26%以上），傳統廣告市占率逐年降低，其中電視廣告首當其衝。

2. 網路廣告市占率

2011年，網路廣告超越有線電視廣告；2013年，超越無線電視廣告；2015年，電視廣告占廣告支出42%，2017年，網路廣告市占率破50%。

媒體		2010年	2020年	2022年	2024年
一、數位		—	57.8	61.5	65.1
二、傳統	1. 電視 ・電影院廣告	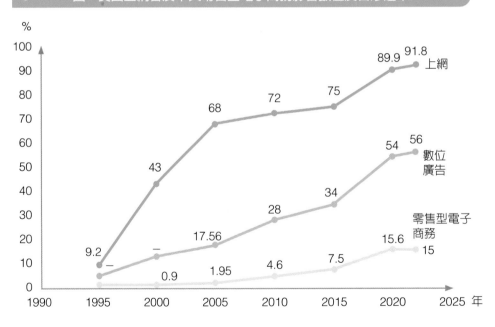	27.9 0.2	25.3 0.4	23.1 0.9
	2. 廣播		4.3	3.8	3.4
	3. 報紙 ・雜誌 ・戶外		4.2 1.7 3.9	— 1.3 4.6	— 0.9 4.9

表　美國廣告中數位、傳統廣告結構

單位：%

資料來源：美國麥肯錫公司，Good to great。

圖　美國上網普及率與零售型電子商務影響數位廣告滲透率

1-8　極特寫：美國十大數位廣告主、三大數位廣告公司

以美國2021年的廣告支出與前十大廣告公司、三大數位廣告平台，可以清楚了解哪些生活領域的哪些公司在打廣告。

一、近景：數位行銷

時：1980年起。

地：美國伊利諾州芝加哥市。

人：Kate與Robert D. Kestenbaum（1932~1999）。

事：1967年，這二個人成立廣告顧問公司（Kestenbaum & Company）。

資料來源：整理自英文維基百科History of Marketing、Digital Marketing、Database Marketing。

二、廣告主

前述，曾提過依廣告主的身分區分，法人中政府占5%、私法人占95%，其中以商業組織（其中又以公司）約占94%。

1. 依生活項目區分

商業組織打廣告，是將本求利，商業組織打廣告可分為「公司對公司」（占5%）、「公司對消費者」（含顧客，占90%），依生活項目分成8項「食衣住行育樂、金融服務、其他」。

2. 數位廣告支出前十大公司，市占率25%

由後表第四至六欄可見，前十大廣告主，其廣告主支出占美國廣告支出的15%。比較令人意外的是，汽車業、電子與電腦業（例如蘋果公司）並不在前十名。

三、廣告媒體

四大類網路廣告中，三大廣告平台合計市占率63.7%，以2021年為例說明。

1. 搜尋引擎谷歌占28.6%

在美國搜尋引擎市場，2022年谷歌市占率92.2%，Bing 3.42%、雅虎1.23%，谷歌成長了4.5個百分點。

2. 社群媒體的臉書（含IG）占23.8%

社群媒體滿足人們在馬斯洛需求層級「社會親和」、「自尊」、「自我實現」需求。

3. 網路商場，亞馬遜占11.3%，每年增1個百分點

在美國，零售型電子商務中，2022年6月亞馬遜公司市占率37.9%，各網路商店會在亞馬遜商店、商場刊登廣告，這效果最直接。

表　2021年全球數位廣告支出依行業、公司區分

生活	行業	全球 (%)	美國 (%)	前10大排名	公司	億美元
食	零食	4	26	3	沃爾瑪	33.1
衣	快速消費品（FMCG）	消費服務 4.3	6.7	4	目標	36.56
住	家電家具		6	8	家得寶	20.7
行	汽車／鐵路／銅	52.2、3.6	4.7			
行	電信		4.6	7	三星電子	25.7
育	電子與電腦		2.3			
育	醫療與保健		18.8			
育	高等教育線上學習	2.41		10	Wix	1.9
樂		2.3		1	HBO Max	63.4
樂		3.9		2	Disney+	40.3
金融		15.4				
其他	金融		16.3	5	字母	30
其他	服務	39.3	14.6	9	Discovery+	18
小計	全部	100	100	2	－	2,112

資料來源：整理自Statista，2022年1月22日。

表　傳統行銷與數位行銷的差別

行銷管理			傳統行銷	數位行銷
一、行銷規劃	(一) 行銷研究	1. 研究範圍	消費者抽樣，大部分抽取目標市場人數千分之二，但極易有抽樣誤差	可以做到現有網友的普查，至少有交易的會員，皆有名字、性別、手機號碼
		2. 市場研究工具 (1) 問卷	郵寄、電話、人員問卷	網路問卷
		2. 市場研究工具 (2) 其他	小組研究（panel study）	大數據（主要是網友的數位足跡）、社群媒體聆聽
		3. 分析方式 (1) 統計	統計（敘述統計）、多變量分析	人工智慧
		3. 分析方式 (2) 資料	收款機（POS）交易資料	大數據分析
	(二) 行銷策略	1. 市場區隔與定位 (1) 市場區隔（market segmentation）	依地理、人文、心理、行為等四（或五）種方式，把消費者分類	市場區隔可以區分至極細，包括網路上的數位足跡、交易行為
		1. 市場區隔與定位 (2) 市場定位（market targeting）		號稱可以做到精準化行銷，包括電子郵件、手機簡訊、電腦或手機網頁
		2. 行銷組合（marketing mix、4Ps）	以實體商店為例	以實體商店的數位行銷為例
		(1) 產品	以產品目錄、店內貨架陳列為主，數量有限	網頁可以用照片展示產品、使用產品（例如模特兒穿衣服），比較有吸引力
		(2) 定價 ① 定價變更	以訂價標籤為主，更改商品定價須依人工處理，耗時較久	因地、因人可以快速變更網頁上商品價格
		(2) 定價 ② 付款方式	·中大型商店：信用卡刷卡為主 ·小商店：現金支付	手機支付，主要是手機綁信用卡，其次是手機綁提款卡

行銷管理			傳統行銷	數位行銷
一、行銷規劃	(3) 促銷	① 溝通：以前稱廣告、有人稱品牌管理	傳統廣告媒體方式如下： ·電視 ·廣播 ·文字：報紙、雜誌	透過網路，載體有九成是手機、8%是個人電腦，2%其他網路廣播（podcast）文字：關鍵字、展示型廣告
		② 人員銷售：以客服中心為例	顧客服務中心，主要是人員接聽顧客電話，回答顧客詢問、抱怨（簡稱客訴）	主要是以人工智慧的聊天機器人（chat bot）為主，也有文字型客服以人員為輔，進行例外管理
		③ 促銷：以顧客忠誠計畫的點券為例	1. 實體點數（coupon） 2. 會員卡內數位點券	沒有會員卡，有虛擬會員卡，顧客下載商店會員App，填寫資料後，成為會員
	(4) 實體配置		1. 一手交錢，一手交貨 2. 以量販店來說：15公里、2,000元以上消費，零宅配費用	同左
二、行銷執行				
三、行銷控制績效衡量	(一) 消費者滿意程度	1. 同上	美國消費者滿意指數（ACSI）	手機按「讚」、給分（1~5分）
		2. 品牌價值	以國際品牌（interbrand）公司來說，一年公布全球、各洲百大品牌公司	手機按「讚」、給分（1~5分）市調機構還針對網路公司、網路品牌價值評價
	(二) 消費者體驗	1. 本人續購	在沒有會員卡情況下，不易給舊顧客續購獎勵	只要手機加入會員，有許多好處，包括訂閱
		2. 向別人推薦	口碑效果大約1比3，商店比較無法驗證此人購買是來自舊顧客推薦	向別人推薦，可獲得「推薦點券」，口碑效果可能1比10，在病毒式行銷時效果更大

®伍忠賢，2021年12月29日。

1-10　社會科學，先有實務再有理論

本章後面將會說明美國學者對「行銷」、「行銷管理」的定義，以強調研究人類的相關領域（例如聯合國教育科學文化組織於1976年提出的大學11個領域），都是先有實務，才有大學設立系，進而升格為學院，甚至擴及至專業大學，以培養實務所需人才。

一、實務4000年

以行銷主要方式之一「打廣告」（advertising）來說，西元前2000年，埃及人在紙莎草（papyrus）寫銷售訊息，張貼在大街小巷牆上等。

二、大學為了實務培育人才

1088年義大利波隆納大學是全球第一家大學，大學成立的主要收入來自於學生繳交的學費，學生唸書的目的是畢業後就業。所以一般來說，大學經營者會觀察實務發展，發現有足夠大量的專科人才需求，採取三步驟「先開課→再成立系（所）→擴大成為學院」，甚至成為專業領域大學。

1. 行銷系在管理學院

1881年，美國賓州費城賓州大學成立美國第一家商學院（Wharton school），跟行銷相關系有三：企管系、（市場）行銷系、商務公關系。

2. 廣告系在新聞學院

1908年，美國密蘇里大學新聞學院是美國第一家新聞學院，報刊主要收入之一是廣告收入，報社內有廣告部，因此廣告系設立在新聞、大眾傳播學院。

三、成立學會二步驟：「許多大學設系 → 成立學會」

跟各縣市的勞工成立各種職業工會一樣，當許多大學設立行銷系、廣告系後，老師達至一定人數，基於教學、研究等需求，便會成立學會，出版學術期刊。

由後表第四欄可見，大學二個跟行銷相關的協會、學會依序成立。

1. 1912年，全國行銷教師協會。
2. 1958年，美國廣告學會。

表　美國廣告與行銷實務與理論發展

項目 英文		行銷實務 （marketing practice）	行銷理論（思想） （marketing thought）	
			課程、系	學會
一、 行銷	時	1820年代	1902年	1912年
	地	歐洲德國	密西根州安娜堡鎮	伊利諾州芝加哥市
	人	一些公司	密西根大學學會	全國行銷教師協會
	事	產品差異化，市場區隔已萌芽	第一家大學推出「行銷」課程	1935年推出「行銷」定義（單元1-11）
二、 廣告	時	1856年	1908年	1958年
	地	紐約州紐約市	密蘇里州哥倫比亞鎮	紐約州紐約市
	人	Mathew Brady	密蘇里大學	美國廣告學會
	事	成立第一家現代廣告公司	第一家新聞學院、系，新聞、廣告、編輯課程	American Academy of Advertising

資料來源：整理自英文維基百科History of Marketing。

Advertise（vt）小檔案

「打廣告」（advertise）一詞，源於拉丁文advertere，再演變到法文advertir，再到英文advert。

原意：to give (or draw) one's attention to (or towards) something。

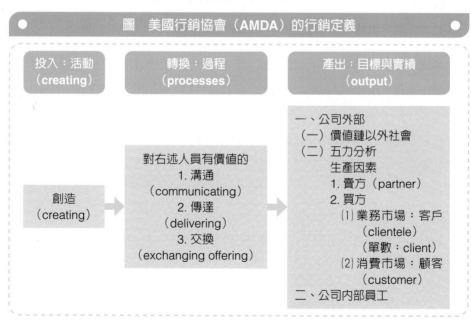

圖　公司（以星巴克）行銷的價值鏈跟大學相關院系

行銷服務買方　　　　　行銷服務賣方　　　　　觀眾

以美國星巴克為例

一、公共事務與社會
　　衝擊執行副總裁
　　二大部全球溝通
　　與公共事務部
二、行銷長下轄四部
　　之三之（一）公
　　司聲譽管理部

公共關係顧問公司

利害關係人
（stakeholders）
1. 政府
2. 媒體／社區
3. 投資人

行銷長下轄四部之
（二）品牌管理部

廣告公司
・全球
・各洲區域
・各國

1. 數位媒體
2. 傳統媒體
・全球
・各洲區域
・各國

消費者
・潛在消費者
・顧客

大學
院系

管理學院
企業相關系

廣告系

大眾傳播學院
新聞系

財經學院
財務、金融系

資料來源：整理自英文維基百科History of Marketing。

圖　美國行銷協會（AMDA）的行銷定義

投入：活動
（creating）

轉換：過程
（processes）

產出：目標與實績
（output）

創造
（creating）

對右述人員有價值的
1. 溝通
（communicating）
2. 傳達
（delivering）
3. 交換
（exchanging offering）

一、公司外部
（一）價值鏈以外社會
（二）五力分析
　　　生產因素
　　　1. 賣方（partner）
　　　2. 買方
　　　　(1) 業務市場：客戶
　　　　　　（clientele）
　　　　　　（單數：client）
　　　　　　(2) 消費市場：顧客
　　　　　　（customer）
二、公司內部員工

在網路查詢名詞便利的情況下，本書對於專有名詞、理論的說明，需要有很大附加價值，才能讓讀者覺得有必要付費購買。本書以三種方式來說明「行銷」、「行銷管理」的權威定義。

一、二階段行銷協會對「行銷」的定義

由右上表可見，1880年代，美國大學開始有行銷學課程以來，行銷學老師依時間組成二個協會，各對「行銷」提出參考版的定義。

二、圖解美國行銷協會對「行銷」定義

大部分教科書喜歡引用美國行銷協會對「行銷」的文字定義。

1. 文字定義

「行銷」的定義，約15年更新一次。此定義有許多缺點，例如行銷主體（set of institutions），正確的是包括所有「人」，即自然人、法人。

2.圖解

文字冗長、難懂，本書以圖解方式呈現，詳見單元1-10最末的圖。

三、行銷管理的範圍

行銷管理（marketing management）是複合字，可拆成二大名詞。

1. 行銷，六大企業功能之一

公司功能部門依麥可‧波特的「價值鏈」，分成核心、支援功能，公司依樣設立功能部門，至少有六種，一般簡稱成「產銷人發財」，「銷」指的便是「行銷管理」。

2. 管理

管理指的是「管理活動」，本書分三階段（規劃—執行—控制），美國人習慣用PDCA。

表　美國二階段行銷協會第一次對「行銷」的定義

時	地	人	事
1912年 成立	伊利諾州芝加哥市	全國行銷教師協會 （National Association of Marketing Teachers, NATM） 1915年第一次會議	提出行銷定義 1935年
1937年 成立	同上	美國市場行銷協會 （American Marketing Association, AMA）	1985年 最近一次是2017年

表　行銷管理廣義與狹義定義

項目	實務	理論
時	19世紀	1980年
地	英國（歐洲等）	美國麻州劍橋市
人		麥可・波特 （Michael E. Porter, 1947~），哈佛大學商學院教授
事	marketing 現代意義如下： 緣自市場（market）買賣，商業活動 標的：產品或服務 managers：公司的管理者（salaried managers）大幅增加	在《競爭優勢》書中，區分核心（primary）、支援（support）活動，其中核心活動中有三： （一）研發 （二）生產（operation） （三）行銷與銷售（marketing & sales），另加售後服務（after sales services）

資料來源：整理自英文維基百科Marketing、 Management。

附錄　三種美國普及率的資料來源

項目	公式說明	資料來源
一、零售型電子商務占零售比率（retail e-commerce as % of retail）	$\dfrac{\text{零售型電子商務}}{\text{零售（不含汽車）}}$ 2020年第2季15.7%，這是新冠肺炎疫情美國政府封城，造成網路購物興盛	商務部經濟分析局
二、網路普及率（internet penetration rate）	1. $\dfrac{\text{網路用戶數}}{\text{總人口數}}$ 或 2. $\dfrac{\text{網路用戶數}}{\text{15歲以上人口數}}$	商務部普查局，每年4月21日公布2年前
三、數位廣告滲透率（digital ads penetration rate）	$\dfrac{\text{數位廣告金額}}{\text{廣告金額}}$	1. eMarketer 2. Internet Advertising Bureau(IAB) "Internet Advertising Revenue Report" 3. IAB/PwC "Internet Advertising Revenue Report"

表　三種美國普及率的資料來源

表　美國數位廣告三大平台市占率

馬斯洛需求層級	生活	排名	公司	市占率（%）		
				2021年	2022年	2023年
五、自我實現	樂	1	谷歌	28.6	27.7	26.3
四、自尊	育	—	—	—	—	—
三、社會親和	行	2	臉書（含IG）	23.8	24.2	24.4
二、生活	住	3	亞馬遜	11.6	13.3	14.6
	衣	—	—	—	—	—
一、生存	食	4	其他	36	34.9	34.9

資料來源：整理自eMarketer，2021年10月。

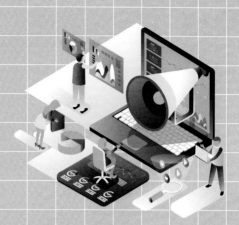

Chapter 2

數位行銷組織設計與行銷優勢劣勢、公共事務量表

2-1 「行銷管理」面的數位轉型：策略管理

2-2 「行銷管理」面的數位轉型：執行與控制

2-3 行銷管理的必要條件：星巴克的行銷費用

2-4 行銷優勢劣勢分析：星巴克79分比麥當勞54分

2-5 星巴克二階段行銷相關組織的時空背景

2-6 星巴克組織管理

2-7 全景：星巴克行銷相關部門

2-8 星巴克行銷管理第一大類部門

2-9 公司公共事務吸引力、績效量表分析

2-10 星巴克行銷相關管理第二大類部門：公共事務部、社會部與社會衝擊部

2008年起，星巴克採取「行銷管理」面的數位轉型。

一、問題：總體環境之二的「經濟／人口」

1. 2007~2009年美國經濟由盛轉衰

2007年6月美國房地產泡沫破裂，2008年9月是泡沫破裂所引發的全球金融風暴，2009年是金融風暴後的全球蕭條（經濟成長率-2.54%）。美國失業率近10%，減薪的也很多，美國人出現罕見的節衣縮食。

2. 星巴克傷得很重

百年一見的經濟大蕭條，對於像星巴克這樣「非必須」、「中高價」（一般咖啡均價3.5美元），衝擊很大。再加上總裁兼執行長詹姆斯・唐納德（James Donald, 1954~）在任期間（2005年4月~2008年1月7日）衝店數，由表可見，從全球2004年8,569家店到2008年15,011家店，許多店店址太接近，造成「自己人打自己人」（cannibalization，本意同類相殘）現象。

3. 經營、股市績效

由右表可見，2008年每股淨利0.22美元，股價低點4.73美元，從2007~2008年連二年下跌：2006年漲18%、2007年跌42.21%、2008年跌53.8%。

二、換人做做看

2008年1月7日，霍華・舒茲（中稱霍華德・舒爾茨，Howard Schultz, 1852~）董事長重兼「執行長」，總裁兼執行長唐納德被解職。

三、解決之道

1. 中期措施：2008~2009年

2008年1月，霍華・舒茲採取關店（2009年美加600家店）等的開源節流措施，在企管系大四策略管理中稱為「復甦」經營（維基百科稱為周轉管理、百度百科稱重建經營）。

2. 百日維新計畫

在1月6日到5月6日，舒茲發出15份備忘錄給員工，每次說明一個新的命令。

3. 經營、股市績效

2008~2009年景氣衰退，星巴克復甦經營成功，每股淨利上升，股價上漲率如下，2009年漲143.76%、2010年漲39.33%。

表　美國「餐」、「飲」雙雄經營績效

單位：億美元

項目	2006年	2007年	2008年	2009年	2010年	2015年	2019年	2022年
一、總體環境								
(1) 總產值（兆美元）	15.338	15.625	15.605	15.20	15.599	17.432	19.092	23.31
經濟成長率（%）	2.86	1.88	-0.14	-2.54	2.56	3.08	2.16	1.9
(2) 人口（億人）	2.98	3.01	3.04	3.07	3.09	3.206	3.28	3.33
(3) 人均總產值（美元）＝(1)／(2)	46,299	47,976	48,383	47,100	48,467	56,863	65,280	110,000
(4) 就業勞工（萬人）	14,595	14,629	14,334	13,796	13,921	14,993	15,874	16,470
失業率（12月）（%）	4.4	5	7.3	9.9	9.3	5	3.5	3.7
二、餐飲業								
（一）營收								
(5) 餐飲業產值	4,228	4,446	4,564	4,524	4,675	6,217	8,630	9,000
(6)＝(4)／(1)（%）	2.76	2.85	2.92	2.98	3	3.57	4.52	3.86
（二）就業								
(7) 勞工數（萬人）	947.8	967.3	978.4	930	948	1,127	1,221	1,140
(8)＝(7)／(4)（%）	6.49	661	6.62	6.74	6.81	7.52	7.69	6.93
三、麥當勞（曆年制）								
（一）經營績效								
・店數（全球）	31,046	31,377	31,967	32,478	32,737	36,525	38,695	40,500
・員工數（萬人）	46.5	39	40	38.5	40	42	20.5	20
(1) 營收	154	166.11	165.61	154.59	162.37	254.1	213.63	232
(2) 行銷費用中廣告	—	—	7.03	6.51	6.87	7.19	3.66	3.78
(3) 行銷費用率＝(2)／(1)（%）	—	—	4.24	4.21	4.23	2.83	1.71	1.63
(4) 淨利	35.44	23.95	43.13	45.51	49.46	45.29	60.25	62.31
(5) 每股淨利（美元）	2.83	1.98	3.76	4.11	4.58	4.8	7.88	8.33
（二）股市績效股價（美元）	275	294	310	323	336	398	454	268
（三）品牌價值排名	9	8	8	6	6	9	9	11

項目	2006年	2007年	2008年	2009年	2010年	2015年	2019年	2022年
四、星巴克（年度10月~翌年9月）								
（一）經營績效								
・店數（全球）	12,440	15,011	16,680	16,635	16,858	23,043	31,256	35,700
・員工數（萬人）	14.58	17.2	17.6	14.2	13.7	23.8	34.6	40.2
⑴營收	60.83	80	87.72	97.75	107	192	265	322
⑵行銷費用中廣告	—	1.035	1.29	1.263	1.762	2.486	2.65	4.17
⑶行銷費用率 =⑵/⑴%	—	1.29	1.47	1.29	1.65	1.24	1	1.3
⑷淨利	5.64	6.73	3.16	3.91	9.46	27.57	36	32.82
⑸每股淨利（美元）	0.71	0.44	0.22	0.26	0.62	1.82	2.92	2.83
（二）股市績效股價（美元）	17.71	10.235	4.73	11.53	16.065	60.03	107	100
（三）消費者滿意績效								
・1. 品牌價值	31	36	39	32.63	33.39	62.66	118	140
・2. 排名	91	88	85	90	97	97	48	51

2-2 「行銷管理」面的數位轉型：執行與控制

2007年以前，星巴克是產品導向（又稱銷售導向），2008年起，才跳躍式的轉向「行銷導向」，這主要表現在行銷組合上，尤其是行銷費用砸大錢，將在單元2-3中說明。

一、問題：目標客群年齡不變，但人使用3C產品習慣改變

由下表可見，2008年星巴克美國（頂多加上加拿大）的顧客主要是都市人、白人、大專以上、專門職業人士，這些都沒改變。改變的是年齡層，數位原住民（digital native，指1980年以後出生）的Y世代（1981~1996年生）占顧客年齡層第一多，占33.78%。

二、對策：迎合顧客的需求（cater to the needs of customer）

本表拉個全景，把星巴克在行銷組合中，各小類的做法一次呈現，全書各章再把各重要小類說清楚，例如：第10章星巴克社群行銷，第11章星巴克顧客關係管理。

表　2008年起，星巴克在行銷組合的改變		
時	2007年以前	2008年起
一、目標市場		
人文屬性之一：年齡 1. 18~29歲 2. 30~34歲 3. 50~64歲	占33.78% 占20.04% 占21.05%	Y世代，1981~1996年生 X世代，1965~1980年生 嬰兒潮世代，1946~1964年生
二、行銷組合		
（一）產品策略		
1. 店內環境	唯美的裝潢	強調顧客數位體驗 （digital customer experience）
⑴ 無限上網	2002~2008年跟T-Mobile合作LAN，一次2小時2.99美元，月租29.99美元	2008年3月推出跟AT&T合作，2小時3.99美元，對會員2小時內免費，2010年7月起會員不限時間
⑵ 店內音樂	放背景音樂	2015年思播（Spotify）音樂
⑶ 店內第四台 （星巴克生活頻道）	無	2010年10月，跟雅虎合作，推出店內電視頻道（5個）

時	2007年以前	2008年起
2. 商品		
⑴ 飲料	咖啡為主	冷萃咖啡，機能食品飲料，早餐到午餐
⑵ 食品	烘焙食品	
3. 人員服務	店員服務	2009年起手機App，2015年起手機下單、付款
（二）定價策略	一杯咖啡，4美元	—
1. 定價水準	現金支付	2008年預付卡
2. 支付方式	2001年11月，推出星巴克禮物卡（Starbucks Card）	2011年起，手機支付 手機下單占9%，手機付款「使用率」（usage rate）占30%以上
（三）促銷策略	行銷費用占營收低	行銷費用率2%
1. 廣告	不打廣告，靠口碑行銷，2007年10月開始打電視廣告	打廣告
2. 社群行銷	不做	2008年在推特、臉書等精準行銷，個人化訊息透過手機App
3. 促銷	很少做	經常做
4. 人員銷售	—	—
5. 顧客關係管理	—	2008年推出會員制度 1. 美國會員人數占顧客人數18% 2. 會員消費占營收36%（2022年53%）
（四）實體配置策略	商店（即星巴克）店內銷售	2009年開始作「線上商店」（online shop）
1. 電子商務		2017年10月停止網路銷售
2. 國家	以美國為主 ・街邊店	2015年以後，以中國大陸為主 ・增加得來速
3. 店型	1994年開出得來速 ・授權店 1999年目標（target）量販店	開出星巴克店街邊取貨 開出星巴克「自取店」 2020年星巴克外送全美

2-3 行銷管理的必要條件：星巴克的行銷費用

「錢不是萬能，沒有錢萬萬不能」，談到行銷（品牌塑造只是其中一大部分），最現實的便是公司每年出多少行銷費用（其中廣告費主要是為了塑造品牌），本單元說明星巴克行銷費用占營收比率（marketing intensity，行銷密度），以2008年為分水嶺分二時期。

一、資料來源

1. 公司年報，證交會報告

從星巴克、麥當勞的年報、呈證交會（SEC）報告，在營業費用中頂多分出：研發費用、銷售與管理費用（selling general & administration expenses, SG&A），完全沒有行銷費用科目。你打華爾街日報「智慧」（Wall Street Zen）Starbucks Corp Statistics & Facts，在後半部分析營收、費用時會有廣告費。

2. 德國Statista公司統計

在谷歌（Google）輸入下列英文，德國Statista公司須付費39美元才看得到：

· Starbucks marketing budget

· Starbucks advertising cost

二、2008年起砸大錢拚行銷（尤其是第3P促銷策略）

1. 1997~2006年，口碑效果為重

這20年來星巴克強調霍華·舒茲的「（義大利）米蘭市咖啡故事」，再加上「好咖啡好店員服務」帶來顧客的好品牌效果。霍華·舒茲不重視廣告，認為顧客在星巴克的「經驗」，會有「一傳三」的口碑效果。

2. 2007年11月起星巴克行銷費用金額爆發

由單元2-1表可見，2007年起，總體環境（四大項中的經濟／人口）與個體（異業競爭）太嚴峻了，星巴克只好砸大錢，打廣告、辦活動。2007年11月，首發電視廣告。

三、比較對象：美國麥當勞

從美國著名 *Restaurant Report* 雜誌上會看到「Top 500 Chain Restaurant Report」與排行榜。

1. 餐廳業龍頭：麥當勞

由單元2-1的表可見，2022年麥當勞行銷費用率1.63%，主要是廣告、贈品。

2. 餐飲業二哥：星巴克，也是「飲料業」龍頭

以2019年來說，行銷費用率（行銷費用占營收比重）1%，2022年1.3%，比麥當勞低。

四、行銷績效之一：品牌價值

1. 金額：由線圖比較容易看出高低、差距，以2022年麥當勞486億美元比星巴克140億美元來說，約3.41比1。

2. 排名：由排名來看，麥當勞14年來，大抵全球第9名，星巴克快速提升，2006年第91名，2022年第51名。

五、股票市場績效

- 2006年漲18%　　　　· 2007年跌42.21%
- 2008年跌53.8%　　　· 2009年漲143.76%　　　· 2010年漲39.33%

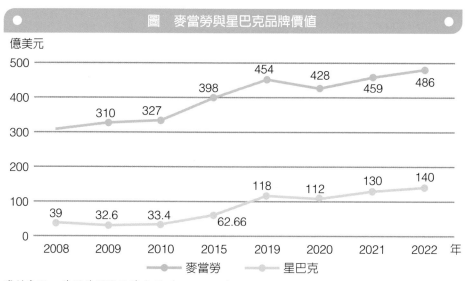

圖　麥當勞與星巴克品牌價值

資料來源：美國的國際品牌公司（Interbrand）。

2-4 行銷優勢劣勢分析：星巴克79分比麥當勞54分

公司在進行SWOT分析時，針對其中的優勢劣勢分析，本單元以美國星巴克和對手麥當勞作比較，運用伍忠賢（2021）的行銷相關方面優勢劣勢分析與競爭優勢量表（marketing aspects SW & competitive advantage scale），得出星巴克79分比麥當勞54分。

一、量表設計

1. X軸（詳見後頁上表第一列）

這來自1991年傑伊・巴尼論文，針對公司資源在塑造可維持的競爭優劣勢的四個衡量指標，這篇論文的論文引用次數9.2萬次，是作者看過最高的。

2. Y軸（詳見後頁下表第一欄）

這主要來自表2013年的論文，在附錄4有七項公司資源項目，增加三項（第4、7、9項），依「投入—轉換—產出」架構。

二、優勢劣勢分析評分

1. 十項說明

- ・第7項「價位」：以市場平均價格作為5分，星巴克價位高，缺乏價格吸引力，得5分。麥當勞咖啡價格較低，價格吸引力較高。
- ・第10項「崇拜地位」（cult status）：手機中「崇拜地位」最高的可說是蘋果公司iPhone，俗稱「果粉」（Apple fans，蘋果迷）；咖啡店中「星巴克粉絲」（Starbucks fans）；麥胞粉絲（McDonalds fans）。

2. 評分：星巴克比麥當勞79分比54分

後表中第一列可見每一題有4小項須評分，每小項占2.5分，小計10分。

後表星巴克比麥當勞79分比54分，這是作者主觀評定的，正確做法是請目標客群30人來評分，或用二手資料逐項來評分。

表　競爭優勢劣勢分析量表論文				
時	地	人	事
1991年	美國俄亥俄州雅典市	傑伊・巴尼（Jay B. Barney,1955~）	在《管理》期刊上「Firm Resource and Sustained Competitive Advantage」，論文引用次數近92,000次
2013年	美國麻州劍橋市	Nithin R. Geereddy	這是他在哈佛大學企管碩士班時的論文，Strategic Analysis of Starbucks corporation，附錄Detailed VRIO Analysis of Starbucks corporations，論文引用18次

表　星巴克行銷相關的優勢劣勢分析（VRIO）						
流程	價值性（value）2.5分	稀少性（rareness）2.5分	不具複製性（imitability）2.5分	組織性（organization）2.5分	本公司（星巴克）	對手（麥當勞）
一、投入（一）行銷長等產品（第1P：產品）1. 店址美觀					10	5
2. 店址易見性	地點、樓層（街面店）				10	10
3. 店址普及性：國家					8	10
4. 飲品：咖啡					8	5
5. 店服務：手機App					8	5
6. 店員服務	人力資源管理：企業文化				8	6
7. 價位（第2P：定價）					5	8
（二）公關事務部	公司形象					
8. 社區形象					5	5
9. 環保形象					7	5
二、轉換三、產出						
（三）顧客忠誠與推薦	顧客滿意					
10. 崇拜地位（cult status）					10	5
小計（分）					79	54

®伍忠賢，2020年4月25日。

2-5 星巴克二階段行銷相關組織的時空背景

星巴克的核心活動中的行銷策略由營運長（chief operation officer, COO）負責，2021年2月底羅莎琳德・布魯爾（Rosalind Brewer）跳槽擔任美國藥妝店龍頭沃爾格林（Walgreens Boots Alliance）總裁兼執行長後，此職務由John Culver擔任，他兼北美事業群總裁，2022年10月他離職，營運長一職取消。

一、第一階段：1987~2007年，傳統行銷

1. 背景

1994年，星巴克已有425家店，營收4.652億美元；請萊特・梅西（Wright Massey, 1953~）進行店型設計，1996年8月，進軍北美以外，在亞洲日本設店。

2. 組織設計：1995年設立行銷部

在一般公司稱為市場長（chief marketing officer），中國大陸又稱營銷長或首席市場官。2020年1月起由布雷迪・布魯爾（Brady Brewer）擔任，他曾經擔任日本星巴克營運長等職。

3. 行銷組合第4P實體配置策略

由後表下方可見，行銷組合中第4P實體配置策略中的相關組織。

二、第二階段的第一期：2008~2014年，數位行銷第一期

1. 2008年，設立「分析與市場研究」資深副總裁

以下分二個三級部公司的市場研究偏重大數據分析。

2. 其他

三、第二階段的第二期：2015年起，數位行銷第二期

這階段主要是以顧客手機作載體，星巴克手機App功能進階到「手機下訂單、付款」、「顧客關係管理」。

四、資料來源

　　大部分公司的組織圖只到二級單位（一級大「部」、二級中「部」、三級「小部」），但令人困擾的問題是一級部下轄那些二、三級部，卻沒說明，下面二單位提供更細的組織網。

1. 最權威的公司組織團：法國The Official Board。
2. 世界上最大的公共組織結構圖：The Org公司，2017年11月成立，總部在美國紐約州紐約市，員工人數11~50人。

表　星巴克二個階段行銷管理

期間	1998~2007年	2008~2014年	2015年起
一、經營實力 1. 店數 2. 營收（億美元）	425~15,011 46.52~94.12	16,080~21,366 103.83~164.48	23,043~36,000 191.63~
二、經營者 1. 董事長 2. 總裁	霍華・舒茲 詹姆斯・唐諾德 （James Donald） 2005年4月~2007年 兼任執行長	同左，兼任執行長 —	1. Mellody Hobson 　（2021年3月起） 2. Laxman 　Narasimhan 2023 　年4月任執行長 3. 凱文・約翰遜 （Kevin Johnson） ・2015年3月~2017 　年3月，兼營運長 ・2017年4月~2022 　年3月，兼執行長
三、行銷	傳統行銷 實體配置策略 （第4P） 1. 商店發展與設計 2. 店面設計 洲級，把二單位合併	數位行銷第1期 由國際和通路發展執行 副總裁 Andy Adams 設計長 Liz Muller （不列在44位高管名 單）	數位行銷第2期 左述1、2合併 Scott Keller，另美 加Chris Tarrant

2-6　星巴克組織管理

　　以行銷管理行銷長為例，「事在人為」這句俚語貼切形容公司「組織管理」（organization management）的重要性，簡單的用三個字形容組織管理「錢、人、事」，這是公司內每一個組織層級（詳見後頁上表第一欄）的權力範圍，有權力便應負責任（accountability，課責）。

　　本單元以美國星巴克為對象說明。

一、董事長，負責公司治理

　　在星巴克上呈證券交易會的「委託書聲明」（proxy statement）中第12頁有列出董事會責任區，主要是公司治理。

- ・錢：營收、成本費用的預算權。
- ・人：提名與公司治理委員會（nominating & corporate governance commit, NCGC）。其中「提名」主要指董事、高階管理階層薪酬。
- ・事：大都看重對外〔政府法之遵循、企業社會責任（ESG）〕、對內（公司策略、經營績效）。

二、總裁兼執行長

　　2017年4月，凱文・約翰遜總裁，從董事長手上取得執行長權力，錢人事大權在握，以三大行銷管理來說。

- ・錢：行銷預算，例如2022年度花20億美元，他拍板決定，由董事會同意，向董事長報備。
- ・人：客氣的說，二級主管由他任命，一級主管由董事會核准。
- ・事：除了董事會監督的事外，行銷相關事，大抵他說了算。

　　2023年4月，印度裔美人拉克斯曼・納拉辛漢（Laxman Narasimhan, 1967~）接任。

三、三大行銷相關部之一：行銷長

　　行銷長（chief marketing officer, CMO）布魯爾（Brady Brewer, 1974~）2020年2月上任，下轄四個二或三級部，相關權責如後頁下表所示。

　　其他主管權責往下類推，詳見後頁下表，例如二級部「數位顧客體驗」（digital customer experience），布魯爾2019年7月~2020年2月擔任過此職務。

表　星巴克研發長、產品長

二級部：資深副總	三級部：副總裁	四級單位：處 五級單位：組
一、研發長：全球產品體驗 Luigi Bonini	類：品類（category） 1. 咖啡 2. 提神飲料與茶 3. 混合（blended） 　（上列數字指飲品分類）	提出行銷定義 1935年
二、行銷組合之第1P產品策 　　略：產品長 　　（chief product officer） Sandra Stark 兼「資料分析與洞察部」主管	Chanda（Wong）　Bepps （女） 2018年11月起	品牌經理 ・產品經理 　（product manager） ・品牌經理 　VIA、CPG

表　星巴克對行銷相關事務分層負責

層級	錢	人事任命權	事
一、董事長與董事會	年度營運計畫：營收、成本費用	一級主管： 執行副總裁	以星禮程卡（My Starbucks Reward）為例
二、總裁兼執行長	行銷預算	二級主管： 資深副總裁	跨洲（區域） ・一級國家，例如： 　加、美、中
三、三大行銷部之一行銷長Brady Brewer	各部門預算例如行銷長下轄的各部門	三級主管： 副總裁	1. 跨公司，聯名合作 2. 一級部間跨部協調
四、二級主管：資深副總裁	部內預算	四級總裁： 處長	1. 二級部間跨部協調 2. 下轄2~4個三級部領導
五、三級主管：副總裁		五級主管： 經理組員	1. 三級部間跨部協調 2. 下轄3~5個處領導
六、四級主管：處長			
七、五級主管：組的經理			

2-7　全景：星巴克行銷相關部門

從行銷相關部門（marketing organization）來看，公司行銷至少由二個以上部門負責，以星巴克為例。

一、依行銷範圍區分：三個一級部門

1. 行銷管理：由行銷長管理

這主管稱為行銷長（chief marketing officer）。

2. 公共事務（public affairs）管理，由公共事務長管理

這主要是指企業社會責任（對社區、員工）、媒體、政府（公共政策）等公共事務。

3. 行銷管理中行銷組合二項

第1P、2P：產品部：由產品長（chief product officer）負責，資深副總裁。

第4P：實體配置策略：由國際與通路發展負責，執行副總裁，部門編制僅次於營運部。

二、行銷長下轄四個二、三級部：以行銷管理區分

1. 行銷研究

由「資料分析與（消費者）洞察」部中二個三級部中的「（消費者）洞察部」負責，旗下有個處主管稱為資料長（chief data officer, CDO）。

2. 行銷組合三個二級部

這有三個部，分層第1P產品策略和第3P促銷策略。

分層第1P產品策略之數位顧客體驗部：一般公司稱為「體驗長」（chief experience officer），相關職稱如後表。

3.1.1 品牌與聲譽管理部：主管俗稱主要品牌長（chief brand officer）。

3.5 顧客關係管理部

（3指行銷組合第三：促銷，促銷再細分5~6中類，例如：3.1.1 品牌與聲譽管理部）

三、公共事務與社會衝擊長負責大部分整合行銷

整合行銷溝通（integrated marketing communication）廣義的說，包括二項。由星巴克公共事務與社會衝擊主管旗下二個部負責，詳見單元2-1。

占比	英文	中文
30%	Chief Customer Officer	顧客長（在麥當勞指行銷長）
10%	Chief Client Officer	客戶長
10%	Chief Experience Officer	顧客體驗長（星巴克）
45%	其他名詞	

資料來源：整理自英文維基Chief Experience Officer。

表　星巴克行銷管理分由三大執行副總裁管理

行銷管理	行銷長 Brody Brewer	公共事務與社會衝擊	其他相關主管
一、行銷研究	分析與市場研究		
二、行銷策略 （一）行銷區隔與定位 （二）行銷組合 第1P：產品策略 ・環境 ・產品 ・人員服務 第2P：定價策略 ・定價 ・支付 第3P：促銷策略 ・廣告（溝通） ・社群行銷 ・促銷 ・人員銷售 ・顧客關係管理 第4P：實體配置策略 ・店址 ・店型 ・外送	數位顧客體驗部 同上 品牌與聲譽管理部 主要品牌長（chief brand officer） *Kyndra Russell	執行副總裁 Gina Woods 下轄三個部 1. 對政府、媒體 2. 對社區 3. 對員工	產品長 （chief product officer）決定產品、定價 *Sandra Stark 國際與通路發展 Michael Conway 全球成長與發展 *Katie Young

註：*資深副總裁。

2-8 星巴克行銷管理第一大類部門

星巴克行銷管理第一大類部門行銷長下轄各二個二、三級部門。

資料來源

大部分公司的組織圖只有三級單位（一級大「部」、二級小「部」），像四級單位（處，副總裁）、五級單位〔組（team），資深經理到經理級〕皆不會列出。我們如何摸索出各公司四、五級單位的組織，主要是以下列方式，以星巴克來說。

從49位高階管理者，去查「領英（LinkedIn）」的學經歷

尤其在星巴克內經歷，可以拼湊出一半以上，又從四、五級主管的訪談內容來查究。

星巴克有許多功能活動皆是業界「最佳實務」（best practices），專業公會、網路媒體、顧問公司皆會請其主管去分享實作經驗，由這人名作線索，再去「領英」查。

表 星巴克行銷長下轄第一部資料分析與（消費者）洞察

三級單位：部	四級單位：處	五級單位：組
一、分析策略部 （analytics strategy）	（一）SWOT分析處 （二）公司行銷績效	付費媒體的財務績效
二、先進分析與洞察部 （advanced analytics & insight）	（一）（消費者）知識管理與資料判讀處處長是資料長（chief data officer）Megan C. Brown （二）行銷、公司分析	全球消費者和員工洞見（組） （資深）經理 Dorothy Limper（2019年6月起） 1. 資料科學（data science） 2. 資料與衡量科學（data & measurement science）

表　星巴克產品策略之一：數位顧客體驗部		
三級單位：部	四級單位：處	五級單位：組
數位顧客體驗 （digital customer experience） Brooke O'Berry（女） 2018年11月起	（一）數位點餐，菜單和店內體驗處（digital ordering, menu, in-store experience） （二）數位體驗處 ・Eugena Brown Cooper（女）2020年5月起 ・Megan Mathes（女）2018年1月起 （三）店內數位與娛樂處處長（in-store digital）	顧客面對星巴克的數位平台，包括星巴克App、電子商務、星巴克顧客全球 店內：wifi ・2010年10月19日星巴克數位網路 品牌經理資深經理 Helen Kao 2015年店內音樂跟思播公司合作

表　星巴克行銷組合第3P促銷策略之品牌與聲譽行銷部		
三級單位：部	四級單位：處	五級單位：組
俗稱品牌長 （chief brand officer） Kyndra Russell	（一）零售行銷（retail marketing） （二）數位行銷處 （三）全球社群媒體創意處處長Ryan Turner （四）社群與內容行銷（social & content marketing） 處長Jon Groener 2019年3月起 （五）全球促銷處 （global promotion）	1. 品牌經理 　（brand manager） 電子郵件行銷 2. 資深經理 　Margaret Shelly 　2015年4月起 ・創意作業組 　（creative operation） Andrew Scheper's 　（2017年12月起）

表　星巴克促銷策略之三：顧客關係管理部		
三級單位：部	四級單位：處	五級單位：組
（一）非會員 （二）會員	創意運作處（creative operations） 3. partnerships engagement 2. digital customer engagement 1. Starbucks card & loyalty	

2-9 公司公共事務吸引力、績效量表分析

大公司樹大招風，因此把公共關係「室」的三級部門，升格為二級甚至一級的公共事務「部」，本單元以伍忠賢（2021年）公司公共事務「吸引力」、「績效」量表（public affairs performance scale），來衡量星巴克、麥當勞。量表可分為「吸引力」（即能力）、「績效」（即產品），本單元以「吸引力」為例。

一、架構

1. 第一種分類方式

後表中第二欄是以2005年英國人賽門・查達克（Simon Zadek,1957~）的公司社會責任五層級。這架構很易懂，本書一以貫之沿用，例如（單元12-2）星巴克數位行銷的效益層級。

2. 第二種分類方式：公共事務

表中第三欄指的是公司「公共事務」（public affairs），例如星巴克行銷相關部門第二大類「公共事務部」，我們大抵參考英文維基百科中Public Affairs Industry把公共事務分成三大類，第二類為「公共關係」（public relation）。

二、比重、配比

以「公共事務」來分三大類的重要性如下：企業社會責任占30%，公共關係占40%，公共政策占30%。

三、十項簡單說明

星巴克比麥當勞87分比53分，限於篇幅，以其中三項來說明。

- 第3項「影響法令政策形成」：我們很難由成果來判斷，若用「投入」來判斷，以美國1946年的「聯邦遊說管理法」（The Federal Regulation of Lobbying Act）來說，公司須公布遊說金額。
- 第4項「問題管理」（issue management）：「問題」（issue）主要指影響營運的「問題」，以餐飲業來說，主要指食品衛生問題。本處以「大問題」上報頻率來衡量，頻率越低，得分越多。

・第5項「危機管理」：當問題嚴重到成為「危機」，公司處理好的時間越短，得分越高。

四、評分

各項目給分宜由專家、代表性利害關係人（stakeholders）進行，本處以作者主觀給分，當「不清楚」時給安全分5分。

其中公民化階段、企業社會責任都是需要跟五種生產因素的供給方和諧相處。

得分	大 / 小分類	公共事務分類	1 5 10	本公司（星巴克）	對手（麥當勞）
	五、公民化階段（ESG）	三、企業社會責任 第8~10項以生產因素來說			
100	10. 環保（environment）	自然資源		9	5
90	9. 社會關係（social）	二、公共關係 第4~7項		9	5
80	8. 對勞工投入	勞工、研發		9	5
70	7. 公司治理（corporate governance）	資本		9	5
	四、策略階段				
60	6. 策略溝通（strategic communication）			9	5
	三、管理階段				
50	5. 危機管理			9	5
40	4. 問題管理（issue management）			9	5
	二、防禦階段				
30	3. 影響法律政策形成 遊說（lobby）預算	一、公共政策 第1~3項		8	5
20	2. 政商關係（business-government relations）			8	5
10	1. 了解政策發展趨勢 一、法令遵循階段			8	8
	小計（分）			87	53

表　公司的公共事務績效量表

®伍忠賢，2021年4月25日。

2-10 星巴克行銷相關管理第二大類部門：公共事務部、社會部與社會衝擊部

星巴克行銷相關部門第二大類是公共事務部，其中三部之一社會衝擊部的主要執行單位之一是星巴克基金會，詳見小檔案。

一、全景：公共事務部與社會衝擊部

星巴克的公共事務部名稱變來變去，組織層級越爬越高。

· 2013年10月~2017年7月全球社會衝擊和公共政策部。

· 2017年7月~2019年7月全球社會衝擊與公共事務部。

· 2019年10月起，公共事務部，主管由二級職稱「資深」副總裁，擢升為「執行」副總裁。2020年9月14日，原主管John Kelly離職，由吉娜·伍茲（Gina Woods）升任，她原在行銷長下擔任品牌長。

二、近景：員工溝通與認同部

員工溝通與認同部（partner communication & engagement, PC&E），其中的有時改稱「內部」（internal）。

1. 對象：⑴對加盟主的員工；⑵對直營店。

2. 工作範圍：⑴員工溝通；⑵員工認同：擬定員工認同計畫，由各事業部執行。例如：員工就讀大學計畫（Starbucks College Achievement Plan）的宣傳。

參見Starbucks Stories & News，「Sharing（some）secrets of the Starbucks partner social media team」，2014年5月16日。

表 星巴克狹義行銷部門及主管

負責事務　　　一級部門 執行副總裁	行銷長（Brady Brewer） chief marketing officer	公共事務長 （Gina Woods） public affairs & social impact
一、溝通	下轄四個二級部門 （註：分析與消費者研究部門不在此架構中）	下轄二個二級部門 （資深副總裁） V （一）全球溝通與公共事務部門 A. J. Jones II
二、廣告	V 聲譽與品牌管理部門	
三、公共事務		（二）政府事務、公共政策社會衝擊部門 Ted Adams
四、數位體驗	V 數位顧客體驗部門 Brooke O'Berry（女）	
五、促銷		
六、顧客關係管理	V 顧客關係管理部門 Bred Stevens	

註：星巴克公司40萬人，行銷相關部門編制很大，由二位執行副總裁各帶四、二個二級部門（資深副總裁），皆有數位行銷的分工功能。打V代表由此部門負責。

表　星巴克公共事務部與社會衝擊部組織設計		
二級單位：部	四級單位：處	五級單位：組
一、全球公共政策與溝通 （global communication） （一）三級部全球溝通 Jamie Riley（女）（2018年4月起）	（一）對外公司溝通處 （corporate communications inclusion and diversity communications）處長 Reggie Borges（2021年5月起，前項2019年~2021年4月）	1. 董事會溝通（executive communication） 2. 財務溝通 3. 品牌信譽與（公司）危機溝通 4. 媒體關係
（二）全球公共政策副總裁 Zulima Espinel（女性、律師）	（二）政策的法律事務面 （policy counsel）	1. 指美國公共事務
二、社會衝擊 （social impact） 相關計畫（initiatives） ・社會衝擊計畫 ・全球店面設計（尤其是社區雲） ・社區投資 （community investment）	（一）全球社會衝擊處處長 ・Alicia Vermaele（女）執行處長（2017年12月起） ・Jane（Wong）Maly（女）（2020年6月起） （二）社會衝擊處 Meghann Glavin（女） （三）國際生產解決 （international operation solution）	2. 全球（社會）責任 （global responsibility） 社會、環境責任 3. 專案經理 Melissa Conrad 星巴克退伍軍人 （starbucks veterans） 星巴克食物分享計畫 （Starbucks Food Share Program）
三、員工溝通和認同 例如Amy Alcala，2010年~2017年1月，擔任副總裁	（一）內部與執行副總裁溝通（internal & executive communication） 處長Alisha Damodaran（女）2019年1月起 （二）員工行銷處 （partnership marketing） 處長 Lori Neubauer（女） 2017年7月起	主要是跟全球80國星巴克，提供員工訓練（即生產面專業知識）溝通計劃組Bill Rosing（2018年5月起） 星巴克員工大學計畫（Starbucks College Achievement Plan）

表　星巴克行銷管理第二部產品部		
三級單位：部	四級單位：處	五級單位：組
一、產品長 Sandra Stark 美國飲品「類」與全球創新 （三）期望產品 二、全球創新（註：研發）副總裁 （二）基本產品：食物 （一）核心產品：飲料 (beverage) Chanda（Wong）Bepps（女） （2018年11月起）	類：品類（category） 混合（blended） 2. 提神飲料與茶 1. 咖啡	品牌經理 ・產品經理 　（product manager） ・品牌經理 　VIA、CPG

Chapter 3

數位行銷環境偵察，
兼論數位行銷研究

3-1 行銷策略三之一：行銷環境偵察 —— 競爭者與消費者知識

3-2 全景：傳統vs.數位行銷研究

3-3 近景：數位行銷的市場研究 —— 社群媒體聆聽

3-4 全景：消費者消費決策過程 —— AIDAR架構

3-5 近景：AIDAR架構的發展沿革

3-6 特寫：AIDAR同義字 —— 接觸關鍵時刻、消費者體驗與旅程

3-7 特寫：AIDAR同義字 —— 三階段潛在顧客，美國直接行銷的沿革

3-8 近景：消費者知識

3-9 星巴克對分析與市場研究的上層設計

3-10 環境偵察與市場研究「組織設計」

3-11 行銷策略三之二：市場定位

附錄 傳播媒體、使用者原創內容發展沿革

3-1 行銷策略三之一：行銷環境偵察——競爭者與消費者知識

在「行銷管理」教科書中，經常用二章（行銷環境、行銷研究）來說明，分量很大，本書則以一章深入討論。本章偏重行銷研究，但一開始，拉個全景。

一、全景

下表第一欄可見「（行銷）環境」範圍，跟第二欄SWOT分析對映，第三欄是美國星巴克的相關主管。

二、大圖：總體環境

一般公司，總體環境「偵察」（依英文字母順序有幾個字，在管理學中以scanning為主，其次是monitoring，中文解釋為掃描、偵測，本書作偵察之意）係由策略長負責。2022年4月起，策略暨轉型長（chief strategy and transformation officer）由布里特（Frank F. Britt）擔任。

三、小圖：個體環境

1. 功能：知己知彼，百戰不殆

春秋末期，大約西元前514年時孫武，在《孫子兵法》「謀攻篇」中的名言：「知己知彼，百戰不殆」，「殆」是「危險」的意思。

2. 1980年，五力分析

知「彼」在二個相關課程，對象不同，以麥可・波特的「五力分析」來說，「產業分析」中的「彼」主要指對手，對對手的了解稱為「競爭者知識」（competitor knowledge）。

在「行銷管理」四大觀念之一消費者研究（consumer research）的目的，在於了解「消費者行為」（consumer behavior，或消費行為），以取得消費者知識（consumer knowledge）。這在大學三年級有相關課程：消費者行為、消費心理學（consumer psychology）。

表　行銷環境與SWOT分析對映

行銷環境	SWOT分析	星巴克組織
一、總體環境（marketing macro-environment）	一、機會威脅分析（Opportunity / Threat analysis, OT analysis）	1. 策略長（chief strategy officer）2022年4月起，恢復此職位
二、個體環境（marketing micro-environment）	二、優勢劣勢分析（Strength / Weakness analysis, SW analysis）	2. 行銷長 Brady Brewer 任期2020年2月起

表　行銷環境與SWOT分析對映（二）

擴增版一般均衡	投入：生產因素市場	轉換：產業／行業、生產函數			產出：商品市場		
一、五力分析	1. 1.1 勞工 1.2 資本	2. 替代品業者	3. 同業對手	4. 潛在競爭者	5. 買方 5.1 批發與零售公司 5.2 消費者		
二、社群媒體聆聽	員工社群媒體偵察（monitoring）	（一）行業關鍵字趨勢（context of the disscussion）（二）對手分析 2. 對手聲量（competitor mention）1. 社群媒體市占率（share of voice）			**注意**（二）本公司品牌聲響（brand mention statistics）（一）本公司 2. 人氣流量 1. 影音數量	**興趣**（二）有關網友 2. 媒體紅人（media influencer）1. 發掘影響人士（俗稱網紅）（一）網友認同（1~3）2. 轉傳數（retweet）1. 按讚數	**慾求** 同左 3. 網友情緒（或評論）分析 ·正面評論 品牌擁護者（brand advocates）·中性評論 ·負面評論
三、教育領域	—	0311 經濟學類中之產業分析 在SWOT分析中用於優勢劣勢分析（SW analysis）			0414 國貿、市場行銷中之消費者行為		
四、知識種類	—	競爭者知識（competitor knowledge）			消費者知識（consumer knowledge）		

一、傳統vs.數位行銷研究

傳統跟數位行銷研究的差別只是獲取消費者、競爭者資料「管道」的不同罷了。

1. 就近取譬

公司傳統經營跟數位經營相近，傳統經營是有店面，數位經營是在網路上。

2. 傳統vs.數位行銷研究

同樣的，傳統跟數位行銷研究差別不大，傳統行銷研究主要是靠郵寄問卷，少數情況是靠人員電話訪問等；數位行銷研究則是用網路的問卷調查。

3. 行銷環境偵察

⑴ 總體環境偵察

總體環境偵察方式跟個體環境偵察方式類似。

⑵ 個體環境偵察

由右表第三欄可見，從傳統的看電視、報紙的傳統媒體，進行輿情分析（public opinion analysis），到透過社群媒體聆聽（social media listening）的網路輿情分析（internet public opinion analysis），opinion有時改用sentiment一字。

二、公司

以產品的新舊分成二階段，這屬於行銷研究中的市場研究。

1. 新產品

新產品研發時測試市場（test marketing），這在伍忠賢著《超圖解公司數位經營》（五南圖書公司）第三章說明。

2. 舊產品

已上市產品的新顧客消費行為，其次兼顧老顧客消費行為。

3. 產出：資料視覺化，例如數位儀表板

· 表：文字雲（word cloud）。

· 圖：網路圖（network graph）。

三、大數據分析

以金礦來舉例，下列二種資料含金量大不同。

1. 社群媒體等含金量1%以下

你用炸藥去炸金礦，20噸黃金礦石約可取得一英兩（約31公克）黃金。簡單的說，有許多人主張從消費者網路上言談，或縮小範圍到在店內足跡，去進行大數據（big data analysis），萃取出的資料投資報酬率極低。

2. 交易資料含金量90%以上

顧客交易資料含金量很高，但我們看過許多號稱大數據分析結果，可說是用推理就可推出，例如聯合信用卡處理中心的全臺3,400萬張有效信用卡用途排名依序為：繳保費、繳稅、購物（尤其是量販店）、加油。

表　傳統與數位市場研究方式		
時	2007年以前	2008年起
項目 一、總體環境	傳統行銷研究 市場觀察 1. 政府資料 開放平台	數位行銷研究 同左
二、個體環境 三、公司 （一）新產品	輿情分析（public opinion analysis）	網路輿情分析（internet public opinion analysis）
	1. 產品測試（product testing） 2. 市場測試（test marketing）	1. 同左，網路版，例如「星巴克點子」（My Starbucks Idea） 2. 同左，在網路（常見手機App）問卷調查
（二）舊產品 1. 抽樣調查	郵寄或人員問卷調查 ⑴ 消費者滿意調查 ⑵ 消費者淨推薦分數	網路版，行銷資料科學（marketing data science）
2. 交易資料 ⑴ 時間序列 ⑵ 橫斷面 （三）產出	計量經濟 ⑴ 多變量分析 ⑵ 世代研究（panel study）	同左 同左
1. 名詞 2. 呈現方式	消費者知識 （consumer knowledge） 圖表	消費者「洞察」（或洞見） （consumer insight） 資料視覺化 （data visualization）

3-3 近景：數位行銷的市場研究——社群媒體聆聽

本單元說明SWOT分析中的優劣勢分析及人工智慧的機器學習的語意分析法。

一、社群媒體聆聽

社群媒體聆聽的英文、中文譯詞很多，詳見右上表。

1. 拆字了解，社群媒體＋聆聽

· 可理解的用詞：社群媒體聆聽（social media＋listening）。

· 不易理解的用詞：社會聆聽（social listening）。

2. 本質上，方法論是內容分析

人工智慧之深度學習之文字探勘（text mining）、網路爬蟲（web crawler）。

3. 目的

太多文章把「社群媒體聆聽」目的「無限上綱」，首先它是「偏聽」，即只能聽網路上聲音，但許多人不上網表達意見。

4. 無謂的分類

· 主動偵察（active monitoring），針對本公司、對手品牌。

· 被動偵察（passive monitoring），有關網友「人事地物時」。

二、文獻少又不夠

1. 沒有一篇論文引用次數破200次。

2. 原因很簡單：分析方法太簡單。

以論文引用次數最多（178次）的2015年10月這篇，發表在「媒體網路研究」（Media Internet Research）上，作者皆為美國教授，2013年5月至2014年4月，在推特上1萬篇貼文，進行內容分析，由人工智慧中的機器學習的語意分析，再進行相關、雙變異數分析。

表 社群媒體聆聽用詞（英文、中文對照）

第一個字	第二個字	第一個字	第二個字
一、Social（Media）	Analytics Big Data Listening Monitoring Tracking	一、社群（媒體）	分析 大數據 聆聽 偵察 追蹤
二、Public	Sentiment Analysis Monitoring	二、輿情	分析 偵察

表 有關社群媒體聆聽分析軟體二篇重要文章

時	地／人	事
一	愛爾蘭都柏林市VISUA公司，2012年成立	在公司部落格文章「10 best social listening platforms」（according to Forrester），詳下表
2021年7月1日	美國麻州劍橋市Kristen Baker	在HubSpot公司部落格上文章「15 best social listening tools to monitor mentions of your brand」

表 社群媒體聆聽常用的「平台（整體）」月租費

A～H	I～O	S～Z
Agorapulse Awario，24美元 1. Buffer Buzz Sumo 2. Digimind Social Falcon.io，108美元 Google Alerts Hootsuite，49美元 How sociable HubSpot，890美元	Icons square，49美元 Keyhole，79美元 3. Linkfluence 4. ListenFirst 5. Meltwater Mention 6. NetBase Quid 　Outpost	Social Mention 7. Sprinklr Sprout Social，89美元 8. Synthesio 9. Talkwalker 　Tailwind，10美元 　Tweet blinder 　Tweet Reach，49美元 10. Zignal Labs

Forrester Wave 報告小檔案

時：2002年起，每季一次

地：美國麻州劍橋市

人：福雷斯特諮詢公司

事：針對科技產品（軟體，例如：防毒軟體）依據10多項指標，推出Forrester Wave
　　報告

語言是活的，因時因地因人而差異，以bicycle來說。

‧國語：自行車、單車（中國大陸南方）。

‧閩南語：腳踏車、鐵馬、孔明車。

‧東南亞：新加坡、馬來西亞和中國大陸潮州、汕頭市，稱為「腳車」。

同樣的，在企管中，有許多英文專有名詞，都是「名異實同」，造成差異原因主要是許多企管顧問公司、學者想「譁眾取寵」，把舊酒裝進新瓶，這是「修辭策略」（rhetorical strategy）的運用，由右表可見，顧客忠誠階段、行銷漏斗理論基本觀念是AIDAR。

一、談不上「太極生兩儀，兩儀生四象」

周朝《易經》上的文章，後來改成俚語，稱為「太極生兩儀，兩儀生四象」。

我們作學問的基本原則是「回到基本」（return to basic），右表中五個看似不同觀念，都是AIDAR的不同名稱，在表第一、二列，是本書所加。

‧時間線：表中第一列，這是以一位消費者作舉例。

‧購買機率：表中第二列。

二、第幾次接觸

右表中第五列，我們依AIDAR五階段，區分五次接觸。

三、1909年AIDAR的別名「行銷漏斗」

你在谷歌上打字「Origin of Marketing Funnel」，結果出現一個頁面，你點選「Who Created the Marketing Funnel」，得到結果是「1898年Elias St. Elmo Lewis」。

這「○○」漏斗（funnel）有幾個同義字，以英文字母順序：customer、marketing、purchase或purchasing funnel。

在電子商務稱為（消費者）轉換漏斗（conversion funnel）。

表　消費者消費過程——AIDAR架構

時	2022.7.1	2022.7.5	2022.7.7	2022.7.10	2022.7.15	2022.7.20	2022.7.25
占比	5%	25%		45%	65%	100%	100%↑
AIDAR	注意（Attention）		興趣（Interest）	慾求（Desire）		購買（Action）	續薦（Repurchase）
外界名稱	<0次	第0次接觸（Zero, ZMoT*）	第1次接觸（First, FMoT）	第2次接觸（Second, SMoT）		同左	第3次接觸（Third, TMoT）
本書名稱	第1次接觸		第2次接觸	第3次接觸		第4次接觸	第5次接觸
顧客忠誠階段（customer loyalty ladder）		一、消費者（consumer）	行銷部認可潛在顧客（marketing qualified lead, MQL）	業務部認可潛在顧客（SQL）	業務部接受潛在顧客（SAL）	二、1生客（customer）初次購買顧客	二、2熟客（regular customer）
	1. 可能消費者（suspect）			2. 潛在消費者（prospect）		3. 購買者（shopper） 4. 消費者（customer）	5. 會員（member） 6. 擁護者（advocate） 7. 鐵粉**（raving fans）
星巴克會員						1. 新星級（welcome level）	5. 金星級 4. 銀星級 3. 玉星級 2. 綠星級
行銷漏斗理論（marketing funnel）	漏斗「頂」部（Top-of-The Funnel, TOFu）		漏斗中間（Middle, MOFu）	同左		漏斗「底」部（Bottom, BOFu）	

®伍忠賢，2022年1月1日。註：*MoT表示詳見單元3-6。**Rave（to Praise Something Very Much）。

3-5 近景：AIDAR架構的發展沿革

一、歷史背景

1850年代，美國廣告業興起，美國賓州費城是東岸老牌城市，商業發達，廣告公司很多。

二、1909年，劉易斯的AIDA

美國廣告公司老闆劉易斯（Elias St. Elmo Lewis,1872~1948）在1899~1909年，逐年發展廣告、影響消費者決策過程。有一些文章說明AIDA起源於1899年，他時年27歲，見少識淺。到了1909年，37歲的他才對其有了較深入的見解。

三、2007年，數位行銷之海盜模式（AARRR）

到了網路時代，數位行銷（以廣告）來說，偶爾被人引用的是表中美國加州矽谷的麥可盧爾（Dave McClure, 1966~）的AARRR模式。由右表可見，其缺點如下。

1. 不周延

沒有包含「注意」一項，直接跳到「興趣」階段的取得用戶（Acquisition）。

2. AARRR不好記

四、2021年，伍忠賢AIDAR架構

伍忠賢（2021）在研究美國星巴克、中國大陸網路商店李子柒旗艦店行銷管理組織設計後，在劉易斯AIDA上多加一項R成為AIDAR（這字可以英文發音ai-dar），這也符合英文名詞好記的原則。其中Action這字，意譯「購買」。

而AIDAR 中的R包括二小項「續（購）」、「（推）薦」。

・續購（Repurchase）。

・推薦（Recommendation）。

表 消費者消費決策過程：AIDAR架構

得分	時/地/人	注意 (Attention)	興趣 (Interest)	慾求 (Desire)	購買 (Action)	續薦 (Repurchase)
一、高分 100	1. 2021年臺灣伍忠賢AIDAR	✓	✓	✓	✓	推薦 (Recommendation) 續購（Repurchase） 推薦（Advocate）
90	2. 2016年美國柯特勒等AAAAA	認知 (Aware)	訴求 (Appeal)	詢問 (Ask)	感情 (Affection)	傳播（Referral）
90	3. 2007年美國加州麥可盧爾 (Dave McClure, 1966~) AARRR，海盜模式	獲取用戶 (Acquisition)	提高活躍度 (Activation)	提高留存率 (Retention)	獲取收入 (Revenue)	
二、中分 85	4. 2004年日本電通公司（AISAS）	✓	✓	Search	✓	Share
80分	5. 1909年美國賓州費城 劉易斯（Elias St. Elmo Lewis, 1872~1948） AIDA	✓	✓	✓	✓	×
75分	6. 1920年美國Samuel R. Hall （1876~1942） 提出AIMDA	✓	Memory	✓	✓	×
60分	7. 1960年美國康乃迪克州 M.J.Rosenberg 和C.I.Hovland	認知 (Cognition)	感情 (Affection)		行為 (Behavior)	×

⑱伍忠賢，2021年5月21日、8月3日。

下列三個名詞：顧客接觸關鍵時刻（moment of truth, MoT）、消費者體驗（customer experience）與消費者旅程（customer journey）是同一個觀念，限於篇幅，主要以表呈現，下表第二列中，伍忠賢（2021）依AIDAR五階段，把五個階段的接觸名稱予以對映，以方便記憶。

表　接觸關鍵時刻、消費者體驗、旅程

時	1981年	1980年代	1998年
地	瑞典斯德哥爾摩市	美國明尼蘇達州 明尼亞波利市	英國倫敦市
人	詹·卡爾森（Jan Carlzon, 1941~），斯堪地亞航空公司總裁兼執行長	Lou Carbone（約1946~）是「體驗工程」（Experience Engineering）公司創辦人兼老闆，1991年9月成立	OxfordSM公司，1986年12月成立
事	提出消費者接觸公司的「關鍵時刻」（moment of truth, MoT）觀念，2006年在麻州劍橋市Ballinger公司出版 *Moment of truth* 一書（詳見英文維基Jan Carlzon）	提出全面體驗管理（total experience management），這個觀念源自： ・時：1950年代 ・人：戴明（W.Edwards Deming, 1900~1991） ・事：尤其是1982年《轉危為安》（*Out of the Crisis*）一書	在協助英法間「歐洲之星」（Eurostar）高鐵（1994年11月起局部通車）時，提出「消費者旅程對映」（customer journey mapping）

®伍忠賢，2022年1月2、5日。

表　消費者接觸關鍵時刻重要文章			
時	2019年2月	2009年1月	2009年11月
地	澳大利亞雪梨市	尼德蘭格羅寧根市	美國麻州波士頓市
人	Markus Groth等4人	彼德・維霍天（Peter C. Verhoef）等四人	凱瑟琳・N・勒蒙（Katherine N. Lemon, 大約1968~）與Peter C. Verhoef
事	在研討會上論文The moment of truth: A review, Synthesis, and Research agenda for the customer service experience	在《零售》期刊上論文Customer Experience Creation: Determinants, Dynamics and Management Strategies	在《行銷》期刊上論文Understanding Customer Experience thought out the Customer Journey
頁數	pp.89~113	pp.31~41	pp.69~96
引用	66次	4,000次	4,500次

®伍忠賢，2022年1月2、5日。

註：論文引用次數計至2022年12月31日。

服務藍圖（service blueprint）小檔案

時：1984年1、2月

人：思特沃克（G. Lynn Shostack，女）擔任過美國花旗銀行私人銀行業務部副總裁、美國行銷學會服務行銷委員會召集人

事：1984年在《哈佛商業評論》上發表文章「Designing Services That Deliver」，讓她有服務藍圖之母之稱。1977年起發表服務行銷論文，論文引用次數如下：1977年4月那篇3,781次，1982年那篇1,679次，1987年那篇1,509次

美國速食與飲料需求調查報告小檔案

時：2022年

地：美國紐約市

人：尼爾森（Nielsen Scarborough）公司

事：Understanding shift in U.S. Total Food and Beverage Demand，共19頁

狹義的數位直接行銷（digital direct marketing）是指1990年以來的網路行銷（internet 或online marketing），這只是行銷管道不同罷了。許多觀念都是沿襲以往，以「行銷部認可的潛在顧客」等三種潛在顧客來說，整個源頭在於「直接行銷」（direct marketing，不宜譯為直效行銷）。

一、全景：直接行銷

1. 西元前1000年

　　以直接郵寄（direct mail, DM）行銷來說，埃及人早就做了。

2. 聚焦在美國

　　以右上表來說，1872年起，產品目錄行銷（product catalog marketing）是較有名的「郵件行銷」方式。

二、三階段「潛在顧客」

　　在單元3-4表中第六列有三種程度的潛在顧客在此說明，這由二個部在管。

1. 行銷部認可潛在顧客（marketing qualified lead, MQL）

　　行銷部從網友留下的聯絡方式（在數位行銷，主要是電子郵件地址），寄促銷郵件過去，該網友有收件。

2. 業務部認可潛在顧客（sales qualified lead, SQL）

　　當網友有收到公司行銷部的促銷電郵，且進一步詢問，表示有興趣，此時該潛在顧客轉交業務部，由顧客服務中心（call center）來聯繫，並打電話給消費者。

3. 業務部接受潛在顧客（sales accepted lead, SAL）

　　當客服人員致「電」（包括網路文章），且潛在顧客表示有慾求（desire）時，成交就只有一步之遙。

三、文獻回顧，研究論文少又不重要

　　資料庫行銷（database marketing）由各公司進行，資料庫機密，學者不易取得資料，由下表可見，學術論文少且不重要。

表　美國直接行銷型態沿革				
時	1855年	1872年	1957年	1971年	1982年
地	田納西州	伊利諾州	紐澤西州	麻州劍橋市	佛州
人	格雷夫斯（Rev. James R. Graves）	Aaron M. Ward（1843~1913）	DialAmerica公司	雷・湯姆林森（Ray Tomlinson, 1941~2016）	家庭購物網（HSN）
事	成立西南公司，面對面銷售（俗稱直接銷售，direct selling）	產品目錄行銷（direct mail, DM）	電話行銷（telephone marketing）	資料庫行銷（database marketing）	第一家電視購物頻道
期刊	直接銷售期刊	直接行銷期刊	—	資料庫行銷	—

表　1970年代起，資料庫行銷觀念發展沿革			
時	1982年	1990年	1993年	1994年
地	美國伊利諾州芝加哥市	英國曼徹斯特市	美國加州聖馬刁鎮	美國德州奧斯汀市
人	Kate（1934~）與Robert D. Kestenbaum	Robert Shaw（1950~）與Merlin Stone	Thomas M. Siebel（1952~）	甲骨文（Oracle）
事	提出「資料庫行銷」觀念	在《資料庫行銷》書中把此觀念系統化	希柏系統（Siebel）軟體公司（1993~2005）推出第一個顧客關係管理（CRM）軟體	推出第一個企業資源規劃（ERP）軟體

公司對同一消費者的了解稱為消費者知識（consumer knowledge），跟消費者洞察（consumer insight）相近。由於學術上消費者知識是個冷門主題，缺乏強有力的定義、範圍，本單元以伍忠賢（2022）消費者知識定義範圍來說明。

一、問題：缺乏強有力的定義、範圍

由於學者很難取得各公司所擁有的消費者知識庫資料，在缺乏資料可行性情況下，此研究主題的人少，而且破百次引用的論文僅2012年的一篇225次，套用產品生命週期觀念，這是此課題單一論文引用次數最高點，之後，便進入衰退期，甚至2018年起的論文引用次數在10次以內。

二、消費者知識來源

在AIDAR架構中，「一回生」（注意）、「二回熟」（興趣），公司對同一消費者的了解程度會逐漸增加，右表中第二列是公司對消費者的資料來源。

· 綜合項目來源：以社群媒體聆聽為例：消費者在社群媒體上對公司、公司對手的產品等行為，出現在AIDAR中的「注意、興趣、慾求」三階段。

· 單一項目來源：以AIDAR中的「購買」來說，分成二種資料來源，其一是公司內部，這主要是從收銀機的銷售時點系統（POS）；其次是公司外部，包括顧客評論、消費者滿意程度。

三、解決之道

伍忠賢（2022）對消費者知識的定義範圍（consumer knowledge defining range），以後表中第三列「產出」來說，公司對消費者知識範圍包括三方面。

· 知識含量，以消費者購買機率（第二列）來說：以AIDAR架構階段，公司對同一消費者的了解程度越來越高，從「注意」階段，以網友網路瀏覽來說，透過其網址大約只知道其「地理」中的國家、瀏覽次次數，了解程度約5%。

· 知識種類：知識種類常套用豐田汽車公司的5W，或問「五個為什麼」，在右表中AIDAR五階段中，逐漸了解消費者對本公司產品「偏好」（preference）、意見（opinion）等。

· 對消費者的了解：右表中第三列的第三中類是市場定位四變數的消費者了解。

表 消費者知識（或消費者洞察）

AIDAR	注意	興趣	慾求	購買	5.1 續購	5.2 推薦
一、投入 （一）綜合項目 以社群媒體聆聽為例	資料 ✓ 瀏覽人氣（數）	來源 2. 轉傳 1. 按讚 ✓	✓	—	—	—
（二）單一項目			1. 消費者「購買意向」（intention） 2. 消費者「信心」（confidence）或「情緒」（sentiment）	1. 消費者滿意程度 2. 顧客評論（customer reviews） 3. 購買歷史銷售資料	RFM： recency、frequency monetary（RFM） 預測分析 （predictive analytics）	淨推薦分數（NPS）
二、產出 （一）知識含量 （二）知識種類	知識 5% where when	25% thinks	45~65% preference opinion	100% behavior what which 尤其會員	120% Why	200%
（三）市場定位 1. 地理 2. 人文 ・性別 ・種族 ・年齡 ・學歷 ・其他 3. 心理 4. 行為	✓個人網址 上網資料：手機 款式 ✓瀏覽資料	✓	✓	大概 ✓	✓	✓

ⓇR伍忠賢，2022年1月5日。

3-9 星巴克對分析與市場研究的上層設計

一、新人新政

由右上表可見。

1. 2015年4月1日

星巴克委派董事會成員之一的凱文‧約翰遜，接任管理職，為總裁兼營運長。

2. 2015年11月

星巴克聘用原任耐吉公司消費者資料科學與技術長法蘭西斯（Jonathan Francis）擔任資深副總裁，一次管理二個三級部，他是「分析長」（chief analytics officer）。2022年起由史塔克（Sandra Stark）轉任。

3. 想得大，小啓動，快速動

由右下表可見，二人對數據運用的看法，大抵可用美國妙佑醫療國際體系（Mayo Clinic）轉型式創新設計來形容：think big, start small, move fast。

二、數位經營轉型計畫

由右表可見，依執行長決策，把數位經營分二階段。

1. 2008年1月~2017年2月，導入期

這是董事長霍華‧舒茲的數位經營轉型計畫。

2. 2017年3月起，成長期，數位飛輪計畫

這在2016年11月便宣布了，2017年3月股東大會才宣布實施，作為4月1日凱文‧約翰遜接任執行長的亮點，由右上表可見，數位飛輪計畫是配合約翰遜掌權的，本質上是數位經營轉型的2.0版，重點有二。

‧資訊通訊技術：採用人工智慧（尤其是深度學習）、區塊鏈。

‧適用範圍：以核心部門來說，由行銷長下轄四部，擴大到生產、營運。

三、產出：成為資料科技公司

2016年4月起，星巴克開始針對會員實施「個人化推薦」。

隨著2019年11月，星巴克推出（會員）「深度精選」（deep brew）計畫，

即針對美國1,900萬位會員（註：2022年約2,400萬位），以手機App推送強化（hyper）「個人化推薦」（personalization recommendation），2020年1月16日，有第一篇文章，以星巴克為「數據科技公司」（data tech company）為題，之後，許多類似文章都以這篇文章為公版去發展。

表　星巴克數位經營導入與成長期人與事

階段	導入期	成長期
一、經營階層	霍華・舒茲 2008年1月~2017年3月 董事長兼執行長 2018年6月26日，退休	凱文・約翰遜 2015年3月~2017年3月 總裁兼營運長 2017年4月~2022年3月，總裁兼執行長
二、數位策略 （一）時 （二）名稱 （三）範圍	2008年1月~2017年2月 （數位）轉型計畫 （transformation agenda） 行銷為主，尤其是行銷長下轄四部： ・行銷一部 2015年11月，Jonathan Francis出任星巴克資深副總裁，管理二個三級部「資料分析與洞察」 ・行銷二部：數位體驗部 ・行銷三部：聲譽與品牌管理部 ・行銷四部：顧客關係管理部	2017年3月起 「數位飛輪計畫」 （digital flywheel program） 1. 行銷為主 2. 核心功能的生產、營運等 2019年11月子計畫稱為「深度精選」（deep brew），即會員資料分析之個人化推薦

表　星巴克總裁與資深副總裁對會員深度精選計畫看法

時	人	事
2019年 10月30日	凱文・約翰遜	Deep Brew will increasingly 1. power our personalization engine 2. optimize store labor allocation 3. and drive inventory management in our stores
一	Jonathan Francis資料分析與（消費者）洞察資深副總裁 2015~2021年，此部名稱為「分析與市場研究」	Becoming data-driven has always been about more than 1. just convience 2. and how we sell more products？ It's about using these digital tools to elevate the analog of human experience

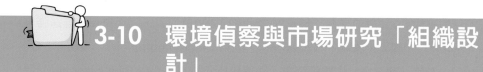

星巴克行銷長下轄四部之第一部資料分析與（消費者）洞察部。

星巴克在行銷長下轄第一「部」（division）「資料分析與（消費者）洞察」（data analytics & insights）資深副總裁下有二個三級部，本單元說明「分析部」（analytics division）的組織設計：三個處（department），每處下轄三個組（team）。

一、組織層次：二、三級主管

由右頁表可見，星巴克「資料分析與（消費者）洞察」二、三級主管的個人資料。

二、第一處：資料科學處

由右下表第二欄可見。

1. 主管

這處處長是星巴克的資料長（chief data officer），data沒必要譯為「數據」。

2. 三個組

只查到這三個組的名稱。

三、第二處：決策科學處

1. 主管

這主管的名字梅根曝光度較高，雖是博士，卻是心理學博士。

2. 三個組

只查到二個組的名稱，其中資料素養組比較像「大數據分析組」，例如協助行銷長下轄第四部顧客關係部二個工作：目標行銷（target marketing）、小眾行銷之個人化推薦（personalization）。

四、第三處：進階分析處

由後頁下表第四欄可見。

表　星巴克「資料分析與（消費者）洞察」二、三級主管		
人	Jonathan Francis	Michael Chun
出生	1969年	1980年
現職	資料分析與洞察「資深」副總裁，2015年11月~2021年，可說是「分析長」（chief analytics officer）	資料分析與洞察部副總裁
學歷	奧勒岡州立大學 統計碩士	麻州理工大學 企業管理碩士

表　星巴克行銷第一部之「資料分析部」下轄三個處			
項目	投入	轉換	產出
一、處			
（一）名稱	資料科學處（全球）（data science）	決策科學處（decision science）	進階分析處（advanced analytics）
（二）處長	Jared Wymer，2021年11月起	Megan C. Brown（1980），心理學博士 任期2021年2月~	有可能是 Vishwanath Subramanian
（三）俗稱	資料長或數據長（chief data officer）	（消費者）洞察長（chief insights officer）	這個處之前隸屬於分析策略部（analytics strategy division）
二、組			
1	技術產品組	（消費者）知識管理組 即「消費者洞察」	行銷分析組（marketing analytics）員工、市場測試、財務分析
2	數位與分析組資料洞察（data insight）	資料素養組（data literacy）	事業分析組（business analysis）
3	分析「組合」組（portfolio）行銷資料庫 1. 資料庫儲 2. 顧客資料平台	行銷資料分析：人工智慧、資料探勘、大數據分析	詳見維基百科「資訊素養」，是指使用資料能力

資料來源：整理自各主管的領英。

星巴克美國顧客、星巴克總裁的權力與責任區。

一、市場定位圖

1. X軸：2023年美國50州依個人平均所得

在英文維基百科中，可以查到去年各州的人均總產值（依商務部經濟分析局資料）依三等分分類，分成高中低三個級距，2022年均價4.03美元，精品咖啡5.23美元。

2. Y軸：每杯咖啡平均售價

美國紐約市NPD Group 2022年市場調查結果，依每杯咖啡平均售價，把咖啡店分三大類：精品咖啡店（分二中類手沖、義式）、甜甜圈店（唐先生1.9美元）、速食餐廳（麥當勞1.9美元）。

3. 咖啡店業二家龍頭公司

星巴克的咖啡定價採「平價定價」（regular pricing），在美國一杯飲料平均約3美元（註：中杯拿鐵3.65美元），紐約市5美元，價位較高。這比精品手沖咖啡平均價5.22美元稍微高。星巴克咖啡價位較高，在市場區隔就必須挑購買力較高的城市、商圈，這在行銷組合第4P實體配置策略之一「選址」（site selection）時，尤其重要。

二、特寫：星巴克市場重定位

由右頁表可見，2008年金融海嘯前後，星巴克在市場定位上，依市場區隔四個變數，漸有改變。2007年以前，以東西岸大都市為例。2008年以後，在地區、人文屬性上差很大。

大、中分類	2007年以前	2008年以後
一、地區 （一）區位 （二）城鄉	東、西部為主 都市（urban-ish），尤其是高所得商圈、住宅區	東、西、南部 郊區，市中心90公里內，常開車，更需要喝咖啡，更常使用得來速、外帶
二、人文 （一）性別	女性較多	公司、Nielsen Scarborough調查女性60%、男性40%
（二）種族	白種人（caucasian）	西班牙裔（Hispanic origin）、亞洲裔增多
（三）年齡 ・18~29歲 ・30~34歲 ・50~64歲	22~60歲，平均42歲	33.78% 30.04% 21.05%
（四）學歷 （五）職業 （六）年薪	大專以上（educated） 白領（white collar） 高薪、富裕（affluent） 例如：家庭年所得 中所得年收入5.1~7萬美元，中高所得家庭7~9萬美元	同左 專業人士（professionals） 中所得家庭等
三、心理 （一）健康意識 　　　（health-ish） （二）社會責任 　　　（socially 　　　conscious） （三）追求改變	例如：咖啡因傷身	✓ ✓ ✓
四、行為 （一）科技	3C產品的早期採用者	2015年起，星巴克用手機App，點餐、付費、外帶（take-away）
（二）社群媒體使用 1. 主要 　（primary） 2. 次要 　（secondary）	 無 無	1. 會員，臉書占55%、IG占25%、推特占20% 2. 一般顧客，臉書占30%、IG占50%、推特占20%

表　美國星巴克市場定位（目標消費者）

附錄　傳播媒體、使用者原創內容發展沿革

觀眾的分類

1. 大眾（mass）

這「大眾」有幾個涵義，例如：

「公共場合」（public area）中的「公共」（public），這對誰都「公開」。「大眾」（public），依範圍分為「不特定大眾」（general public）和「特定大眾」（particular public）。

2. 小眾（minority groups），少數團體

在新聞學中的「小眾」英文字minority group，各領域學門的涵意不同，例如管理學中常有弱勢群體之意。

傳播媒體（註：不宜再簡稱傳媒）小檔案

＝傳播（communication）＋媒體（media）傳播訊息的一切形式的物質工具

時	1923年	1954年
地	美國	加拿大安大略省多倫多市
人	一般人	馬素‧麥克魯漢（Marshall McLuhan）
事	大眾媒體	在 Counterblast 書中說明媒體一詞

表　使用者原創內容發展沿革

時	1857年	1990年	2005年4月
地	英國倫敦市	美國	美國
人	倫敦哲學學會	IMDB	YouTube等
事	在英文字典的編輯，徵求人投稿，稱QED	電子告示版系統文字版的媒體，例如：維基百科	影音版自媒體

資料來源：整理自英文維基百科 User-generated contents。

Chapter 4

行銷科技：
星巴克個案分析

4-1 全景：行銷科技範圍，兼論大學教育與研究

4-2 行銷科技的發展沿革

4-3 全景：行銷科技業

4-4 近景：行銷科技公司分類

4-5 特寫：行銷科技公司代表

4-6 行銷規劃類行銷科技兼論大數據分析

4-7 星巴克資料驅動的預測分析

4-8 行銷執行類行銷科技：商業與（人員）銷售

4-9 特寫：行銷自動化

4-10 行銷執行之顧客關係管理

4-11 行銷執行之第3P促銷中溝通

4-12 行銷控制：績效衡量

附錄 星巴克資訊系統中消費者資料分析循環

4-1 全景：行銷科技範圍，兼論大學教育與研究

在行銷（尤其是數位行銷）越來越依賴運用資訊及通訊技術，即行銷科技。

本書以一章深入討論，本單元先說明行銷科技的定義、範圍，這是獨樹一幟的見解；本章的各單元也都是全面視野的。

一、科技（technology）

通稱的科技（technology）指的是維基百科所謂的「資訊及通訊科技」（Information and Communication Technology），這比「資通訊」技術較易懂。

・資訊技術（主要指的是人工智慧與區塊鏈）。

・通訊技術（主要指的是物聯網）。

二、某某科技

1. 行業運用科技

以服務業中第一、七大，二個行業來說：

・零售業技術稱為零售科技（retail technology），簡稱RetTech。

・金融業的技術稱為「金融科技」（financial technology），簡稱FinTech。

2. 公司功能部門運用科技

行銷科技（marketing technology），簡稱MarTech。

三、行銷科技的範圍：狹義，以公司內外功能部門舉例

1. 行銷（marketing）

由右表第二列中，行銷指的是公司中的核心功能部中的行銷部；公司外的行銷（含廣告）公司等。

2. 科技（technology）

由右表第三列，「科技」至少指二個單位。

・公司的資訊部。

・公司外的資訊公司。

四、行銷科技的範圍：廣義

有人認為談什麼企業管理定義，都必須考量大學，這包括三項。

1. 大學教育中的大學部

美國著名大學有開「行銷科技」的系、課程，例如：加州大學設有商業數據分析科系、伊利諾州西北大學旗下麥迪爾（Medill）新聞學院。

2. 學會、期刊

・行銷科技學會（Marketing Technology Academy）。

・管理科技國際期刊（International Journal of Management Technology, IJMT），這是季刊。

3. 論文，重量級論文

以論文引用次數1,000次作分嶺，行銷科技方面論文未達標，而且許多是美國以外國作者的論文。

表　行銷科技的定義與範圍

定義範圍	行銷（marketing）	科技（technology）
100% 廣義	三、大學 1. 管理學院 2. 大眾傳播學院	1. 資訊學院
80% 60%狹義 （一）公司外部 （二）公司内部的「功 　　　能」部門 2. 星巴克	二、實務、行業 （一）三級產業 第三級產業服務業中零售業 （二）企業服務 1. 行銷顧問公司 2. 廣告公司、公共關係公司 （三）公司核心功能三： 　　　三行銷與銷售 二位執行副總裁 ・行銷長下轄四個部 ・公共事務長下轄三個部	（行銷軟體）資訊公司 支援功能三： 三資訊管理 支援功能三：三資訊管理：星 巴克一位執行副總裁 （資訊）技術長下轄四個部

®伍忠賢，2022年1月31日。

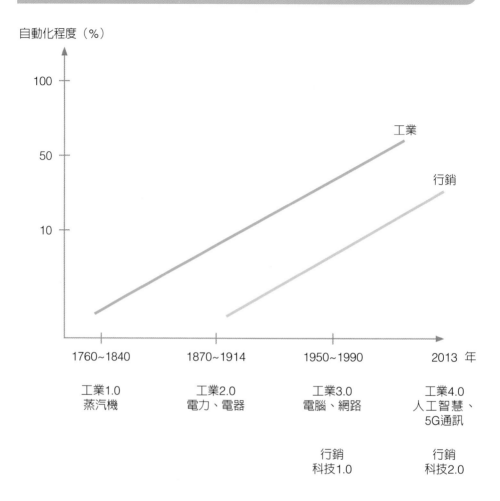

圖　工業1.0~4.0與行銷科技1.0~2.0

®伍忠賢，2022年1月27日。

4-2　行銷科技的發展沿革

・總體環境之四「科技／環境」

　　跟金融科技、零售科技相比，行銷科技的知名度很低，大抵可說是因為行銷科技業「勢單力孤」有關，書、論文少。

　　伍忠賢（2022）把行銷科技細分二階段「1.0」、「2.0」，詳見單元4-1的圖。

一、跟四次工業革命對映

　　重大科技引發新產業，新產業產值夠大，便稱為「工業革命」；「工業」指的是三級產業（農工服）中的工業。

二、行銷科技「1.0」對上第三次工業革命

　　由單元4-1圖、表可見，第三次工業革命起自資訊科技，1971年，隨著第一封電子郵件發送，1975年，迪吉多公司寄出第一封電子郵件電腦，電子郵件取代郵差送到府的「直接郵件」（direct mail, DM）。

三、行銷科技「2.0」對上第四次工業革命

　　2013年後，資訊科技中的人工智慧（其下轄深度學習），逐漸引發「無人工廠」、「無收銀人員商店」（cashierless store）、「銀行4.0」等第四次工業革命。對行銷科技比較重要影響有：個人化訊息，指個人化推薦（personalized recommendation），這在行銷組合中第3P促銷五小項第一小項「溝通」，正從散彈槍打鳥的大眾媒體溝通，縮小到一槍一彈一鳥的極小眾行銷。

四、圖示：以取代人工的自動化程度來說

　　以生產（或其下的作業）自動化程度（automaticity）來看。

1. 工業1.0到4.0

　　由單元4-1的圖可見，以工業中製造業中汽車製造業來說，美國特斯拉公司在汽車四大生產部（沖壓、焊接）自動化程度90％以上。

2. 行銷科技1.0到2.0

以行銷科技中「行銷自動化」為例，從大眾傳播的數位廣告投放，小至電子郵件、手機簡訊與App等精準行銷、個人訊息傳播，尤其是運用人工智慧的個人推薦訊息。

表　行銷科技發展沿革

時（年）	1941~1970	1971~1990	1991~2000	2001~2010	2011
一、資訊 （一）資訊 硬體 技術	通訊科技 大型電腦	桌上型電腦	筆電	平板電腦 大數據分析	人工智慧
（二）通訊 1. 手機 2. 網路 web1.0	— —	1G手機 電子郵件 1971年Ray Tomlinson發出第一封電子郵件	2G手機 web1.0 文字：推特、領英	3G手機 web2.0 社群媒體：臉書、IG、YouTube	4G、5G手機 web3.0 影音：抖音
二、行銷科技 （一）行銷自動化：以直接行銷為例 （二）行銷溝通：以廣告為例	傳統（媒體）廣告	同右	數位（媒體）廣告1994年10月27日~1998年2月27日美國AT&T橫幅廣告（banner ad）	數位廣告之網路活動	2012年2月社群媒體「行銷」（廣告）社群媒體聆聽
（三）智慧行銷	1940年代預測分析（predictive analytics）	1970年代顧客關係策略（CRM）			

資料來源：部分整理自Joe McCambley，「The first even banner ad: Why did it work so well?」，*Guardian*，2013年12月11日。

站在廣告公司的行銷主管立場，需要行銷科技公司提供協助、服務，當然必須對行銷科技業（marketing technology industry）有所了解，才能找到適配的行銷科技公司（marketing technology company）。

一、緣起：行業地圖

　　時：2008年起。

　　人：斯科特・布林克爾（Scott Brinker, 1971~）。

　　事：布林克爾的貢獻有三，詳情見後頁上表。

二、美、中、臺行銷科技業地圖

　　各地許多機構（尤其是廣告業市調公司）的當地行銷科技公司可達六大類（詳見單元4-4）予以分類，以美、中、臺來說，詳見後頁次表。

三、資料來源：統計機構

1. 全球公司家數

　　主要是斯科特・布林克爾的統計，從2011年150家、2015年1,861家、2020年8,000家、2022年11,124家。

2. 全球、各洲、單一國家行業產值

　　由後頁下表可見，地理範圍由大到小，皆有市調機構在統計（含預測），以2022年為例，產值5,098億美元。

3. 統計的資料來源

　　德國漢堡市Statista公司、可以單項販售（marketing technology-statistics & facts）。

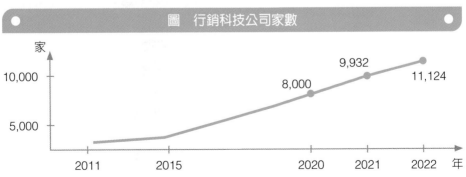

圖　行銷科技公司家數

表 斯科特·布林克爾對行銷科技貢獻

時	事
2008年	設立「行銷科技巨網站」（chiefmartec.com）
2011年	出七版「行銷科技」（公司）（行業）地圖（MarTech landscape supergraphic），把行銷科技公司分成六大類
2013年3月起	每二年舉辦行銷科技會議（MarTech conference） 2013年3月~2021年10月，他擔任會議主席 第一次會議在麻州波士頓市舉辦，之後在加州舊金山市

表 美、中、臺的行銷科技地圖重要文章

項目	美國	中國大陸	臺灣
時	2011年起，每年4月20日	2019年起	2021年1月
地	加州舊金山市	北京市	臺北市
人	斯科特·布林克爾（1971~） HubSpot公司平台生態系統副總裁	秒針系統公司，2006年成立，旗下秒針營銷科學院	亞太行銷數位轉型聯盟協會（AMT）
事	2017年9月起出版《行銷科技圖》（chiefmartec.com） 2011年起，出版行銷科技「產業地圖」（marketing technology landscape）	跟「虎嘯傳播」公司出版《數字營銷系列圖譜》	公布第一版的《行銷科技地圖》2022年4月6日第二版

表 有關行銷科技業的行業報告

地理範圍	公司	說明
一、全球	1. 立本會計師事務所（BDO），比利時布魯塞爾市；英國倫敦世界廣告研究中心（WARC），英國布里斯托市 2. 福雷斯特諮詢公司（Forrester），美國麻州劍橋市	每年10月14日左右 出版MarTech: 2022 and beyond 每年11月25日 出版 Enterprise MarTech: digital marketing market size report
二、歐美	3. Grand View Research，美國加州舊金山市	每年10月22日 The MarTech Report
三、單一國家	4. MarTech Alliance公司與Moore Kingston Smith會計師事務所，二家皆在英國倫敦市；Absolute Markets Insights公司，在印度浦那；IBISWorld，在美國加州洛杉磯市	2021年11月17日 出版Europe MarTech 2030 9月22日發表英國報告

行銷管理	行銷科技 六大分類*	中／小分類	中／小分類 （續）	代表公司
一、行銷規劃 （一）環境偵察 （二）市場研究 （三）市場區隔與定位	一、數據（data）與分析，占15.71% （一）核心活動 1. 研發管理 2. 生產管理：供貨公司分析與工作流程 4. 推廣	（一）投入資料 1. 法令遵循：資料治理 2. 資訊安全：個人資料安全 3. 消費者資料 4. 資料科學	（二）分析 （analytics） 1. 行動與網頁分析 2. 行銷分析 （三）產生 1. 儀錶板與資料視覺	· Twilio Segment · Treasure Data · 奧多比 （Adobe）
二、行銷執行：行銷組合	5. 顧客：資料來源 （CDP） 資料管理來源（DMP） 五、社群與關係 （social & relationship）	2.3.1 廣告與促銷 （promotion） （一）社群 1. 社群與媒體行銷 （MeetEdgar）	2. 對話式行銷 3. 事件會議與網路研討會	直接回應 （direct response, DR）
（三）第3P促銷策略 3.1.1 公司聲譽管理公共關係 3.1.2 公司品牌管理 3.2 廣告	·媒體關係 二、廣告（advertising）與推廣，占7.5%	四大類廣告型態：下與右 展示型（含程式型），占35.24% （Criteo Lead Quizze） *互動性內容Typeform	4. 社群媒體聆聽影音，占25.22% 虛擬實境 3. 關鍵字廣告，占24.51% *搜尋引擎優化 4. 口碑／內容網路行銷，占15.58% 行銷自動化	· Newswise 開的記者會 · ContentGrow · Brightive · SpyFu · Uberflip Marrch
3.3 廣告以外 3.4 人員銷售 *3.5 推廣 *3.6 顧客關係管理	三、內容與體驗 （content & experiences），占24.16% 四、商業與銷售 （commercial & sales），占16.43% 六、流程與管理	以直接行銷定位 1. 數位資產管理 （DAM） 2. 行銷資源管理 （MRM） 3. 個人資料管理 （PIM） （一）商業 1. 零售智慧設備 （Proximity） 2. 通路夥伴與地區行銷	（Influ2 平台的 account-based marketing） （二）人員銷售 1. 銷售自動化促銷與智慧 2. 電子商務平台與購物車	顧客體驗管理HCL Unica Hub Spot · 6 sense · 聊天機器人 （chatbot） · crispsitecore管理 · HubSpot · 賽富時 （Salesforce）

表　10,000家行銷公司的分類與行銷公司分類

行銷管理	行銷科技 六大分類*	中／小分類	中／小分類 （續）	代表公司
三、行銷控制	五、社群與關係 （social & relationship），占 24.61% 社群媒體管理 HootSuite 六、流程與管理 （management）， 占7.5%	3. 聯合行銷 （affiliate marketing） 顧客關係 1. 電話分析與管理 2. 基於帳戶行銷 （ABM） 3. 顧客關係管理 （CRM） 4. 顧客體驗，服 務與成功	2. 電子商務平台 與購物車 3. 電子商務行銷 顧客評論 （customer reviews） 5. 顧客推薦 （advocacy） 6. 忠誠（續購） ・敏捷與精實 ・協作 *支援活動 1. 財務管理 2. 人力資源管理 3. 資訊管理	

註：一~六是行銷科技地圖的順序，但不符合邏輯。

　　*行銷科技中未列。

Ⓡ伍忠賢，2021年3月7日、7月12日、2022年1月26~28日。

4-5 特寫：行銷科技公司代表

全球行銷科技公司一萬家，美、中至少占有數千家，站在行銷服務買方國家，如同醫院分內科、外科等許多專科，病人得看對科，才能治病。本單元在「一事不煩二主」的情形下，依行銷管理架構對行銷科技業進行分類，但因行銷科技早已「墨守成規」，故把斯柯特・布林克爾六大分類列出，詳見單元4-4。

一、伍忠賢分類

行銷科技公司的分類，顧名思義，就以行銷管理中三步驟：行銷規劃、執行、控制，詳見單元4-4表中第一欄。

二、眾口鑠金的斯柯特・布林克爾的六大類分類

大部分行銷科技市調機構對行銷科技行業分成六大類、12中類、50小類：這主要是依據2011年8月，斯柯特・布林克爾在「行銷科技地圖」（marketing technology landscape supergraphic）的概念與應用。

其分類不周延、不盡舉、而且還混類，例如「社群與關係」，這橫跨行銷組合中第3P促銷五小項中的二小項：公司聲譽管理、第五小項顧客關係管理。

三、代表性公司

在單元4-4表中第五欄，我們加上全球（主要是美國）在各中、小類的代表性公司，其資料來源詳見單元4-4的表。

如同金融科技、零售科技公司，行銷科技公司中90%是網路行銷顧問公司、10%是廣告科技公司。

四、代表性行銷科技公司資料來源

網路上「Top Marketing Tech Companies」的文章多不勝數，這些文章依公司英文字母排列表序說明，由後頁表可見，這是我們看了數篇頂尖行銷科技公司的文章後，所引用的文章。

五、行銷科技公司依行銷策略分類

當你看了許多金融、零售、行銷科技公司行業報告後，會發現其各種分類方式，背後可用「行銷策略」架構重新整理。

1. 行銷策略之市場定位

由右表可見，軟體依各洲、區域、國家的公司使用語文而不同，全球通用的是英文，區域通用的是中文、西班牙文、法文；單一國家適用的例如日文、德文、義大利文。

2. 行銷策略之行銷組合

篇幅有限，只討論行銷組合中的產品、定位策略。

3. 行銷組合之產品策略

由右表中第二列可見，依行銷科技軟體功能「廣度」區分：

· 這屬於特殊專長行銷科技公司。

· 常見，多個功能「堆疊」（stack）就能發揮多種功能，稱為「某某堆棧」，例如「行銷科技『組合』」（MarTech stack）。

表 有關頂尖行銷科技公司重要文章		
時	人／地	事
2021年9月3日	Sudipto Ghosh 美國加州	在AiThority公司網站上文章「Top 10 MarTech platforms」
2022年1月25日	Enricko Lukman 芬蘭赫爾辛基市	在Agency公司網站上「15 martech companies with great tools for global teams」

行銷策略	少見	常見
一、市場定位	依客戶區分	
（一）國家	單一國，特定少數語言	多國，尤其是英文
（二）行業	1. 政府 2. 工業中製造業 3. 服務業中零售業、金融業	1. 政府 2. 工業中製造業 3. 服務業中醫療業
（三）公司規模	大公司	中小企業
二、行銷組合 （一）產品策略 1. 功能 項目 　（by application）	單一	多個，稱為「堆棧」（stack），在行銷科技稱為（MarTech stack）
2. 定型化 平台 　（by platform） （二）定價策略	可修改圖表格式 網頁（website）	行動（mobile）
1. 取得方式 　（by offering）	買斷（software buyout）	租用、軟體、服務
2. 放置地點 　（by deployment）	放在買方「辦公室」 （on-premise）	放在賣方雲端（cloud-based）
3. 代表公司	德國‧思愛普（SAP）	美國賽富時行銷雲公司 （saleforce marketing cloud，簡寫SFMC），行銷自動化

表格標題：行銷科技公司市場定位與公司

資料來源：整理自人人都是產品經理，「一文了解Saleforce是什麼？」，科技，2021年9月。

4-6　行銷規劃類行銷科技兼論大數據分析

　　「資訊分析與（消費者）洞察」資深副總裁下轄「資訊分析部」（三級部，副總裁）負責，本單元右上表說明其「資訊分析」部分。

一、投入：資料取得

　　可細分三個組，由星巴克資料處負責。

　　1. 顧客資料平台（customer data platform, CDP）：由右上表可見，資料發現（data discovery）主要是網友的身分辨識等。

　　2. 網路資訊安全（防止駭客）。

　　3. 顧客資料法令遵循。

二、轉換：資料分析

　　由分析處負責，可細分三組。

1. 資訊系統開發

　　受託向外取得現成軟體，或跟外界行銷資訊公司「敏捷」合作開發軟體。

2. 行銷環境偵察

　　最常見的是社群媒體聆聽（social media listening）。

3. 消費者資料分析

　　這俗稱「大數據分析」，最常見的是每位消費者「數位足跡」（digital footprint），進而進行行為分析（behavior analysis），得到消費者「數位側寫」（digital profiling），詳見右上表。

三、產生：資料運用

　　由商業智慧處負責。

1. 儀表板和資料視覺化（dashboard and data visualigation）

　　這只是分析結果在（電腦）螢幕上呈現，套用汽車「儀表板」（dashboard）用詞，最常見的情況是每日進行社群媒體聆聽的分析數據圖。代表性公司例如美國DOMO公司。

2. 市場區隔與定位

　　這部分是把消費者（尤其是其中顧客）透過四種市場區隔變數予以詳細分析、運用。

表　行銷科技中的購買者「資訊分析」：以星巴克為例		
投入：資料取得	轉換：資料分析	產生：資料運用
星巴克資料處	分析處	商業智慧處
（一）顧客資料平台（customer data platform, CDP）資料庫 1. 雲端數據整合與標籤（tag）管理 2. 顧客「智慧」和資料 3. 觀眾／行銷資料與資料強化，例如網友「互動資料」（activity log data） （二）網路資訊安全 （三）顧客資料法令遵循 1. 法律遵循與隱私 2. 顧客資料治理	（一）資訊系統開發 （二）行銷環境偵察 1. 環境偵察 社群媒體聆聽（social media listening） （三）消費者資料分析，俗稱大數據分析 1. 手機與網路分析 2. 來電分析與管理 3. 數位側寫（digital profiling） ・消費者「數位足跡」（digital footprint） ・電腦鑑識（computer forensics） ・行為分析（behavior analysis）	消費者洞察 （一）儀表板和資料視覺化（dashboard and data visualization） （二）市場區隔與定位 四種市場區隔變數 1. 地理 2. 人文 3. 心理 4. 行為：數位「身分」或側寫如下： ・關係屬性（relationship attributes） ・最近（recent） ・過去（past）

digital profiling	數位（身分）側寫
anonymous indentifier activity log data extenal intelligent identity management unique identifiers user maintained attribute	匿名發現 肉搜活動日誌資料 外部智慧 身分管理 唯一識別證 用戶唯一屬性

俗話說：「千金難買早知道」，偏偏「多算勝，少算不勝，何況不算」，在行銷科技中有一項是「預測分析」（predictive analytics），據而進行預測行銷（predictive marketing）。本單元以問題解決中類型三階段把四項分析方法列出，且以星巴克為例說明，詳見章末附錄。

一、問題解決三階段

1. 不是四種分析型態（types of analytical）

由右上表第二列可見，有人把「分析」（analytics）分成四種型態，還有人加上「自動化分析」（automating analysis），「自動化分析」只是用電腦等工具以進行分析，並不是一種分析方法。analysis是針對「過去」，analytics則是有「未來」涵義。

2. 問題解決過程三階段

2022年1月25日，美國加州紅木市的ICONIQ Captial公司在以色列的ProjectPro公司網站上一篇文章「Type of analytics」把四個分析稱為「分析方法生命循環」（analytic life cycle），由右上表第一列可見問題解決方法三階段「問題偵測─構想─決策」。

二、星巴克的行銷「預測分析」

2019年起，星巴克藉由微軟公司「天藍」（Azure）電腦中的人工智慧功能中的深度學習，在對內、外二個項目上運用預測分析，詳見右下表。

業務人員賦能成熟程度		
得分	層級	說明
100	5	銷售策略導向，跨部門合作
60	4	各（人員）流程管理（workflow management）
40	3	業務小組分組合作（team selling）
20	2	老手帶新手（sales coach）
0	1	業務人員自生自滅

問題解決過程中階段分析			
問題診斷		替代方案	決策
描述性分析 （descriptive analytics）	診斷性分析 （diagnostic analytics）	預測性分析 （predictive analytics）	指示性分析 （prescriptive analytics）
發生過什麼（What happened?）	為何會發生 （Why this actually happened?）	將來會發生什麼 （What will happened next, if?）	我們如何指示事件發生（What should a business do?）
資料診斷（data mining） 1.1 公司外部資料例如社群媒體 1.2 公司內部資料	資料發現（data discovery） 重要事演算法 大數據分析 因果分析（root-cause analysis） 相關分析機率（likelihoods, probabiltitic distribution outcome）	1. 預測 　模擬（simulation） 　・蒙地卡羅 　　（Monte-carlo） 　・計量經濟學 　・預測模型 2. 最佳化 　（optimization） ⑴ 一般最佳化 ⑵ 隨機最佳化 型態辨識與警告 （pattern identification and alerts）	行銷歸因（marketing attribution）軟體 ・Google Analytic ・WordPress 左述 （消費者信心）分析 （sentiment analytics） 例如消費滿意分數 左述 When should action be invoked to correct a poor result

®伍忠賢，2022年1月30日。

　　行銷管理中「執行」階段的「業務部人員銷售」（sales），在六大類行銷科技中稱為「商業與（人員）銷售」（commerce & sales），本單元以一個大表說明。

一、架構

　　由右表可見，本書對「商業與銷售」的分類再依商店消費的時間細分。

　　‧第一列：消費時間分「前、中、後」。

　　‧第二列：傳AIDAR架構細分。

二、傳統「商業與（人員）銷售」

1. 組織設計

　　由右表第三列可見，至少可分二個部。

2. 商業，主要是行銷部，至少可分二小部分

　　‧顧客服務中心，最常見的是顧客服務櫃台，專門負責顧客退換貨。

　　‧顧客管理部，最常見工作是會員開發、服務。

3. 業務人員，主要是業務部

　　業務部（sales departments）下分許多「處」（division），其中常見的是「電話銷售中心」（telemarketing center），一般俗稱「電話中心」（call center）。

三、行銷科技下的「商業與銷售」

　　1. 組織設計。

　　2. 商業，稱為數位行銷部：顧客接觸中心（customer contact center），這
　　　　比客服中心廣一些，包括用電腦跟消費者溝通。

　　3. 銷售，稱為「數位營運」。

四、業務人員賦能

1. 賦能（enablement）

這個字中文譯「賦能」，取其「賦予能力」，跟「賦予權力」（empowerment）的「賦予」（en）同一字首。

2. 業務人員賦能成就模型：五層級

對業務人員賦予能力（sales enablement），程度上分成五個層級，由下表可見，第三欄是「如何」賦能。

表　行銷執行類科技：商業與（人員）銷售				
一、消費前			二、消費中	三、消費後
注意 （attention）	興趣 （interest）	慾求 （desire）	購買 （action）	續（購）（推）薦 （repurchase）
公司相關 部處	顧客服務中心 （customer service center）	電話銷售中心 （call center agent） 業務代表 （representative）	業務部 （sales department）	售後服務部 （after-sales service division）
郵寄廣告 （direct mail, DM）	人工服務之 真人服務 （manual service）	1. 電話撥出 （call-out） 2. 顧客撥入 （call-in）	接受訂單 （take order） 人工接單 （manual order）	顧客 售後服務
	顧客接觸中心 （customer contact center）		數位營運中心 （digital operation centre, DOC）	數位售後服務部 （digital after-sales service division）
行銷自動化 和促銷活動管理 （marketing automation / campaign management）	智慧顧客服務 （smart customer service）	潛在客戶管理 （lead management）	銷售智慧化 （sales intelligence） 銷售自動化 （sales automation）	註： 補充左述 銷售促成 （sales enablement）
電子郵件行銷	聊天機器人 （chatbot）	對話式行銷 與聊天	電子下單系統 （order management system, OMS）	會員行銷 （account-based marketing）

®伍忠賢，2022年1月26日、2月3日。

行銷科技中最基本運用的是行銷自動化（marketing automation），本單元說明。

一、範圍：行銷科技中的行銷自動化

1. 範圍：行銷管理三步驟

由右表第一欄可見。

2. 科技程度：行銷科技中偏重以機器取代人工

行銷自動化最簡單說法是以自動化軟體（marketing automation software），來取代人工，這跟工業中工廠作業（operation）自動化管理一樣。

二、特寫：行銷自動化「軟體」

由右表第一列可見，行銷自動化軟體公司，「軟體」常見的分類有以下適用領域：解決方案（solution）、平台（platforms）。此表以美國四家行銷自動化軟體整體公司為例，以汽車規格表格式呈現各軟體公司整體的性能。

三、三個狹義的行銷自動化

訊息收發自動化（automation of sending and receiving operation of message）由右表可見，公司、廣告公司（即廣告代理人）最愛用的行銷自動化便是「訊息發送」自動化。

　　‧廣告投放自動化（ads delivery automation）。

　　‧人員銷售自動化（sales automation）。

最常見的是語音助理等聊天機器人，以取代客服中心（call center）中的電話客服人員。

四、行銷科技公司的經營方式

1. 對買方來說，這是指取得行銷科技軟體／服務方式。

　　‧少見，軟體買斷。

　　‧常見，雲端租用。

2. 軟體即服務（software as a service, SaaS）

「企業對企業」來說，下列幾家公司各有專長。

・數位行銷解決方案：Job and Talent。

・廣告公司：Rober Walters。

・數位廣告平台：Anaplan。

電腦系統	Braze	HubSpot	Kustomer	Mailchimp	日本 Repro
一、行銷規劃 （一）行銷研究 （二）市場區隔 　　與定位 二、行銷執行 行銷組合 （三）第3P促 　　銷 3.1 溝通 ・廣告 ・關鍵字 ・社群 ・內容／口碑 3.4 人員銷售 3.5 顧客關係管 　　理（CRM） 三、行銷控制	 網頁推播 促銷頗高 有 有 LINE 有	四個系統 1. Service Hub 2. Marketing 　 Hub 3. 內容管理系 　 統（CMS） 　 Hub 4. CRM Hub	 有 有	 以顧客與類 標籤小眾行 銷，電子郵 件 有	在臺灣，同樣 功能Inside 1. 寫用程式介 　 面（API） 　 加上數據彙 　 整 2. 網站推播 3. 支援跨螢幕 　 功能（網 　 頁、廣告、 　 App）

表　行銷自動化常用的電腦系統

・六大類行銷科技之社群與關係

・精準行銷，個人化推薦

在行銷科技六大類「社群與關係」第二中類的「關係」係指顧客關係管理，其中「目標顧客管理」（account-based management）、精準行銷（precision marketing）、個人化「行銷」（或訊息、推薦）與之息息相關，本單元說明。

一、從散彈槍到狙擊槍

1. 就近取譬

轟炸機到轟炸要精準打擊，由右上表可見，以美國空軍炸彈（不是火箭、飛彈）為例，1999年是命中率分水嶺。

2. 公司從廣告狂轟亂炸提升到精準行銷

有許多公司像作文比賽般說明，對顧客推播個人化推薦（personalization或personalized recommendation）會減少多少行銷費用，本書不擬引用任何一個數字，因為這是因時、因地、因人不同。

二、目標顧客行銷

目標顧客行銷（account-based marketing）或稱「關鍵客戶行銷」（key account marketing）。

1. 緣起

1993年《一對一位未來》（*The one to one future*）一開始是用於「業務用市場」，即「企業對企業」（B2B），以2021年台積電來說，十大關鍵客戶前三大為美國蘋果公司（占營收26%）、美國超微（占10%）、臺灣聯發科（占5.8%），十家公司共占營收70%，公司客戶資料多，容易分析。

2. 衍生到「公司對消費者」

在數位時代，消費者在公司網路、社群媒體（主要是自己臉書、抖音、IG）留下許多數位足跡（digital footprint），公司比較容易分析、了解某些消費者。也就是能像在「明處」的公司一樣。

三、個人化訊息（或推薦）

　　最關心個人化訊息（或推薦），說的是數位廣告公司，由最下表第二列可見，2022年3月電子行銷人員公司（eMarketer）預估，2022年全球數位媒體廣告產值約6,023億美元、三大公司市占率76%。這公司中有二大靠廣告收入過生活，對個人化訊息就分外重視，其做法詳見最下表。

表　美國空軍轟炸機與公司精準式行銷

一、美國空軍		
時	1998年以前	1999年起
地	歐洲、越南、兩伊	2001年阿富汗、2003年伊拉克
人	美國空軍	美國空軍攻擊
事	傳統炸彈	聯合直接攻擊炸彈（joint direct attack munition, JDAM）
命中率	2%以下	95%以上
二、公司		
時	1941年7月1日起	2010年起
人	百貨公司，例如梅西	亞馬遜公司
事	大眾傳播的電視廣告	推出「個人化網頁」（website personalization）

表　全球三大數位廣告平台公司的個人化推薦功能

公司	亞馬遜	谷歌	臉書
2022年市占率	6.5%	28%	24.5%
業務	零售型電子產品	搜尋引擎	社群媒體
技術	文字語言分析	文字語言分析	圖像識別，另外臉書上有臉友身分的資料，包括年齡、居住地點、婚姻狀態等
用途 1. 廣告	例如「Interesting Finds」	尤其是Google Adwords，進行精準行銷	同左，臉友中有72%關注名人時尚、56%會察看最新產品、44%的人研究旅遊
2. 產品	個人化網頁 2016年推出「My Mio」，思播（Spotify）	翻譯	臉書旗下Instagram，60~75%表示自己為貼文影響而購買，個人化訊息提供

・行銷科技六大類之廣告與推廣
・廣告科技與廣告科技公司

　　1800年代美國廣告業已成一行業，在網路時代，衍生出運用廣告科技（advertising technology，簡寫adtech）的廣告公司，稱為廣告科技公司（advertising technology company）。這是特寫：行銷科技業之廣告與推廣。

一、廣告的買方：廣告主

　　由右上表可見，廣告的買方有二，稱為廣告主（advertizer），95%是營利事業（公司）、5%是政府。

二、廣告公司扮演廣告代理人

　　廣告公司在廣告中扮演廣告代理人（advertising agency）角色，「agency」這字，常見的是旅行社（travel agency），代售甚至是包銷航空公司機位、旅館房間，而且大多以四折價格拿下。同樣的，廣告公司向各大電視台購買廣告有許多折扣，廣告主會請廣告公司出馬。廣告科技公司主要是替廣告主購買網路廣告。

　　廣告公司的組織結構，以知名度較高的美國紐約市奧美（Ogilvy）為例，詳見右表。

1. 奧美12個功能部中有8個是與廣告相關

　　一般來說，以奧美公司為例，12個功能部門中有一個跟廣告業務有關，由表可見，以廣告「管理活動」區分：「規劃」—執行—控制。

2. 廣告科技公司比廣告公司多一個「科技運用」

　　即廣告科技公司比（傳統）廣告公司至少多一個「科技」即可。

三、廣告的賣方：媒體

1. 傳統廣告由大眾傳播提供

　　傳統媒體時電視廣告占50%以上，收費方式是買廣告時段；平面廣告是買版面。

2. 網路廣告的平台

　　網路廣告主要刊登在14個大「數位廣告平台」（digital advertising platform），2022年谷歌（28%）、臉書（24.5%）、中企阿里巴巴（9.1%）、亞馬遜商場（6.5%）、騰訊（3%）五大平台（合計71.1%）對關鍵字廣告、展示型廣告收費，觀眾點擊收看廣告才收費，稱為「成效型」收費（performance-based pricing）。

四、特寫：八大或十大廣告科技公司

　　你在谷歌下搜尋「Top10 adtech company」，會出現德國漢堡市的Statista公司的Revenue of selected advertising technology companies worldwide，詳見後頁表。

表　廣告公司八大管理階段部門：美國奧美為例

廣告主買方	第三大WPP集團旗下奧美（Ogilvy & Mather）			
	投入：規劃	轉換：執行	產出	媒體
（一）商業組織占95% 1. 大公司	（一）數據分析（data） （二）策略（strategy） 對客戶 1. 簡報 2. 提案	（一）創意（creative） 素材製作主題圖文、智財（IP）設計 （二）科技運用（technology） 全球數位平台 數據管理平台 廣告公司服務 智慧優化 （三）製作（production或operation） 1. 文字口碑行銷、社群經營 2. 影音、影片拍攝 3. 數位廣告	（一）行銷傳播（marketing communication） （二）履行（delivery） 程式化 媒體購買（programmatic media buying） 2. 廣告驗證平台、監測分析平台	（一）平台 例如14 best programmatic advertising platforms （二）大眾媒體 17,000個網路廣告發布公司
2. 中小公司				
（二）政府占5%	（三）會員服務（account service）			

Chapter 4

行銷科技：星巴克個案分析

	全球八大廣告科技公司		
排名	國家	公司	英文
1	法，巴黎市	標準	Criteo S.A.
2	美，加州	交易桌	The Trade Desk
3	中，廣東省廣州市	匯量科技	Mobvista Inc.
4	美，加州舊金山市	顫抖國際公司	Tremor Interactive
5	中，北京市	愛點擊數據科技	iClick Interactive Asia Group Ltd.
6	挪威，奧斯陸市	奧賽羅	Otello Corporation ASA
7	美，麻州波士頓市	融會媒介	Brightcove Inc.
8	美，加州洛杉磯市	鎂鐵公司	Magnite Inc.（前身之一：Rubicon Project）

資料來源：整理自德國漢堡市Statista公司，2021年6月5日。2022年11月21日資料須付費。

4-12　行銷控制：績效衡量

·行銷科技行業六大類之「流程與管理」

　　行銷管理活動第三步驟是行銷控制（marketing control），這包括兩中類活動：行銷績效衡量（marketing performance measurement）與回饋修正（feedback correction）。

　　行銷績效衡量在行銷科技六大類中屬於「流程與管理」，本單元說明。

一、問題：一句名言

　　下列這句名言：「Half the money I spend on advertising is wasted; the trouble I don't know which half.」可能有二個名人說過。

　　·英國人利夫（William H. Lever, 1851~1925）。

　　·美國人沃納梅克（John Wanamaker, 1838~1922）。

二、解決之道

　　解決之道有二，可參考單元4-7中的分析總體環境中二階段。

1. 知其然

　　這主要在「分析式分析」，其知道發生了什麼事。

2. 知其所以然

　　這主要在診斷分析中的「行銷歸因軟體」（marketing attribution software）。

三、行銷績效衡量軟體

　　如同你去餐廳點菜一樣，可點合菜也可單點，行銷績效衡量軟體也一樣，詳見表。

1. 全功能型行銷績效衡量軟體

　　詳見後頁表第二大列，本處以HubSpot公司旗下四個「中心」（hub）為例。

2. 專業型行銷績效衡量軟體

　　專業型行銷績效衡量軟體詳見後頁下表中第三大列。

四、獨立網路流量衡量機構

那誰來監督收視率調查機構？

你會發現許多「收視率」（或廣義來說數位行銷績效）的市場調查機構（例如尼爾森行銷研究顧問公司，Nielsen Holdings），宣稱有取得美國「媒體評等委員會」的認證，由小檔案可見，這是依美國國會通過的法案所設立，專門評估市調機構的公信團體。

表　重要（數位）行銷績效衡量軟體					
消費前				消費中	消費後
注意		興趣	慾求	購買	續（購）（推）薦
通用	專業型	消費者接觸中心	促銷活動	1. 人員銷售	1. 顧客關係管理
HubSpot Marketing Hub MozPro、Raven Tools、SEMruch	1. 電子郵件行銷 HotJar Klipfoliv 2. 顯示型廣告 ConvertFlow Cyfe、Databox	Service Hub	Geckoboard	Sales Hub，賽富時旗下 Kissmetrics	Rejoire

媒體評等委員會小檔案

時間：1963年
地點：美國紐約州紐約市
功能：評估各媒體多節目收視率調查機構，這是美國依法案成立的

資料來源：部分整理自英文維基百科Media Rating Council。

附錄　星巴克資訊系統中消費者資料分析循環

表　星巴克資訊系統中消費者資料「分析」循環

描述性分析	診斷性分析	預測性分析	指示性分析
分析部 資料處	分析部 分析處	分析部 商業智慧處	顧客關係 管理部
一　公司外部資料	一　社群媒體聆聽	一　消費者調查	一　資料導入
二　公司內部資料	二　分析	二　運用	二　運用
（一）顧客不是會員 ⑴有App手機下載，使用星巴克App，稱為一鍵與搜尋（click & collect）App ⑵沒下載星巴克App （二）顧客是會員 單店資料： 每週37,000筆 有9,000萬筆交易	（一）顧客資料分析 （二）單店為基礎	（一）消費者知識 1. 美國華盛頓州西雅圖市Formidable公司合作 2. 開發出星巴克店址App（Starbucks store locator）App，這是搜尋引擎優化SEO）運用，主動推播店址給消費者	（一）以預測型分析（predictive marketing）為例 2016年初個人化訊息App，此稱為個體目標（micro-target） （二）單店經營 備料、店員排班、限時促銷

105

Date _____/_____/_____

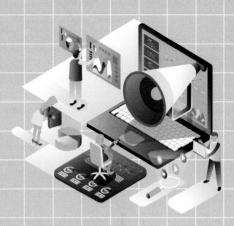

Chapter 5

星巴克顧客服務行動App

5-1 全景：2008年起星巴克「數位經營」，兼論透過行銷科技進行數位行銷

5-2 全景：1994年起星巴克解決尖峰時間排隊問題，兼論服務行銷的服務藍圖

5-3 星巴克的顧客服務行動App種類：2009年起跟3G、4G通訊世代發展

5-4 全景：公司對顧客服務行動App功能量表──星巴克87分比麥當勞51分

5-5 顧客服務行動App使用性量表：星巴克82分比麥當勞54分

5-6 星巴克行動App頁面

5-7 星巴克行動App核心、基本功能

5-8 星巴克App期望功能：星巴克忠誠計畫

5-9 星巴克App基本功能第三項：2011~2016年手機支付

附錄 星巴克與麥當勞手機App四大功能進程

一、2008年1月7日，星巴克數位經營起跑

2008年1月7日，董事長霍華・舒茲把執行長權力由總裁手上拿回，並且解僱總裁唐諾德（James Donald任期2005年4月~2008年1月6日），展開星巴克復甦經營與公司數位經營，後者重點在於數位行銷，強調競爭優勢來源為技術引領的創新（technology-led innovation，簡寫tech-led innovation）。

2017年4月~2022年3月，總裁凱文・約翰遜兼任執行長，在這方面「蕭規曹隨」，本單元以大表拉出全景。單元5-3聚焦在凱文・約翰遜的數位飛輪計畫。

二、2017年3月，麥當勞數位經營起跑比星巴克慢九年

由下表可見，麥當勞在湯普森（Donald Thompson, 1963~）總裁任內（2012年7月~2015年2月），營收由276億美元到2013年高峰284億美元，他任期短，沒做大投資，後由伊斯特布魯克繼任，碰到了麥當勞營收步入衰退，每年少10億美元，2017年3月，才推出加速成長計畫（velocities growth plan）。

數位化 營收占比	0~33%					34~67%			
數位經營程度	數位轉型啓動					數位轉型中			
一、麥當勞 時 人	2015年3月~2019年11月 史蒂夫・伊斯特布魯克（Steve J. Easterbrook）					註：仍屬於數位啓動 2019年11月起 克里斯・坎普斯基（Chris Kempczinski）			
年（曆年） 營收（億美元）	2014 274	2015 254	2016 246	2017 228	2018 212.6	2019 213.6	2020 192	2121 232	2022 231.82
二、星巴克 時 人	2008年1月~2017年4月2日 霍華・舒茲 （2008年1月7日~2017年4月2日，董事長兼執行長）					2017年4月3日~2022年3月 凱文・約翰遜 （2017年4月3日，擔任執行長）			
事	推出數位轉型計畫 （digital transformation initiative）					提出「星巴克數位飛輪」計畫 （Starbucks digital flywheel program）			

數位化 營收占比	0~33%	34~67%
三、科技		這是2017年4月~2022年3月的五年計畫，分四部分：
（一）資訊 （二）通訊	大數據分析，雲端運算 手機App（付款）	・人工智慧用於大數據分析等 ・區塊鏈用於供應鏈管理
四、行銷策略 （一）市場研究 1. 消費者洞察	偏重由「資料洞察」（data insights）	加上人工智慧，使消費者洞察更細、更快
（二）行銷策略 1. 市場區隔與定位	—	—
2. 行銷組合 2.1 產品策略 2.1.1 環境	2010年6月，美國、加拿大店內免費上網 2010年10月，美國直營店，店內第四台（digital network）	由AT&T提供，2013年改由谷歌提供5個頻道，由雅虎提供，但僅針對顧客手上的3C產品 （一）手機下單與付款
2.2 定價策略 2.2.2 手機支付	2015年10月顧客手機預先下單 2011年推出手機App，手機付款 2014年蘋果公司推出蘋果支付	2016年手機下訂單（占9%） 2021年用戶數號稱手機付款 1.33億戶（30%以上） Starbucks Pay，美國人數市占第二
2.3 促銷策略	2010年10月推出以（店）地點為基礎的服務（location-based services）	2021年3月接受加密貨幣（例如比特幣支付）
2.3.2 社群行銷	2008年3月起，在文（公司網站、推特）、音、影（臉書、Pinterest、YouTube、IG），進行社群行銷	在顧客允許下，當你鄰近某店，某店會推文給你，某些產品打五折，讓你「路過，不會錯過」 YouTube粉絲數1,900萬人
2.3.2 顧客關係管理	2008年4月推出顧客忠誠計畫（Starbucks rewards program），這稱為「社會認同」（social engagement）	2010年臉書的最優產品牌 2013年推特的最優產品牌
		（二）2021年，美國直營店 ・會員消費占營收53% ・會員占顧客人數18% （三）精準化行銷，發產品等訊息給會員手機
2.4 實體配置策略 2.4.1 網路商場	2008年開設網路商店 （online store，或e-commerce） Store.starebucks.com	・顧客消費地點（天氣狀況）、時間、品項、交易金額 ・星巴克給顧客個人化推薦
2.4.2 店址	2010年使用Altas公司的Esri軟體用於決定店址	2017年10月起，關閉星巴克網路商店（online store） （四）外送

餐廳飲料業中的商圈店週間營業尖峰時間很窄（早上九點上班前，中午一小時），星巴克是飲料業，顧客買了咖啡後可外帶，問題程度較輕，但仍存在。大抵從1994年起，便設法解決櫃檯等待線太長問題，單純問題，沒有簡單答案，本單元，站在營業部、行銷部角度，聚焦在2009年3月起，陸續推出行動裝置App（mobile App，簡稱手機App），以解決資訊流、商流、交貨等流程問題。

一、問題

美國速食店顧客共有三種取貨方式：店內、店外得來速、外送，本處以店內點餐為例，顧客的理想與現實差距如下。

- ·理想：3分鐘排隊到取餐。
- ·事實：以商圈店週間（週一~五）為例，顧客平均花5.4分鐘，分三階段，詳見下段說明。

二、解決之道

1970年代前，行銷、生產管理等領域，偏重產品行銷，1977年起，服務行銷逐漸重要，越來越多學者投入研究。

1. 1977年，服務行銷（service marketing）

以服務行銷超級重要學者思特沃克（G. L. Shostack）來說，1977年4月在《行銷》期刊上論文「Breaking free from product marketing」，論文引用次數4,000次以上。

2. 1980年，服務藍圖（service blueprint）

這在企管系，工業工程管理系的「生產與作業管理」（production & operation management）課程會談到。

三、速食店服務藍圖的三步驟

- ·店員接單（pre-process）：顧客約花2.42分鐘排隊。
- ·店員接單後（post-process）：等後場店員生產到交貨，需2.98分鐘。
- ·顧客取貨。

四、星巴克解決店內顧客等待線太長之道

由表可見，星巴克解決店內顧客線太長的方式。

1. 2015年9月~2016年12月問題：顧客手機下單，但星巴克沒有專屬取餐櫃檯，以致手機下單顧客取餐跟現場顧客排一起，紐約市曼哈頓區的店，平均等待時間10分鐘，2016年第四季，這類店營收掉2%。

2. 2017年起，解決之道，以分流為例：推出手機下單的店內取餐櫃檯，在尖峰時間，有專人處理，甚至傳手機簡訊去通知顧客來取餐。

表　星巴克解決店內顧客大排長龍的方式

手機通訊世代 顧客三步驟	1~2G 1991~2000年	3~4G 2001~2015年	4G、5G 2016年起
一、店員接單前：顧客在等待線上			
二、店員接單中 （一）接單：商流 （business flow）		2015年9月在店外，顧客行動下單和支付（mobile order & pay）	2018年5月起，試驗店內櫃檯店員語音下單
（二）結帳：資金流 （cash flow） 1. 現金 2. 現金以外	1987年起 1994年~2001年10月 紙本星巴克卡 （paper Starbucks card）	2001年11月起 金屬星巴克卡 （metal card） 2009年9月23日 星巴克App	2011年1月19日美國直營店手機支付
三、店員接單後 （一）生產流程 （註：material flow）		2008年起，大幅度採取，精實生產（lean production）	2017年3月在店內設立數位點餐員（digital order manager）
（二）交貨：交貨流程 （delivery flow） 1. 店內取貨 2. 店外得來速 3. 店外取貨 4. 外送	1994年，推出得來速（drive-thru）當時店數420家店		2017年3月，設立店內專屬櫃檯 2019年11月，推出「星巴克自取」攤（沒座位）（Starbucks pick-up） 2019年1月星巴克外送（Starbucks delivers）

5-3 星巴克的顧客服務行動App種類：2009年起跟3G、4G通訊世代發展

　　行動App必須順應行動科技（以通訊速度為例，3G、4G、5G等）與上網滲透率，由右表可見星巴克四大類顧客服務行動App（customer service mobile App，有時沒有mobile）（詳見表第一欄）依序推出。

一、全景：現代版行動App

1. 2G手機版，導入期

　　1994年，2G功能型手機上市，此時有簡單的手機App，即手機遊戲。

　　1998年芬蘭諾基亞6110手機遊戲Snake是一般公認第一個手機App。

2. 成長期：2008年7月6日蘋果App商店上市

　　網路商店上有500款App，三天內1,000萬次下載，15%是免費的，85%是付費的，在付費的App中90%售價低於10美元，手機業者紛紛跟上，谷歌也推出。

　　2010年，美國方言學會（American Dialect Society） 把App選為當年流行字。2012年谷歌推出統一品牌Google Play，涵蓋電子書、串流音樂等。

二、近景：星巴克三大功能App發展沿革

‧行動App（mobile或hand-held）裝置（device）

　　以蘋果公司3C產品來說：這包括觸控型平板電腦iPad touch、手機，2015年4月上市的蘋果手錶（Apple watch），偏重支付功能。

‧每個App皆獨立

　　由右表可見，星巴克推出的第一個顧客用行動App（for customer mobile App），之後每二年以上，再推出一個，所以顧客可單獨選，總名稱為星巴克行動App（Starbucks mobile App），簡稱星巴克App（Starbucks App）。

1. 2009年9月27日，星巴克顧客忠誠計畫（Starbucks rewards），把金屬儲值卡改成行動版，順便把顧客忠誠計畫金屬卡改成手機版。

2. 2011年1月19日，星巴克支付（Starbucks pay），屬會員專用，手機儲值。

3. 2015年10月，星巴克「下單與付款」（Starbucks mobile order & pay）。

三、特寫：麥當勞「手機下單與付款」落後星巴克1年5個月

時：2017年3月15日。

地：美國伊利諾州芝加哥市。

人：Lisa Baertlein。

事：在路透社網站上新聞「McDonald's, late to mobile ordering, seeks to avoid pitfalls」，麥當勞「營業」、「數位與科技」執行副總裁（Jim Sapping-ton 任期，2016年12月~2020年2月）表示，就是因為看了星巴克「點餐與支付」的後遺症，所以麥當勞才延後到2017年3月推出「麥當勞行動下單與支付App」。

<table>
<tr><th colspan="7">表　星巴克隨行卡二階段與功能發展沿革</th></tr>
<tr><th>功能</th><th>2007年</th><th>2008年</th><th>2009年</th><th>2010年</th><th>2011年</th><th>2015年</th></tr>
<tr><td>(1)上網滲透率（%）</td><td>75</td><td>74</td><td>71</td><td>71.69</td><td>69.73</td><td>74.55</td></tr>
<tr><td>(2)手機滲透率（總人口）</td><td>9</td><td>14.5</td><td>17.5</td><td>20.2</td><td>29.8</td><td>59.4</td></tr>
<tr><td>(3)通訊世代</td><td>2.75G</td><td>3G</td><td>3G</td><td>3G</td><td>4G</td><td>4G</td></tr>
<tr><td>(4)手機銷售額（億美元）</td><td>86.5</td><td>113.9</td><td>173</td><td>180</td><td>275</td><td>529.2</td></tr>
<tr><td>(5)蘋果手機iPhone</td><td>1</td><td>2</td><td>3</td><td>4</td><td>4s</td><td>6s</td></tr>
<tr><td>(6)銷量（億支）</td><td>0.014</td><td>0.1163</td><td>0.207</td><td>0.4</td><td>0.72</td><td>2.31</td></tr>
<tr><td>一、儲值卡金
（一）發行時</td><td colspan="6">隨行卡（Starbucks card）</td></tr>
<tr><td>1. 美國
・聖誕節
・其他節日</td><td>1994</td><td></td><td></td><td colspan="3" style="text-align:center">2010</td></tr>
<tr><td>2. 其他國家：中國大陸</td><td></td><td></td><td></td><td></td><td colspan="2">2014.1 農曆過年卡</td></tr>
<tr><td>（二）媒體</td><td></td><td></td><td></td><td></td><td></td><td></td></tr>
<tr><td>1. 紙卡</td><td colspan="2">1994~2001.10</td><td></td><td></td><td></td><td></td></tr>
<tr><td>2. 金屬卡</td><td></td><td>2001.11</td><td></td><td></td><td></td><td></td></tr>
<tr><td>3. 手機App</td><td></td><td></td><td colspan="4">2009.9.27 Starbucks card mobile application</td></tr>
<tr><td>二、顧客忠誠計畫</td><td></td><td></td><td colspan="4">2009.9.27手機版</td></tr>
<tr><td>三、手機付款</td><td></td><td></td><td></td><td></td><td>2011.1.19</td><td></td></tr>
<tr><td>四、手機下單</td><td></td><td></td><td></td><td></td><td></td><td>2015.10</td></tr>
</table>

®伍忠賢，2021年8月7日。

美國許多餐飲雜誌認為，在全球餐飲業的公司發行「顧客服務App」（customer service App）或顧客支持App（customer support App），星巴克行動App下載、使用次數第一。

伍忠賢（2021）以「顧客服務行動App吸引力量表」（customer service mobile App attraction scale）來衡量，星巴克87分。

一、公司發行顧客服務行動App吸引力量表應包括的項目

顧客服務行動App主要需具備什麼功能，有二個角度。

1. 公司顧客行動App開發公司

這在伍忠賢著《超圖解公司數位經營》（五南圖書公司）書中第六章中有詳細說明。

2. 站在專業用戶角度

發表專業用戶的評論。

二、顧客服務行動App吸引力量表

由右表中前二欄可見，該量表把顧客服務十項由低往高排列。

・第一欄顧客的「馬斯洛需求層級」。

・第二欄App數位服務五層級。

三、星巴克與對手得分

1. 星巴克87分

針對星巴克得分較低的「未來」服務項目（表中第10項）說明，俗稱跨平台使用，即App的聯名使用，這包括二個小項。

・跟其他「公司」（或平台）合作，主要是跟行動租車的「來福車」（Lyft）、「樂」的思播公司（Spotify）聯名，以家數來說滿分，滿分5分中得2分。

・以合作公司的重要性來說，皆屬一線公司，滿分5分中得3分。

2. 對手（例如麥當勞）得分

　　對手麥當勞App的得分51分。

四、近景

　　麥當勞餐點App主要是由外送公司負責，本書依下面相關文章的資料，給麥當勞App評分，針對二項說明。

- ・第2項菜單各產品熱量等資料，麥當勞算得清楚，這很容易，說白一點，就是讓顧客決定怎麼點餐。
- ・第8項手機下單，顧客在App上下單，但必須指定哪家店，該店才會接到單，號稱顧客可以不必排隊，麥當勞也不必提前製作。

顧客需求層級	服務五層級	項目	1分	5分	10分	星巴克	麥當勞
五、自我實現	五、潛在：跟其他公司平台合作	10.2 合作公司實用性（占5分）	不實用		實用	3	1
		10.1 合作公司家數（占5分）	1	5	10	2	1
四、自尊	四、擴增：手機下單	9. 個人化訊息（personalization）	不仔細		仔細	8	5
三、社會親和	三、期望：顧客忠誠計畫	8. 手機下單				8	4
		7. 娛樂功能（gaming）	不好玩		好玩	10	3
		6. 禮物卡（gift card）	沒有		有	10	5
二、生活	二、基本：手機付款	5. 集點送好康程度（reward program）	4元1點	2元1點	1元1點	9	5
一、生存	一、核心：公司產品、服務說明	4. 聯名信用卡	1家	3家	5家	8	5
		3. 手機付款適用平台	1個	3個	5個	9	5
		2. 公司菜單、營養成分（產品頁）	不清楚		詳細	10	10
		1. 數位顧客服務（help desk）	全電腦		人員	10	7
小計						87	51

表　公司發行顧客服務行動App功能（吸引力）量表

®伍忠賢，2021年8月5~7日。

不考慮行動App的功能，只考慮使用性（usability），最簡單的講法是「容不容易使用」，以伍忠賢（2021）「顧客服務App使用性量表」（customer service mobile App usability scale）來衡量，星巴克行動App 82分，麥當勞行動App 54分。

一、行動App使用性應包括項目

1. 行動App市調機構每年對網友調查

有許多市調公司針對用戶對行動App需求考量因素，至少每年都會做一次調查報告，例如美國麻州劍橋市弗雷斯特研究公司（Forrester Research）出版Us Mobile Mind Shift Online Survey，每年出版Mobile Mind Shift Index（MMSI）。

2. 應包括項目的幾項說明

有關第7項易於檢查，美國人平均每天查看手機160次，因此行動App容易檢查，有其重要。

第8項易於使用（easy-to-use），這項有很多說法：

· 使用者介面（user-interface）、方便使用者設計（user-friendly design）。

· 易學性（learnability）、迅速性（efficiency of use once the system has been learned）。

· 系統易用性（system usability scale, SUS），這項有一些網站會比較相似功能App，並且予以評分。

第9項使用滿意程度包括二小項：效果（effectiveness）、消費者滿意程度。

二、顧客服務行動App使用性量表架構

由表第一欄可見，顧客服務行動App使用性量表十項，依二方式分類。

1. 產品／服務五層級

　　首先依「產品／服務」五層級（5 levels of product/service）分類，但第五層級「潛在效益」從缺，每類比重不一。

2. 四點競爭優勢：價量質時

　　以消費者關心的四點「價（格）、（數）量、（品）質、時（效）」來說：第3項攸關「價格」，第5、10項攸關「量」，第1、2、6、9項攸關「質」，第4、7、8項攸關「時」。

三、特寫：星巴克行動App使用性吸引力82分

　　由後頁上表第四欄，星巴克行動App得82分。

1. 第4項，App下載時間

　　在2016年4G手機時代，用戶下載星巴克App到設定好帳號約2分鐘，算是快而穩定。

2. 第7、10項各5分

　　這是本書作者的安全分。其中第10項跨作業系統是指聯名使用：至少三個，有聯名信用卡（跟運通銀行）、行（跟來福車，Lyft）、樂（跟思播公司）。

四、特寫：麥當勞行動App得分54分

　　主要依據，詳見後頁下表文章，如第三篇印度人Ravi Kumar，他是位App開發人員，以詳細整體角度來說明麥當勞App畫面為何會凍結等。所以使用性量表第6項穩定性，麥當勞4分。

表　手機App使用性吸引力量表：星巴克與麥當勞

效益	項目	1分	5分	10分	星巴克	麥當勞
四、擴增	10. 跨作業系統（或公司）	1個	3個	10個	5	3
三、期望						
3. 質	9. 使用滿意程度	60%	80%	120%	10	3
4. 時	8. 易於使用（easy-to-use）				9	3
4. 時	7. 易於檢查（easy checkout）回應速度	8秒	4秒	2秒	5	3
3. 質	6. 穩定性（reliability）（即crash）				9	4
二、基本						
2. 量	5. App占用手機記憶體容量				6	5
4. 時	4. App下載時間	10分	4分	2分	8	3
1. 價	3. App價格	10美元	2美元	免費	10	10
一、核心	2. 個人資訊保護	有後門	沒有後門		10	10
3. 質、安全（securities）	1. 資訊安全				10	10
小計					82	54

Ⓡ伍忠賢，2021年8月8日。

註：第一欄「1.價；2.量；3.質；4.時」架構。

表　有關麥當勞App使用性相關文章

時	地／人	事
2017年3月2日	印度卡納塔卡邦TNM網路報紙	在The News Minute(TNM)網站上的文章「Using McDonald's app to place order? Your personal details may be compromised.」
2019年11月8日	瑞典斯德哥爾摩市	在公司Gavagai網站上的文章「We analyzed 15,586 reviews about the McDonald's Mobile App.」
2021年7月9日	印度拉加斯坦邦Ravi Kumar	在公司The Android Portal網站上的文章「How to fix McDonald's App not working on Android?」

5-6 星巴克行動App頁面

對於經常使用顧客服務行動App的人來說，App頁面簡潔易用是很重要的，本單元說明星巴克行動App頁面。

一、有關App使用性相關文章

限於篇幅，單元5-4行動App使用性相關文章，在本單元中說明。

二、星巴克行動App頁面相關文章

有關星巴克行動App頁面文章很多，詳見後頁下表。

三、星巴克行動App頁面、桌布（**wallpaper**）

1. 尊重智慧財產權，本書用圖表的方式呈現

詳見下面二個圖。

2. 星巴克行動App下載方式

・安卓系統Google Play。

・iOS系統（即iPhone、iPad）、蘋果公司App商店。

圖　星巴克手機App桌布

Home
　　Janes
　　Accounting Setting

O / S

REWARDS
Welcome Level
5
Stars Until
Green Level

MESSAGES

PAY

ACCOUNT HISTORY

WHATS NEW

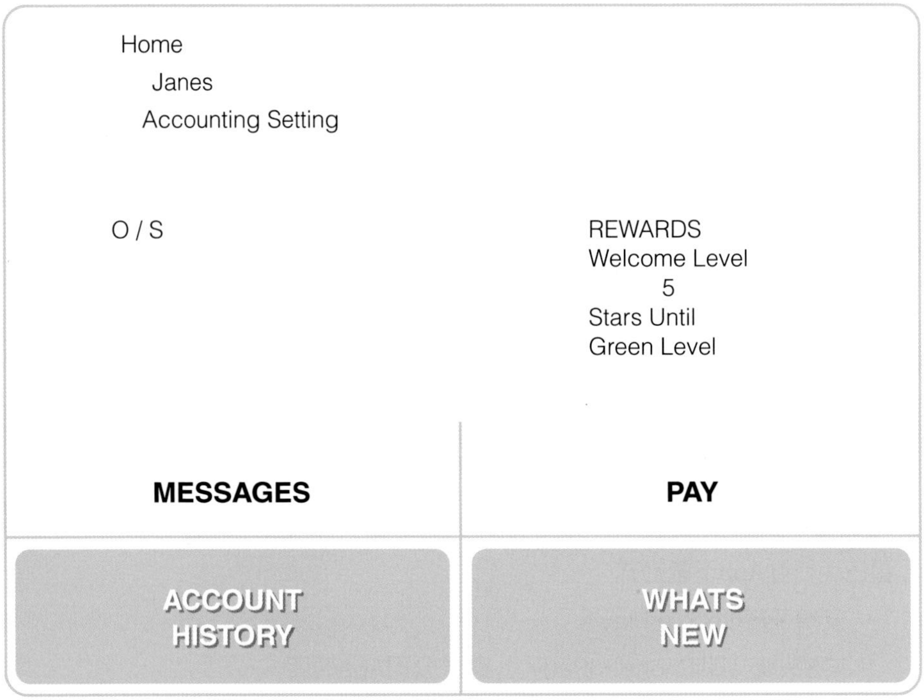

表　有關App使用性的相關文章

時	地／人	事
2015年	臺灣臺北市 百佳泰公司	在公司網站allion.com上的文章「Mobile Application之使用性分析與介面評估報告」
2019年 6月1日	美國麻州佛雷明漢市，創業投資公司掌聲公司的軟體測試工程師Daniel Knott	在公司網站Applause上的文章「What mobile users expect from mobile Apps」，引用八個重要市調報告
2020年	美國華盛頓州雷德蒙德鎮（Redmond）Makeen科技公司，公司2016年成立	在公司網站makeen.io上的文章「Top 5 App features consumer expect in 2020」

5-7 星巴克行動App核心、基本功能

本單元說明星巴克App的核心、基本功能（單元5-4中表第1~3項）。

一、資料來源

星巴克卡（Starbucks card）發行量很多，由於各國科技產品普及程度不同，仍有40國的星巴克仍使用金屬卡。由後頁上表可見，許多文章討論，主要資料來源仍是星巴克公司網路上新聞發布。

二、實體卡：禮物卡（**Starbucks card**）

星巴克卡依材質分成二階段。

1. 1994~2001年10月，紙卡（paper card）

1994年推出紙卡（paper gift certificates），即禮券。

2. 2001年11月起，塑膠儲值卡（metal Starbucks card）

選在11月推出，是為了配合美國每年12月24日聖誕節的送禮習俗，這像悠遊卡，可重複儲值，5~500美元。

2002年6月12日，臺灣的臺北市悠遊卡公司推出「悠遊卡」（Easy Card），這是北臺灣人民最常用的儲值卡（stored value card）。之前，中華電信公司的公共電話IC儲值卡也是金屬儲值卡。

3. 績效

迄2013年，12年共發行240萬張，號稱儲值餘額40億美元。

迄2020年，共有1,100款禮物卡，簡單的說，一年內美國人每6個人就有一位會收到星巴克隨行卡。

三、行動**App**：**2009年9月23日起**

選在2009年9月推出，一方面是配合蘋果公司 iPhone 3GS手機上市，上蘋果App商店下載即可。在功能方面有三。

- 數位顧客服務臺（help desk），這是本書加的，但真正指的是「店址搜尋」（store locator），即位於「我附近的星巴克店」（Starbucks near me），這是谷歌地圖（Google Maps，2005年2月8日上市）的運用。
- 手機付款，但限會員。

表	有關星巴克App使用性相關文章	
時	人	事
2011年 1月23日	星巴克公司	在Starbucks Stories & News上的文章「Fact sheet: Starbucks card mobile App & mobile payment」
2013年 12月20日	Melody	在粉絲部落格Starbucks Melody上的文章「The Starbucks Card: 2001~2013」
—	Dan Butcher 手機支付公司總裁	在Retail Dive上的文章「Starbucks rolls out largest mobile payments, loyalty play in US」
2020年 12月7日	Heidi Peiper	在Starbucks Stories & News上的文章「A look back at 20 years of Starbucks cards」

表	星巴克卡（Starbucks card）三階段發表	
資料型態	類比	數位
一、實體卡 （一）紙本 （二）塑膠卡	1994~2001.10 2001.11	
二、行動App	2009.9.23	

圖　美國星巴克手機下單和支付占營收比

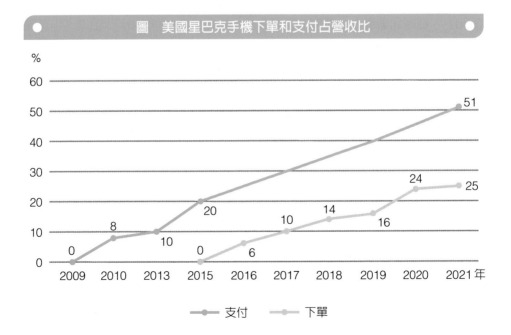

5-8 星巴克App期望功能：星巴克忠誠計畫

在全球餐飲業下載、使用人次量多的星巴客行動App，關鍵原因在於有顧客關係管理部提供的顧客忠誠計畫，簡單的說，便是集點，以換取一些「好康」。有關星巴克顧客關係管理詳見本書第11單元，本單元只說明App中的忠誠計畫。

一、資料來源

有關星巴克忠誠計畫有多成功的報導很多，後頁下表是較常見的。

二、全景：星巴克顧客忠誠計畫的效益

由後頁下表可見。

- ・第一欄顧客需求五層級。
- ・第二欄星巴克行動App中「集點」（rewards point）功能的效益。
- ・第三欄星巴克集點的特色，這是整理自後頁上表文章。

三、特寫：2014年12月2日起，會員制度提供「遊戲」（gamification）

星巴克推出忠誠計畫的抽獎活動項目，名稱「It's a wonderful card ultimate giveaway」，但名字太長，所以簡稱「Starbucks for life」。

1. 5、7、12月各一次

每年大約都是12月初到1月初（以2020年為例，2020年12月1日到2021年1月4日），主要是聖誕節、新年的抽獎。幾乎每季都有遊戲，例如：每年5月24日到6月20日賓果遊戲（Bonus Star Bingo）；每年7月21日~8月22日夏季遊戲（summer games）。

2. 玩法

玩法有點複雜，有興趣者可看global munchkins.com上的文章「Starbucks Summer Game 2021! Super Secret Ways to Win」，2021年8月4日。

表 有關星巴克顧客玩遊戲贏獎品相關文章

時	人	事
2019年 2月5日	Joanna Fantozzi	在Nation's Restaurant News上的文章「The evolution of the Starbucks loyalty program」
2020年 2月12日	Bill Vix	在Money Inc.公司網站上的文章 「The history and evolution of Starbucks for life」
2020年 9月20日	Gaurav Menon	在Bootcamp上的文章「Starbucks: gamifying the coffee buying experience」
2020年 12月16日	Bryan Peareon	在Forbes上的文章「12 Ways Starbucks' Loyalty Program Has Impacted the Retail Industry」
2021年 5月3日	Carli Velocci	在Android Central上的文章「Starbucks rewards' gamification wins my loyalty and business－ even at the cost of my data」
約2020年 12月	星巴克公司	Starbucks for life.com

表 星巴克手機App上的顧客忠誠計畫

顧客需求五層級	效益五層級	星巴克做法	說明
五、自我實現：幸福	五、潛在產品	成就 （achievement）	星巴克把顧客依集點數分成19個「等級」，有19種表情符號（徽章badge）代表
四、自尊：禮貌	四、擴增產品	獨家 （excluxsive）	這主要是實體會員卡的獨特性，但2020年1月10日取消實體卡，全部以手機App取代
三、社會親和	三、期望產品	遊戲化 （gamified）	2014年12月2日起上線，Starbucks for life
二、生活	二、基本產品：回饋	集點送 非侵入式 （non-intrusive）	星巴克把顧客集點數分五個級距，優惠程度不同 在帳號（account area）顯示，整個頁面是綠色會顯示你最近五筆在店交易
一、生存	一、核心產品 1.2 效率 1.1 安全	透明 （transparent）	星巴克active offers，包括你的集點何時過期（例如：expires on Jan.02-22）

5-9 星巴克App基本功能第三項：2011~2016年手機支付

2011年1月19日，星巴克推出「星巴克支付」（Starbucks pay），這是電子錢包的2.0版，在第一段說明。

一、電子錢包

電子錢包（digital wallet）相關稱呼還有e-wallet、數位支付（mobile payment）。依行動裝置上資金來源分二種。

1. 1998~2010年，冷錢包（cold wallet）

這主要是儲值卡上手機，2009年9月21日，星巴克App便有這功能，臺灣的悠遊卡手機版悠遊付2020年3月27日上線。

2. 2011年起，熱錢包（hot wallet）

顧客透過行動裝置付款時，商店掃卡機透過你手機內的密碼，去上網連線到金資中心，從你手機中綁定的銀行金融卡（debit card，不宜直譯借記卡）、信用卡去扣款。

二、全景

由後頁表可見市場滲透率。

由2021到2025年幾乎每年提高2個百分點，這幅度很大，可能是受零售型電子商務普及影響。

本處市場滲透率是以總人口除以手機支付人數，比較精準的是14歲以上人口，有設立銀行帳戶。

三、美國手機支付排行

1. 市場地位

星巴克（Starbucks pay）在美國使用人數（2,400萬人）排第三，次於蘋果（4,390萬人）、谷歌（2,500萬人）支付。

2. 關鍵成功因素

星巴克支付贏的關鍵成功因素主要在於跟顧客忠誠計畫的集點送綁在一起，

在星巴克店消費，或是聯名使用〔包括聯名信用卡運通銀行、來福車（Lyft）、思播公司串流音樂〕，皆可集點，享受集點送折價等好處。

四、2013年董事長霍華·舒茲的肯定

No single competency is enabling us to elevate the Starbucks brand more then our global leadership in mobile, digital, and loyalty.

Starbucks is a clear leader in mobile payments, and we are encouraged by how consumers have embraced mobile Apps as a way to pay.

五、資料來源

由於星巴克支付在美國人數市占率排第三，一直有很多文章討論。詳見章本單元末頁。

項目	2020年	2021年	2022年	2023年	2024年	2025年
表　美國行動支付人數、金額與四大公司						
⑴人口（億人）	3.295	3.319	3.33	3.335	3.36	3.37
⑵手機支付人數（億人）	0.923	1.012	1.086	1.148	1.202	1.25
⑶=⑵/⑴滲透率（%）	28	30.5	32.6	34.4	35.8	37.1
⑷支付平台						
・蘋果	—	0.439	0.439	—	—	—
・星巴克	—	0.312	0.24	—	—	—
・谷歌	—	0.25	0.25	—	—	—
・三星	—	0.163	—	—	—	—
⑸金額（億美元）	1,822	2,469	3,066	3,736	4,478	5,080

⑵ 資料來源：主要是eMarketer，14歲以上人口。

⑶ 資料來源：德國漢堡市Statista公司U.S. proximity mobile payment value 2021~2025，2022年10月6日，原始資料來自eMarketer，2022年3月。

表　星巴克與麥當勞手機App在四大功能進程

行銷組合	星巴克		麥當勞	
	部分	全部	部分	全部
1. 第1P：產品策略 1.1 環境：手機下單	—	同下		同下
2. 第2P：定價策略 2.1 手機支付	2011年1月19日會員手機加儲值卡 2008年4月塑膠片	2015年9月手機App 2009年9月27日手機App	2015年9月	2017年3月
3. 第3P：促銷策略 3.5 顧客忠誠計畫	—	—	—	—
4. 第4P：實體配置策略 4.3 外送App	2018年9月	2020年2月，大部分美國大都市	1993年電話下單 2021年8月App	

圖　星巴克手機App互動

一、星巴克會員

賺免費食物與飲料

加入　sign in

二、餐點「餐點鍵」

訂購

三、星巴克「通知」

加入與否
「通知」包括警語、
警告聲、標章

不加入　加入

時	人	事
2014年 6月13日	Brian Roemmele	在 *Forbes* 週刊、Quora上的文章「Why is the Starbucks mobile payments App so successful?」
2011年 1月18日	星巴克公司	在Starbucks Stories & News上的文章「Mobile payment debuts nationally at Starbucks」
	Dan Butcher 手機支付公司 總裁	在Retail Dive上的文章「Starbucks rolls out largest mobile payments, loyalty play in US」

表　有關星巴克行動支付很棒的文章

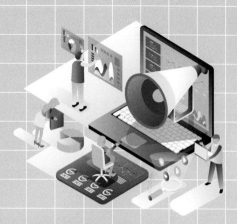

Chapter 6

數位促銷之對外溝通：
星巴克個案分析

6-1 全景：行銷組合第3P促銷策略——AIDAR架構

6-2 美國「行銷長調查」（CMO survey）

6-3 全景：法人對外溝通，兼論公司第3P促銷五之一的公司對外溝通

6-4 特寫：公司對外溝通

6-5 媒體的性質

6-6 公司溝通策略

6-7 特寫：公司數位溝通

6-8 極特寫：公司跟消費者間溝通流程

6-9 促銷、AIDAR五階段下適配的媒體型態

行銷組合第3P促進銷售（promote sales或sales promotion）策略，簡稱促銷（promotion），在「行銷管理」教科書中，經常用二章來說明，分量很大，但你上網看到的促銷範圍5、7或9項，都是瞎子摸象，並且還是一片片拼圖塊。本書透過伍忠賢（2021）公司促銷策略表拆成一個2×5的10片拼圖，讓你可以看到全貌。

一、行銷組合中的促銷在書、論文生命週期衰退期

學者寫書、論文必須做文獻回顧，三個跡象顯示「促銷」這主題進入衰退期。

1. 書：2000年以後，便極少了

你用谷歌英文字搜尋，促銷書只有二本，而且都是20年前。

2. 研究論文：2009年以後論文引用次數200次以下

二、右頁表第一欄：促銷的範疇

依組織層級分二大類，以星巴克為例。

1. 公司聲譽管理

這由二位一級主管執行副總裁下轄各一個二、三級部負責。

· 行銷長下轄「公司聲譽與品牌管理」資深副總裁，下轄公司聲譽管理部。

· 公共事務與社會衝擊長下轄公共事務與社會衝擊資深副總裁。

2. 產品／服務品牌管理

這部分由二個二、三級部負責。

· 產品長，資深副總裁Sandra Stark。

· 一如前述，「公司品牌管理部」副總裁。

三、右頁表第一列，AIDAR架構

由右表第一列可見，可以把大部分公司聲譽、品牌管理活動依AIDAR架構分步驟。

1. 就近取譬：以軍事攻擊為例

以美軍二次攻打伊拉克為例，都是依循四步驟，詳見下表第二列。

2. 廣告AIDAR五步驟

由下表第一列可見，這是廣告等行銷五步驟。

表　行銷組合第3P促進銷售二大類：AIDAR架構

步驟	注意	興趣	慾求	購買	續薦
美軍奪島、城市作戰	轟炸 1. 空軍 2. 海軍 巡戈飛彈	陸軍 攻擊直升機 攻擊、砲兵 砲轟	陸軍 裝甲車、坦克車	陸軍 人員參戰	陸軍步兵 收拾戰場
一、公司聲譽管理部	（一）公共事務溝通 （二）公共關係 ・媒體、公司網站 ・贊助	（一）政府遊說 （二）公共服務 ・社區服務 ・志工活動 ・事件行銷	（一）政府遊說 （二）公共服務 ・社區服務 ・志工活動 ・事件行銷	公司聲譽管理	公司聲譽管理之危機管理
二、公司品牌管理部	溝通 （一）直接行銷 （direct marketing） 1. 顧客接觸中心 2. 商店 （二）大眾傳播 1. 數位媒體廣告 2. 傳統媒體廣告	人員銷售 （personal selling） 網路直播帶貨主，如中國大陸的薇婭、李佳琦	銷售促進 （sales promotion） 1. 對零售公司，稱為「推動」（push） 2. 對消費者，稱為「拉引」（pull）	顧客關係管理（CRM） 1. 會員制 2. 客訴處理	顧客關係管理（CRM） 會員制 集點送

®伍忠賢，2021年12月10日。

如何做好公司行銷長與旗下相關人員工作，了解各行業行銷作為很重要。右上表可見在美國有三個單位合作進行13個行業大公司行銷長調查。治學基本原則「引用資料之前，必須先了解資料的可信賴程度」。

一、問題

2008年，美國遭遇金融海嘯，是1929~1933年全球經濟大蕭條以來的第二次經濟重災。許多產業界、學界人士苦於缺乏行業大公司行銷預算資料。

二、解決之道

美國產業界、學界三個單位合作，每半年進行一次行銷長調查（CMO survey，CMO指chief marketing officer）。以全球為範圍，詳見章末表。

三、行銷長調查說明

1. 時：從2008年下半年起，每半年（2、8月）網路公布一次。
2. 地：美國。
3. 人：美國行銷協會等三個單位。
4. 事：只有2008年下半年第一次調查時採取電話訪問方式，2009年起採用網路問卷方式。
5. 行銷長調查十中類項目：

由右下表可見行銷長調查十中類項目，2008年只有七中類，2009年增加三中類：行銷研究、社群行銷、手機行銷，反映出時代趨勢。

在右下表第一欄，依管理活動三大項、九中類方式，把行銷長調查的十中類項目歸類。

表　二個署名的行銷長調查		
時	2011年11月1日起	3、6、7、12月的15日左右
地	美國紐約州阿蒙克市	美國加州聖荷西市
人	IBM	行銷長議會（CMO council）
事	發表《全球行銷長》（CMO study）「C-suite調查」	每季發表《行銷長》（CMO report）
國家	64	110
行業	19	19
公司	1,734	15,500
人數	―	35,000位中高階主管

表　行銷長調查十個項目	
管理活動（一）～（七）成功企業7S	行銷長調查十個項目
0、目標 一、規劃 （一）策略 1. 成長方向 2. 成長方式 3. 成長速度 （二）組織設計 （三）獎勵制度 二、執行 （四）企業文化 （五）用人 （六）領導型態 （七）領導技巧 三、控制 （八）績效衡量 （九）修正	下列序號是原調查的 10. 行銷分析 1. growth strategies 4. 社群行銷（social media） 5. 手機行銷（mobile marketing） 8. marketing organization 2. marketing spending 6. market optimism，對於市場看多 9. marketing jobs 3. marketing leadership，主要是行銷主題 7. firm performance 7.1 投資 7.2 營收成長（growth matric）

表　美國行銷長調查基本資料

調查單位	受調查對象
一、產業界	何地（where）：美國
（一）美國行銷學會（American Marketing Association, AMA） （二）德勤（Deloitte） 　　　會計師事務所，全球四大之一，臺灣稱安永	（一）農業 （二）工業 1. 製造業 2. 工礦中的鋁 3. 水電煤氣：能源 （三）服務業 1. 食：包裝性消費品 2. 行：交通、通訊
二、學界	3. 育：教育、醫療 4. 餐廳、旅館：消費服務 5. 金融：銀行
（一）教授 　　　北卡羅來納州 　　　杜克大學福夸商學院 　　　Christine Moorman教授，她是《行銷》期刊總編輯 （二）專案調查學生 　　　MBA班學生4位，一、二年級各2位	6. 其他：專業服務 上述13個行業320家大公司的行銷長，約2,600人 五、調查項目（what）：10項，詳前頁下表 六、調查方式：網路問卷

6-3　全景：法人對外溝通，兼論公司第3P促銷五之一的公司對外溝通

　　「人」（甚至其他動物）對外交流，以達成溝通的目的。公司行銷組合第3P促銷中五之一稱為「溝通」，最主要是打廣告。

　　本書是「數位行銷」，尤其是指公司數位行銷，公司對外溝通是重點，全書以五章（第六~十章）篇幅深入說明，如同拍照，本單元先用廣角鏡頭拍個全景，之後單元再逐漸縮小到「近景」、「特寫」、「極特寫」。

一、大分類：依訊息發送者身分

　　訊息發送者（message sender）依民法第二章「人」的身分，分成二種。

1. 自然人（民法第二章第一節，第6~24條）

　　人與人的溝通，是指自然人對自然人，另外也包括自然人對法人。

2. 法人（民法第二章第二節，第25~44條）

　　由於「法人」這個名詞在生活中較少用，有一些慣用字，例如組織（organization）、機構（institution）。

二、中分類：法人

　　法人依其公權利，分為二中類。

1. 公法人

　　公法人中的政府對外溝通，主要是「政策法令宣導」，希望民間配合政策，其次是「政績宣傳」，主要目的是讓選民投票再執政。

2. 私法人

分二小類。

⑴ 社團法人（民法第二章第二節第二款，第45~58條），再分二細類。

　　·營利事業（公司、合夥、獨資等）的對外溝通皆稱為商業溝通（business communication），這是依其身分，而不是依其溝通目的（也可能是公益行銷）。

　　·公益事業，俗稱「非營利組織」。

⑵ 財團法人（民法第二章第二節第三款）：主要是基金會、醫院大學等。

三、小分類：社團法人中的商業組織中的公司

公司溝通（corporate communication）依溝通對象，分成二細類。

1. 對外溝通（external communication）

依溝通的正式程度分成二極細類。

⑴ 正式溝通（formal communication）：公司廣義的發言人有很多，為了避免誤會，以公司新聞稿（白紙黑字）及發言人的發言為準。

⑵ 非正式溝通（informal communication）：主要是指公司員工的言行，最常見的是在社群媒體上言行，不代表公司立場，但卻是公司對外溝通的一種形式。

2. 對內溝通（internal communication）

主要是指針對員工，這在大一管理學中有一章談「組織溝通」。

表　溝通的分類			
大分類	中分類	小分類	說明
一、法人 （一）公法人 （二）私法人 1. 社團法人 ⑴商業組織 ・公司 ・其他 ⑵公益組織 （NGO） 2. 財團法人 二、自然人	公司溝通（corporate communication） 1. 對外溝通（external communication） 2. 對內溝通（internal communication）	1. 正式（formal） ⑴公司聲譽管理部 ・公共關係等 ・媒體關係 ⑵品牌管理部 2. 非正式（informal） 不代表公司 例如：員工發言、行為	1. 公司網站（website and blogging） 2. 電子報（newsletter）／新聞稿（Press release） 3. 廣告（advertising）

6-4 特寫：公司對外溝通

一、公司溝通的目的（**why**）

商業組織分成公司、獨資、合夥等三類，對外溝通稱為商業溝通（commercial communication），其溝通對象依經濟學一般均衡架構分成生產因素、商品市場。

二、公司溝通的組織設計（**who**）

依溝通內容的組織層級分二層。

1. 聲譽管理部負責公司溝通（**corporate communication**）

由行銷長下轄公司聲譽部及其他對外溝通部（俗稱公共事務部、公共關係部等），對外界利害關係人傳遞公司訊息，稱為公司溝通。

2. 品牌管理部負責行銷溝通（**marketing communication**）

由行銷長下轄品牌管理部對外溝通都是「行銷溝通」，主要目的是把公司產品（含服務）訊息傳送給消費者（尤其是目標顧客群）。

三、網路行銷的內容（**what**）

由後頁表可見，網路行銷的內容（content）來源依公司內外二分法。

1. 公司內部

稱為「公司原創內容」（corporate generated content），以星巴克來說，是由星巴克上傳的內容，專業製作（professionally generated content, PGC）。

星巴克的網紅行銷中的名人如下：

・迪蜜・洛瓦托（Demi Lovato），是電影《冰雪奇緣》主題曲主唱。

・艾倫・狄珍妮（Ellen DeGeneres），是艾倫秀女主持人。

2. 公司外部

公司外部產生的內容，主要是由網路「用戶」（user）所產生的，稱為「使用者原創內容」（user-generated content, UGC），以星巴克來說，大部分是顧客在店內拍照、攝影愉快的星巴克體驗。顧客食用星巴克飲料、食物的照片，述說每位顧客的心情及日常，稱為敘述故事（narrative，簡稱敘事）。

表 公司溝通的5W2H，80（上）：20（下）原則

目的（why）	效益（where）	星巴克（who）	內容（what）	媒體（how）	媒體費用
一、品牌管理 （一）產品 （二）服務 占80% 二、公司榮譽管理占20% （一）公共事務 （二）公共關係 1.媒體 2.社區 （三）員工關係	一、私益行銷（sell-interest marketing） 二、公益行銷（cause marketing） cause：直譯善因 1.增進社會福利 2.社區參與點子（involvement idea）	一、行銷長下轄四長之二聲譽與品牌資深副總裁 （一）聲譽部副總裁 （二）品牌部副總裁 二、公共事務與社區衝擊執行副總裁下轄2個部 （一）公共事務資深副總裁 （二）公共關係與社區資深副總裁	（一）公司（又稱「專業」）製作內容（professionally produced content）占90% （二）使用者原創內容（user-generated content） 1.顧客體驗點子（experience idea） 2.產品點子	一、媒體型態 （一）網路媒體占55% 1.文：占30% 谷歌、亞馬遜 2.音：占2% 3.影：占23% 抖音、YouTube、IG 4.電玩 （二）傳統媒體占45% 1.文：報刊 2.音：廣播占2% 3.影：電視廣告占30% 4.電玩	一、付費（paid media）廣告占99% 二、免費廣告占1% （一）粉絲社群俗稱「賺到的媒體」（earned media） （二）自媒體（we media） 1.網路論壇 2.部落格

⑧伍忠賢，2021年12月7日。

6-5 媒體的性質

中國戰國時道家思想家莊周在《莊子》（大約西元前270年）「人間世」中有句成語「無所逃於天地之間」，同樣的你手機上IG、抖音、臉書，看電視（新聞、球賽、影集），甚至聽廣播，可說「無所逃於（大眾）傳播」。就因為大眾傳播「無遠弗屆」、「無孔不入」，所以很多人都會利用傳播媒體，以達到溝通目的。

一、媒體大分類

　　1. 大眾媒體（public、mass或mainstream media）。

　　2. 小眾媒體（private media或niche media）。

二、媒體中分類

1. 法人擁有的媒體稱為「機構媒體」

　　法人這詞生活中少用，俗稱「機構」（institution），機構擁有的媒體稱為機構體（institutional media），其中私法人中商業組織中公司擁有的媒體稱為「公司擁有媒體」（corporate-owned media或corporate media），不過，延伸出去特指大眾媒體被那家公司持有，例如2013年8月，亞馬遜公司創辦人貝佐斯以2.5億美元收購《華盛頓郵報》。

2. 個人擁有的稱為「自媒體」（we media或sell-media）

　　至少分成二小類。

　　⑴ 社區（或草根）媒體（community or grassroots media）。

　　⑵ 個人媒體（personal media）：這來自1980年代，個人電腦時代，到了1990年網路時代蓬勃發展，透過網路，每個人都是「公民記者」（citizen journalist）、網路作家（自行出版）（self-publishing）。

表 觀眾範圍、媒體名稱與二大類媒體型態

觀眾範圍	媒體名稱	傳統媒體			數位媒體		
		文	音	影	文	音	影
一、大眾英文：mass 二、小眾 (一) 法人中的私法人 1. 社團法人 2. 財團法人 (二) 個人 1. 社區 (community) 2. 個人	一、大眾媒體 (public media) (一) 社團擁有媒體 商業組織公司擁有媒體 (corporate owned media) (二) 自媒體 (we media) 1. 社區媒體 (community media) 2. 個人媒體 (personal media) 二、小眾媒體 三種小眾媒體名稱 ・利基 (niche) ・聚集 (focus) ・另類 (alternative)	(一) ・報紙 ・刊物 (二) 書 (三) 其他 出版 (1) 對外 產品目錄 (2) 對內 社內刊物 社區 ・報紙 ・刊物	(一) 廣播 (二) 錄製 (三) 其他 影音產品 (1) 對外 后內廣播 (2) 對內 公司廣播 社區廣播	(一) 影視 ・電視 ・電影 (二) 錄製 (三) 其他 (1) 對外 后內第四台 (2) 對內 公司頻道 社區第四台 頻道	・World Press.com ・World Press.org ・Blogger. com ・Matters ・Medium ・Web note ・Wix.com (1) 對外 ・雙向 ・單向 (2) 對內 ・反向 ・論壇 ・電子報 ・單向 ・公司網站、推特、部落格 (tumblr)	・思播 (Spotify) ・播客 (podcast)	・Disney+ ・網飛 (Netflix) ・愛奇藝 ・IG ・YouTube ・元 (Meta，前身臉書 ・抖音 ・Behance ・Pinterest

6-6　公司溝通策略

一、問題：重量級論文稀少且年代久遠

有關公司溝通策略論文只有二篇論文引用次數300次、時間20年以上。

1. 1992年1月，論文引用次數335次

在《商業溝通國際期刊》（*International Journal of Business Communication*），主要是以美國《財星》雜誌上前25、後25大公司，年輕總裁致股東信為主。

2. 2002年7月，論文引用次數331次

這是在東歐斯洛維尼亞布萊德湖（Lake Bled）的國際公共關係研究研討會。

二、解決之道：伍忠賢（2021）公司溝通策略

1. 採取司徒達賢（2001）公司策略的定義

由後頁表第一欄可見臺灣策略管理大師司徒達賢教授的定義。

2. 伍忠賢（2021）公司溝通策略

在司徒達賢的公司策略定義基礎上，延伸到各種策略。例如伍忠賢（2021）公司溝通策略，詳見表，更重要的是第一欄：溝通經費比重，以50%為分水嶺。

三、成長方向

　　1. 公司外部、內部溝通各占經費98%、2%。

　　2. 公司對外溝通：品牌、聲譽各占經費78%、20%。

四、成長方式

　　1. 依媒體型態：數位媒體比傳統媒體55%比45%。

　　2. 依（數位）媒體所有權：外部媒體比公司自有媒體88%比12%。

　　3. 溝通管道數目

　　　・單一溝通管道：最常見的是在公司網站跟消費者溝通，例如當天貼文，網站管理人員俗稱「小編」（website editor）。以音樂表演來說，一人演奏。

　　　・多個溝通管道：公司透過三個以上媒體對外宣傳同一件活動，為了避免

「各吹各的號」，必須有人整合，比較像樂隊的指揮，此時稱為「整合行銷」（integrated marketing）。

五、成長速度（**growth rate**）

在討論公司溝通的成長速度時，一般（主要指中小企業）大都小氣，捨不得花錢每天更新公司網站內容，這是本小利大的宣傳。

表　公司溝通「策略」（三成分）

策略成分	少見（占50%以下）	常見（占50%以上）
一、成長方向（growth direction）	對內溝通占2%	對外溝通占98% 公司聲譽，占20% （corporate reputation） 公司品牌管理，占78%
二、成長方式（growth manner） （一）成長方式 （二）媒體所有權 （三）媒體型態 （四）溝通管道數目	 內部成長 公司自有媒體，占12% （corporate owned media） 傳統媒體，占45% （traditional media） 單一溝通管道，占10%	 外部成長 公司外部媒體，占88% （external communication media） 數位媒體，占55%（digital media） 多個溝通管道，占90% 俗稱「整合行銷」 （integrated marketing）
三、成長速度（growth rate） 積極程度	積極，占10% 大部分是大公司	消極，占98% 大部分是中小企業，不提倡公司網站，架設了也不更新，有些人則是「少說少錯」

®伍忠賢，2021年12月3~20日。

6-7 特寫：公司數位溝通

一、依媒體所有權：依公司內外

依媒體是否為公司擁有，分成二小類。

1. 公司自有媒體

公司「自有媒體」的英文依常用順序如下：corporate owned media、corporate media，主要包括公司網站（含部落格）、App、店內網路等。

2. 外部媒體

公司外部媒體依使用時是否須付費，分成二種。

· 付費媒體（paid media）：最常見的付費媒體有二種，一是關鍵字檢索的谷歌，另一個是臉書的廣告。

· 賺得媒體（earned media，或免費媒體）：最簡單的例子是星巴克的粉絲們，各自組成的粉絲團群組，這等於免費替星巴克產品宣傳。

二、媒體型態

依資訊技術的型態媒體可分為二大類。

1. 傳統媒體（traditional media）

· 平面媒體（print media）：又稱文字媒體，主要是報紙刊物等。

· 類比媒體（analog media）：包括聲音、影像二種，但2010年起改成數位。

2. 網路媒體（digital media）

這個英文名詞直譯是數位媒體，但是「數位」太抽象，而且電視、廣播節目都可以數位方式，透過網路（online）予以播送。本書以網路媒體方式稱呼，是指透過電腦、手機、網路等構成的媒體。

三、文字媒體占數位廣告40%

後頁表第二欄是依2020年臺灣數位廣告金額比重。

1. 公司聲譽管理部「口碑／內容廣告」，占15.58%

公司聲譽管理部對外溝通方式如下。

・公司自有媒體：公司網路的管理者有二種稱呼，即正式名稱：social media manager與非正式名稱：網路小編（web editor）。

・公司外部媒體：對外界的溝通方式有新聞稿（press release）、投稿文章（bylined article）、簡報（pitch deck或pitch slides，通常指募資、銷售簡報）。

2. 公司品牌管理部「關鍵字廣告」，占24%

這主要是指在公司外部的搜尋引擎上的「關鍵字廣告」，帶領網友連結到網路商場上本公司網路商店上的「登陸頁」（landing page），這裡指能帶來「潛在顧客」產生的內容（lead-generating content）。

四、影像媒體占數位廣告27.06%

影像媒體占公司數位廣告比重近30%，主要功能在AIDAR的「注意」、「興趣」。

表　數位溝通（行銷、廣告）

媒體型態	中分類	小分類：廣告
一、文 　（一）公司外部	數位廣告五大類* 1. 關鍵字廣告占24%	1.1 搜尋引擎行銷（search engine marketing, SEM） 1.2 通訊行銷 1.3 資料驅動行銷（data-driven marketing）
	2. 口碑／內容廣告，占15.58% 3. 影音廣告占27.06%	2.1 社群媒體（social media marketing）
（二）公司內部 二、音 　（一）廣播 　（二）錄製音樂 三、影 　（一）電影		3.1 播客（podcast）廣播電台、有聲書 3.2 影片部落格（vlog）例如IG、Youtube上的Youtuber、短視頻（15分鐘以內）
（二）電視 　（三）照片	4. 展示型廣告占33.09% 5. 其他占27%	公司網頁行銷（website marketing）

*資料來源：臺灣數位媒體應用行銷協會，2022年6月6日，544.3億元。

6-8　極特寫：公司跟消費者間溝通流程

人跟人之間的溝通，聽的人又會轉傳，變得有些八卦（gossip）。同樣的，公司對消費者溝通，很希望能夠「一傳十，十傳百」。本單元說明三個步驟，套用零售型電子商務中B2C、C2C、C2B用詞。

一、第一步驟：公司對消費者溝通

1. 近景：法人中私法人中社團法人中的商業組織

商業組織（business）對外進行商業溝通（business communication或commercial communication）。

2. 特寫：公司對消費者（business to consumer, B2C）

商業組織中的公司是本書主角，公司對外部溝通，分成二個部，對象由大到小。

・公司聲譽管理部對利害關係人溝通稱為公司溝通（corporate communication）。

・公司品牌管理部對消費者（利害關係人一部分）溝通稱為行銷溝通（marketing communication），又稱消費者溝通（customer communication），主要是打產品廣告。

二、第二步驟：消費者對消費者溝通──AIDAR中「I」的資訊分享

在公司傳遞第一個資訊（例如新產品影片），有些消費者（consumer）看了，會在社群媒體中的公司網站上按「讚」，把影片轉傳，甚至寫評論，三者合稱「網友認同」（user engagement）。其中「轉傳」屬於消費者對消費者（consumer to consumer, C2C）溝通。

三、第三步驟：顧客對公司、消費者

1. 顧客對公司（customer to business, C2B）

消費者向公司購買後，成為顧客（customer），有些顧客會回饋意見給公司，包括「顧客控訴」（customer complaint，簡稱客訴）；其他稱為「顧客評論」（customer reviews）。

2. 顧客對消費者（customer to consumer, C2C）：AIDAR中「R」的顧客推薦

顧客把消費心得傳送給其他人，俗稱口碑效果，依幾種方式分類。

・口碑方向：正面口碑、負面口碑（negative word of mouth）效果。

・傳播方向：針對網路上稱為網路口碑（internet word of mouth）。

表　公司對消費者溝通AIDAR架構與三道過程

AIDAR	注意	興趣	慾求	購買	續（購）（推）薦
一、公司外部 （一）顧客對消費者（C2C） （二）顧客對公司（C2B） 二、公司對消費者（B2C） （一）品牌管理部行銷溝通（marketing communication） （二）聲譽管理部公司溝通（corporate communication）			消費者認同（consumer engagement） 由低到高分三級 2. 中程度認同轉傳 1. 低程度認同按讚	消費者回「應」（或饋）（consumer feedback） 3. 高程度認同 ・消費者評論（consumer review） ・商店評論（store review）	消費者推薦（communication recommendation）口碑傳播（oral spreading）病毒式行銷（viral）

表　公司對消費者溝通二篇稍重要論文

項目	2004年5月	2008年3月
地	美國阿拉巴馬州塔斯卡盧薩	美國亞歷桑那州
人	Fei Xue和Joseph E.Phelps	Yubo Chen和Jinhong Xie
事	在《網路行銷與廣告》期刊「Internet-faciliated consumer-to-consumer communication」	在 Management Science 期刊上的「Online Consumer Review」
頁數	pp.121~136	pp.471~491
論文引用次數	109	2,500

6-9　促銷、AIDAR五階段下適配的媒體型態

如何回答：「公司溝通的媒體組成」，本單元說明AIDAR五階段中，適配的媒體。

一、AIDAR之一「注意」，促銷五之一「溝通」（含廣告）

1. 30%靠文字

外部媒體主要是搜尋媒體上的關鍵字廣告。

公司自有媒體包括公司聲譽管理部負責的「公司網站（Starbucks stories & news）」；另品牌管理部負責星巴克AIDAR內容。這二個都是微網誌（microblog），偏向部落格（blog）。

2. 50%靠影片

星巴克透過產品等照片，塑造品牌性格。

二、AIDAR之二「興趣」，促銷五之二「產品說明與人員促銷」

吸引網友注意後，有興趣的消費者會以二種方式跟公司聯絡。

1. 社群媒體占80%，照片為主、文字為輔

星巴克粉絲各自組成粉絲社群，成為星巴克粉絲的交誼廳。

2. 顧客接觸中心（customer contact centes）占20%

透過文字、語音等「網路客服」；以推特來說，包括文字對談。

三、AIDAR之三「慾求」，促銷五之三「銷售促進」

1. 由業務部負責。
2. 推出「令人心動以致購買」的促銷活動。
3. 媒體主要是公司在網路商場上的網頁。

四、AIDAR之四「購買」，促銷五之四「接單、出貨與顧客抱怨處理」

媒體主要是文字，方便互動。

五、AIDAR之五「續（購）（推）薦」，促銷五之五「顧客關係管理」

1. 功能：顧客續購、對其他人「推薦」

有關促進顧客續購較常見的方式是「顧客關係管理」中的顧客忠誠計畫，常見方式是「集點送」。

2. 媒體：文字為主

以「集點送」來說，主要是公司對「顧客服務App」菜單中的「集點送」頁面。

		表　文影二種自媒體名稱	
媒體／人		短	長
一、文 　（一）媒體 　（二）人		微網誌（microblog，或miniblog） 例如推特140個字 部落客（blogger）	網路日誌、部落格（blog） ・b：web ・log：日誌記錄
二、影 　（一）媒體 　（二）人		短影片，中稱短視頻（short vedio） 片長15秒鐘 美國：IG 中國大陸：抖音 短影片直播主（short vedio live broadcastes）	影片（vedio）blog或vedio 片長比電影（film）（1小時18分鐘）短一些 影片博客（vlogger），把blogger的b換成vedio

	表　傳統與數位媒體發展沿革	
媒介	傳統媒體	數位媒體
一、文 二、音 ・廣播 三、影 ・電影 ・電視	（一）平面媒體 　　15世紀 （二）類比媒體 　　1910年 　　1900年 　　1950年	1. 電腦1975年起 　　1975年電子郵件 　　1990年有網路 2. 2G手機，1994年起 3. 3G手機，2001年10月起 　　2005年YouTube

表　行銷組合第3P促銷與AIDAR五階段之適配媒體型態

行銷組合第3P促銷 媒體型態		AIDAR	注意	興趣		欲求	購買	續薦
大分類	中分類	溝通 美、中情況	廣告	產品說明	人員銷售	銷售促進	人員銷售·接單·客訴處理	顧客關係管理
一、文 (text)	(一) 新聞類 社群新聞	Reddit						
	(二) 文學類							
	(三) 知識	Quora、維基						
	(四) 網誌	LINE						
	1. 網誌	x.com (推特)						
	2. 微網誌 (miniblog)	微信		✓	網路客服	✓	✓	✓
二、音 (audio)	(一) 串流音樂 播客 (podcast)	網路廣播 喜馬拉雅	✓	✓				
	(二) 播客 (podcast)	喜馬拉雅						
	(三) 其他							
三、影 (video)	(一) 照片 (photo)	Pinterest		登陸頁 (landing pages)				
	1. 照片集	Meta (前臉書)	購物網站 亞馬遜					
	2. 照片							
	(二) 影片							
	1. 長影片	IG、YouTube						
	2. 短影片	抖音	合歌					
	(三) 其他							

Date _____/_____/_____

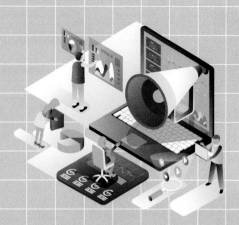

Chapter 7

數位促銷策略之公司聲譽、品牌管理：星巴克個案分析

7-1 先知道什麼是聲譽：品牌與聲譽管理大同小異

7-2 公司聲譽管理快易通

7-3 特寫：聲譽管理相關主題的學門

7-4 公司聲譽管理：AIDAR架構、心理學「認知行為」理論

7-5 公司聲譽範圍與五層級

7-6 公司聲譽管理：星巴克組織設計

7-7 公司聲譽管理：副總裁至處長、經理負責範圍

7-8 公司聲譽管理：董事長或總裁負責範圍

7-9 特寫：公司聲譽管理之危機管理

7-10 公司聲譽控制：績效（聲譽）衡量方式

7-11 公司聲譽控制：績效衡量之三級單位公司聲譽部層級

品牌與聲譽是大同小異的觀念，本單元從三個角度說明，舉三以便反一。

一、就近取譬

品牌與商譽都是抽象名詞，用具體的人事物來形容觀念比較易懂。

1. 品牌可說是商標

嚴格來說，沒有「品牌」（brand）這東西，具體來說是指公司的「商標」（trade mark），最廣為人知的就是球鞋中的耐吉等。

各國有商標法，公司須向智慧財產權局申請註冊，9個月內核准後，才是商標。對公司來說，商標是無形資產，不列在公司資產負債表上。

2. 聲譽可說是商譽

「聲譽」更抽象，以公司來說，勉強可用「商譽」（goodwill），不過，站在會計的角度，其適用情況很特定，即A公司收購B公司的價格（例如100億元）超過公司重估淨值與無形資產（例如版權、專利權）等（例如90億元）之餘（例如10億元）部分。

二、圖解

圖示最容易「一目了然」。

1. X軸：公司範圍

‧公司聲譽：處理的是公司品牌以外的事，以「公司」為主體，透過公共事務、公共關係以達目的。

‧品牌：只涉及「產品／服務」，主要是行銷組合第1P產品。

2. Y軸：聲譽對準的對象較廣

‧聲譽管理目標對象是「利害關係人」（stakeholders）。

套用擴增版一般均衡理論三階段：⑴生產因素市場中的勞工、資金提供者；⑵轉換階段的政府；⑶商品市場中的媒體、社會、消費者。

‧品牌的目標對象是針對消費者，盼能刺激消費者購買，提高公司營收。

三、近景：公司品牌與信譽的學術發展沿革

行銷在大學裡發展，大約是1940年起，詳見後頁上表。

1. 20世紀代，美國廣告公司發展品牌管理

在美國，20世紀起，廣告公司在廣播中替公司打廣告，品牌管理大流行。1940年代，大學開設了系統研究品牌管理課程。

2. 1980年代開始，主要是福布倫（Charles J. Fombrun, 1952）

他有二大貢獻，一是公司聲譽商數，詳見後頁下表，另一是在一本書中的第五章，跟另一作者寫了「The building blocks of corporate reputation: definitions, antecedents, consequences」。

圖　品牌與聲譽管理差別

表　公司聲譽、品牌管理的業務範圍與美國蘋果公司

業務	公司層級	部門設計	美國蘋果公司*		
			部	副總裁	人
公司聲譽 管理 同上	董事會 總裁	1. 政府事務部 2. 公共事務部 3. 社會衝擊部 4. 公共關係部	2. 政策 社會計畫 環境 4. 溝通	直屬總裁 兼執行長 同上	**Lisa Jackson
品牌管理 1. 產品 2. 服務	行銷長旗下	品牌管理部	1. 行銷溝通 包括：廣告、 網路呈現等	同上	
					**Tor Myhren **Kristin H. Quayle

資料來源：2022年12月整理自Apple leadership。
註：**副總裁。

表　企管、大眾傳播學類對品牌、聲譽管理沿革

時	1940年代起	2012年4月
物	主要是針對公司的「產品／服務」	主要是針對公司
・時 ・地 ・人	2004年 法國巴黎市 凱費洛（Jean-Noel Kapferer）	2012年 美國麻州波士頓市 Charles J. Fombrun （1952~）， 1999年成立RepTrak公司
・定義	a fulfillment in customer expectation and consistent customer satisfactions	a collective judgement about a company based on assessments of its financial, social and environmental impacts over time.

7-2　公司聲譽管理快易通

在「行銷」組合中的第3P促銷五項之一是「溝通」，分成三項，廣告、品牌管理、聲譽管理（reputation management）。本章說明公司聲譽管理，聚焦在美國星巴克。

一、實務4,000年，聲譽的重要性

1. 4,000年歷史，有人類經濟以來，聲譽就一直很重要

各種法人、自然人都需要聲譽（reputation），皇帝（國王、女王）、總裁或總理有人望，施政就容易；個人有人氣，人生大夢中的學業、家庭（配偶）、事業都「有人助」。

2.「社會」觀感角度

有高人氣（high popularity），在人氣可用情況下；就如同擁有「千軍萬馬」，便可順水分舟。由表可見，「人氣」是指社會印象、觀感；「有人氣」就擁有「社會資產」（social capital，不宜直譯社會資本），即可動用此以達成目標。反之，則是社會觀感不佳，諸事不宜。

二、誰需要聲譽管理

如同第六章說明法人與自然人皆有「行銷」的需求，例如許多自然人在社群媒體（臉書、IG、抖音）上貼文、放照片和影片，目的大都是在塑造個人形象（personal image shaping）。

三、科技／環境對聲望重要性的影響

隨著科技的進步，聲譽變成越來越重要，以電視、網路等科技為例。

1. 1950年代，電視時代

1960年代開始，隨著電視等的普及，許多人與事情攤在「陽光」（或鎂光燈）下，電視新聞可以迅速捧紅或毀掉一個人。所以聲譽管理變得越來越重要。

2. 1990年起，網路時代

尤其2004年2月起，「元」平台（Meta Platform，前名稱臉書）上線，人人皆是記者，隨手拍他人照片，上傳，一下子便有百萬人瀏覽，每個人都活在鎂

光燈下，社群媒體如同水，可載舟，也可覆舟。地球81億人，約有30億人經營「元」（Meta）、「IG」等個人社群媒體。

四、聲譽管理中的「規劃」階段

1. 聲譽策略

許多公眾人物（政治人物、藝人）都有經過人物形象設計（character design，簡稱人設），一旦人設崩壞（ruin one's public person），那就「回不去了」！

2. 形象塑造工具

聲譽管理的「溝通工具」（communication channel），其中數位聲譽（digital、online或internet）是本書重點。

表　以公眾人物（政治人物、藝人）聲譽管理來說		
投入：規劃	轉換：執行	控制：產出
人物（或角色）設定（character design） ・性格（personality） ・參考（referral）	經營 ・維持 ・塑造	1. 好結果 暖男（或女）形象 2. 壞結果 人物設定崩壞（character ruined）

表　以AIDAR架構說明聲譽管理的目的		
階段	注意、興趣、欲求	行動、續（購）（推）薦
影響	個人認知	公司資產負債表（表外）
正負方向 ・有利（favorable） ・好（good） ・正面（position）	三個相似用詞依英文順序 ・形象（image） ・印象（impression） ・認知（perception）	社會資產（social capital） 但俗譯社會資「本」，有二種 1. 政府社會資產 2. 民間社會資產
・壞（bad） ・負面（negative） ・不利的（unfavorable）	俗稱社會觀感「不佳」	
	錯誤印象 ・false ・wrong	社會負債（social liability）

7-3　特寫：聲譽管理相關主題的學門

大學的院所系沒有直接以「聲譽」命名的，但是有幾個系卻跟聲譽直接相關，例如公共關係系、公共事務系等。本單元以聯合國教育科學文化組織定義大學中十一個領域；聲譽管理橫跨中二個領域，比行銷管理還寬廣。

一、國際教育標準分類

我們常說複雜的社會需要「跨領域」（interdisciplinary）人才，從聯合國教科文組織的國際教育標準分類，各國教育部都遵循此以進行國際接軌，詳見後頁小檔案。

二、從主動方（公司）角度切入

1. 03社會科學、新聞學及圖書資訊領域

以AIDAR的「注意階段」來說，03領域的032新聞學門對聲譽管理中的公司傳播（corporate communications）。例如2017年4月21日，瑞士蘇黎世市聯邦理工學院（ETH）管理、科技與經濟系David Garcia等四位教授，在*Policy &Internet* 期刊上論文「Understanding Popularity, Reputation, and Social Influence in the Twitter Society」（pp.1~25）論文引用次數58次。

2. 04商業、管理及法律領域

公共關係系：全球少數國家的大學有設立此系，屬於04142公共關係系學類，典型例子是臺灣臺北市世新大學的公共關係暨廣告系。

三、從利害關係人角度切入

由後頁表第二列可見，從聲譽管理「接收方」（recipient）角度來研究，這主要涉及十一個領域中「03社會科學等」的第三層的二個學類。

1. 0313心理學類：理學院、教育學院下的心理學系

心理學者，尤其是社會心理學者有興趣了解利害關係人如何「注意」（心理學稱為認知）主動方傳播的「聲譽」或行為（大至董事長，小至員工）。

2. 0314社會學類：社會學院中的社會學系

社會學者關心利害關係人對主動方的「社會認可」（social approval）等。

國際教育標準分類

時：1976年起
地：法國巴黎市
人：聯合國教育科學文化組織（UNESCO）
事：公布「國際教育標準分類」（International Standard Classification of Education, ISCED），把大學系所分成四級：11領域（大分類，大學）、27學門（中分類，學院）、93學類（系所）及174細學類（學程），共五次修正，最近一次分類在2011年11月

表　公司聲譽管理：AIDAR架構

階段	注意	興趣	慾求	購買、續薦
領域 學門 學類 細類	03社會科學等 031社會科學 0313心理學 03134例如社會心理學	―	―	同左 同左 0314社會學 03141社會學
一、外界角度：利害關係人	1. 公司識別（company identity） 2. 公司可視性（company visibility）或突出（prominence）比較像品牌知覺	1. 公司知名度（company celebrity或popularity，popularity俗譯人氣） 2. 公司形象（corporate image）	1. 公司聲譽真誠（reputation authenticity） 2. 公司聲譽可信度（reputation credibility）	1. 公司聲譽信任（reputation trust） 1.1 企業社會認可（social approval或acceptance）
領域 學門 學類 細類	03社會科學等 032新聞 0321新聞學及傳播相關 03211同上	04商業、管理及法律 041商業、管理 0414國際貿易、市場（或行銷）及廣告 04142公共關係	 04143行銷及廣告	
二、本公司角度	0. 聲譽管理策略 （一）公司「言」 1. 新聞網 2. 公司網站，關鍵內容，這指公司可視性計畫	註：因版面小，下方承左欄內容 （二）公司「行」 1. 高階管理者、員工行為，公益活動 2. 公司狀態（corporate state）		1. 社會性力量（social power） 2. 社會性影響（social influence） 註：跟心理學中的「社會影響」定義不同

品牌管理最多有80個、聲譽管理有20個概念，以行銷管理學中伍忠賢（2021）AIDAR架構分析，再加上（社會）心理學的「認知行為理論」對映，殊途同歸。

一、投入：公司端

・目標：例如公司在全球（國）聲譽排名。

・聲譽管理策略（reputation management strategy）：例如公司每年12月，總裁核可公司聲譽部或公共關係處的「可視性路徑圖」（visibility roadmap）。

二、轉換：對利害關係人

由單元7-3表第二列可見，這是AIDAR架構，套用1920年代起的認知行為理論中的態度（attitude）四階段——對映。

1. 注意階段：這屬於「態度」中的「認知」（cognitive）階段

這階段的用詞，跟品牌管理「注意」階段很像，公司可視性中的可視性（visibility）是指電視、網路上到處可見。

2. 興趣階段：這屬於「態度」中的「情感」（affective）階段

這階段，公司「知名度」（celebrity或popularity）高，俗稱「人氣」，如同知名人士（名人）、網路紅人（internet celebrity）。

3. 慾求階段：這屬於「態度」中的「意向」（intentions）階段

利害關係人覺得公司「聲譽可信度（高）」（reputation credibility），即公司聲譽真誠（reputation authenticity）。

4. 購買、續購與推薦階段：這屬於「態度」中的行為（behaviour）階段

利害關係人對企業「社會認可」（social approved），即對（公司）聲譽信任（reputation trust）。

三、產出：公司方面

公司砸錢進行聲譽管理，想獲取下列資源（核心能力），以建構競爭優勢：美國《財星》雜誌每年2月公布全球500大最受尊敬的公司。

1. 公司資源中的能力之一：社會性力量

最直白的說，公司聲譽好，就有社會「性」力量（social power，註：這字有許多涵意），以權力五個來源：行政（合法）、獎罰（強制、獎賞）、精神、參考權（referent power）、專家權，這裡主要指參考權，主動方被利害關係人接受（acceptence），心甘情願地順從，即主動方有社會「性」影響力（social influence）。

2. 公司資源中的資產，社會資產

social equity 或 brand equity 中的equity實際是指資產。

表　公司聲譽調查美國二個機構	
時	1983年	2000年
地	美國紐約州紐約市	美國麻州波士頓市
人	《財星》雜誌 跟美國加州洛杉磯市光輝國際（Korn Ferry）公司於1997年開始合作	RepTrack （前身Reputation Institute）跟伊利諾州芝加哥市的哈里斯互動（Harris Interactive）進行合作
事	進行「全球最受敬佩公司調查」（World's most admired company survey）	網路調查，進行公司聲譽商數（Corporate Reputation Quotient, CRQ）測評，結果發表在《華爾街》日報，被評為美國最佳聲譽公司

三級部	四級（處長）	五級「組」（team）、 六級課（group）
一、公司聲譽	—	—
二、品牌管理	（一）行銷通路策略與管理（marketing channel strategy & management） Natalie Romig（任期2020年3月~） （二）（溝通）管道發展與新興品牌 （channel development & emerging brand），Sanja Gould（女）（任期2013年1月~） （三）媒體與（溝通績效）衡量 （media & measurement） Anne Enright（任期2017年2月~2018年2月）	願景、企業文化、公司形象、危機管理 1. 品牌與市場地位 2. 整合行銷 1. 消費者公共管理 另包括事件行銷 2. 星巴克零售，商店販售包裝產品、新興品牌（主要指收購來的公司旗下品牌） ・進入市場策略（go-to-market plan）

表　星巴克三級部公司聲譽與品牌管理處級組織與主管

7-5 公司聲譽範圍與五層級

　　任何目標管理，目標都需要明確、可衡量，才可以管理，本單元以伍忠賢（2021）聲譽管理的定義、範圍（五層級），進而發展出公司聲譽量表，以此衡量星巴克與麥當勞聲譽，詳見單元7-10。

一、文獻回顧

　　學者對聲譽的定義很抽象，市場調查機構在評分、排名時，需要有操作定義（operational definition），才可以衡量，公司聲譽至少有四種衡量方式，單元7-10舉普遍程度較高的二種，尤其是美國財星媒體集團控股公司發行的《財星》雜誌。

二、伍忠賢（2021）聲譽範圍與五層級

1. 表第一欄，本書一以貫之，產品／服務五層級之運用

　　這個源頭是1943年馬斯洛需求層級，為了節省篇幅起見，本表不列。

2. 表第二欄，《財星》雜誌10項指標

　　《財星》雜誌的公司聲譽指標漏了衡量「公司治理」，其中「情感吸引力」（emotional appeal）與領先（leadership，主要指產品、技術等創新名列前茅）二項沒處可對映，尚在法令遵循階段。2021年只剩九項指標，詳見單元7-10文章。

3. 表第三欄，重點在於政府立法，成立主管機構

　　後頁表第一欄英文維基百科皆有頁數說明，在篇幅有限情況下，我們以全球第一大經濟國美國國會立法、成立主管機關起算，這之前20年左右社會風潮就已風起雲湧。

表　公司聲譽管理：AIDAR架構

公司聲譽五層級	《財星》雜誌衡量	時	人	事
五、企業公民責任（ESG） 10. 環保（E）	ethical	1970年 12月2日	美國政府	成立國家環境保護署，以作為環境政策主管機關
9.2 社會責任（S）	social responsibility	1960年代	美國掀起民權運動	公司倫理守則（business ethics）
9.1 公司治理（G）	—	2002年7月30日	美國國會、總統	薩班斯－奧克斯利法案，簡稱沙賓法案，防止財報詐欺
四、策略階段：增加營收 8. 公益行銷	customer focus	1981年	美國運通銀行	1983年捐170萬美元修復自由女神像
7. 經營（目標）績效	financial performane	1960年代	—	
三、管理階段：降低成本 6. 危機管理	management	1980年代	美國許多大公司遭受工業、環境災難	員工倫理守則對workplace ethics 職業道德（professional ethics）
5. 對員工平等	employees/workplace	1963年6月	美國國會	通過員工平等薪資法（Equal pay act of 1963）主要針對較低薪的女性員工
二、社會觀感階段 4. 品牌信任	social approval			成立聯邦貿易委員會，促進消費者保護
3. 產品品質	reliability / quality	1914年		設立國家標準暨技術中心（NIST）
一、法令遵循階段 2. 不收回扣	*emotional appeal	1901年 2005年 12月14日	美國政府 商務部旗下聯合國	反貪腐公約（United Nations Convention）
1. 不賄賂	*leadership			Against Corruption

®伍忠賢，2021年11月25日。

註：*不包括。

- ·行銷長下轄四部之第三部聲譽與品牌部
- ·公共事務與社會衝擊執行副總裁

　　想了解動物的器官，藍鯨長約33公尺，重量約181噸，每個器官都超大，非常容易目視了解。在全球公司中，星巴克員工人數約40萬人，公司中資深副總裁以上主管約50人，有二個執行副總裁各下轄一位資深副總裁負責公司聲譽、公共關係業務。

一、資料來源

　　1. 二級部：谷歌下打Starbucks structure chart The Org.com。

　　2. 三級部、四級處長資料來自領英。

　　若知道資深副總裁名字，在領英中可找到相關人士，尤其是其下屬。

二、行銷長下轄公司聲譽與品牌管理部

　　這資深副總裁下轄二位副總裁，各領導一個三級部。

1. 三級部：公司聲譽管理部

　　由單元7-4右上表可見，星巴克公司聲譽部的資料極少。

2. 三級部：品牌管理部

　　星巴克品牌管理部至少下轄三個處，第三欄是其主管業務。

三、公共事務與社會衝擊執行副總裁負責「公共事務與公共關係」

1. 主管：吉娜・伍茲（Gina Woods）

　　她在2005年加入星巴克，在行銷長下轄四部中晉升，最高到公司聲譽與品牌管理部資深副總裁。2020年9月，公共事務與社會衝擊執行副總裁John Kelly離職，由她升任。

2. 下轄二位資深副總裁

　　由右表可見，一般來說，此職位下轄三個二級部，但2021年10月大換血，只剩二位資深副總裁且皆為非裔男性，其中A.J. Jones II兼管「二個二級部」（或

另一種說法，二個二級部合併），其中「第二部」全球傳播與公共事務便是一般的公共關係。

表　星巴克吉娜・伍茲下轄二個二級部：兼論公共關係範圍

二級部	三級部	四級處、五級組	連絡方式
一、對外 （一）政府事務，公共政策與社區衝擊 Ted Adams （非裔） （2021年4月起） （二）全球傳播與公共事務 A.J. Jones II （非裔） （2021年10月起）	1. 政府事務 2. 公共政策 3. 社區衝擊 　（或social impacts） 1. 全球傳播（global communication） Jaime Riley（女） （2018年4月起） 2. 公共事務 由A.J. Jones II兼管	public affairs 常見的是遊說 （lobbing） community relations ⑴madia relations 發言人 （spokesperson） ・Starbucks Stories & News ・marketing & entertainment ⑵公司傳播 ・financial communication ・brand reputation management ・corporate & social responsibility ・crisis management	更多資訊 Email：info@ starbucks.com 媒體連絡 全球電話：2063187100 網頁：press. starbucks.com 投資人關係 網頁：investor @starbuck.com 顧客服務 網頁：customer service.starbucks. com
二、對內 （一）內部 （二）員工	internal and executive communication 1. 員工傳播與認同部 　（PC & E） 2. Amy Acala 　（2010年~2017年1月）		

資料來源：整理自Starbucks Stories & News, Contact us。

165

電視新聞很喜歡報導公司（尤其是餐廳、商店）跟網友間，針對網友的負面評論和五星評等給一星，記者訪問雙方的主張，再加上詢問律師、公關公司的意見。本單元畢其功於一役的把律師、公關公司的看法說明，以便公司聲譽部等主管部門「及時」、適當回應。

一、全球：網路評論的重要性

1. 德國Statista 公司的調查結果

在消費前，46.1%的人會上網看「網路評論」（online reviews）。另外2020年3月20日，Furia Rubel Communications公司，二位員工Sarah Larson和Gina Rubel 在JD Supra網站上的文章「Evaluate your online reputation and reviews while physically distancing」，說得很清楚。

2. 網路負面評論（negative reviews）的冰山效果1比26

針對網路負評數目可視為冰山露出海面部分，即海面上若有1人寫負評，則表示海面下有26人不滿，這方面資料來自下列二家公司。

  · 尼德蘭納爾德市的Worldstream公司。

  · 美國南卡羅納州格林伍德市管理顧問公司Lee Resources國際公司。

（資料來源：整理自Sameer Somal，「How to improve or restore your online reputation」，Social Media Examiner，2018年8月16日。）

二、問題偵測

針對網友的網路評論，公司外面至少有二道機制過濾、偵測。

1. 第一道過濾

許多網路商場、搜尋引擎公司都有防止網友二種行為的演算機制：包括：誤用（misuse）、消費者亂評和惡意（malicious）、節點（node）的濫用（abuse）。

2. 第二道通知

由右表第一欄可見、有一些網路負面評論偵測（censoring negative complaints）。

三、解決之道

1. 法律解決占案件數5%

　　由下表可見，只有二種情況下公司控告網友毀謗可能勝訴：沒消費但卻給一星；或有消費，給一星加口出穢言。這二種情況都很少見。

2. 商業解決95%，分二種中類

　　⑴ 當公司有錯，下表中第三欄依序採取二種補救：道歉且採取銷售補救措施（包括回收產品、退換貨等）。

　　⑵ 當公司、網友誰對誰錯不確定時，強勢公司會採取二種措施。

　　‧「刪」負評（mugshot removal site）。

　　‧壓負評方式：搜索引擎優化，降低負面文章在關鍵字搜尋的順序。

表　對網路負面評論的處理之道

問題診斷（diagnose）	解決之道（resolve）	中分類
一、如何了解網路評價（How），有許多（一）付費的例如：Rankur一個月費約24美元（二）免費谷歌警告（Google Alerts），谷歌會把你搜尋結果用電子郵件通知你	一、商業解決占95%（一）當公司「行得正」，坐得穩	1. 利用該平台（例如谷歌）的不實評論檢舉功能四步驟便可撤除該文（或一星評分）2. 針對網友誤會。情緒評論、公司須能站在同理（empathize）提出事實，例如：監視錄影帶3. 什麼途徑回覆（where）‧本公司網站公開、透明‧針對隱私部分例如：臉書上Messenger推特上@reply IG上@username
二、解決問題的構想（Who）（一）主管部門1. 公共關係部2. 公司聲譽管理部（二）解決方案1. 聆聽（heard）了解事實	（二）當公司「心虛」	1. 致歉（apologies）當本公司產品不佳，而社會觀感不佳，採取銷售之補救措施2. 刪或壓負面評論這是當黑白不清時
2. 徵詢公關公司、律師意見	二、法律解決占5%	只限對方毀謗情況時提出法律救濟尤其當網路負評來向同業「惡意中傷」

®伍忠賢，2021年11月21日。

可參考伍忠賢（2021）「公司公關危機嚴重程度與公司因應層級」、伍忠賢（2016）「公司公共關係危機處理能力量表」。

公司危機依對外曝光程度可分為「家醜不可外揚的」「家醜」（family shames），以及「丟臉丟到外面去了」的公共關係危機。本書是針對「數位行銷」、本章是說明「公司聲譽管理」，只討論公關危機（public relations crisis）管理，這屬於危機管理中公共關係（crisis public relations）。

一、伍忠賢（2021）「公關危機衡量與公司因應組織層級」

1. 公共關係嚴重程度的衡量

如同醫療院所分四級一樣，依病人症狀的嚴重程度分級處理，依下列二種型態型態的媒體舉例說明。

・傳統（類比）媒體：以電視為例，表中主要是美國情況。

・數位媒體：以美國「推特」（主要是貼文）瀏覽人數為例。

2. 公司各組織層級處理各級公共關係層級

依公關危機的嚴重程度，全球（以星巴克為例）分二個地理層級：四洲總部、公司，各組織層級皆有處理的門檻值。

二、伍忠賢（2016）「公司公共關係危機處理能力量表」

1. 為用而發明

2016年10月，全華圖書公司出版伍忠賢著《服務業管理：個案分析》（第三版），其中第六章「復興航空危機管理──澎湖墜機案」，為了評估復興航空公司公共關係危機處理能力，發展出此「公司公共關係危機處理能力量表」（corporate PR crisis management ability scale）。

2. 量表第二次運用

在單元7-9中把2018、2020年美國星巴克二次公關危機處理予以評分，星巴克一流水準。

階段	得分	2018年4月12日（四）	得分	2020年5月25日
				表　星巴克二次公共關係危機管理評分

階段	得分	2018年4月12日（四）	得分	2020年5月25日
一、風險認知		美國賓州費城市 手機YouTube影片900萬人收看		美國明尼蘇達州明尼亞波利斯市非裔人士佛洛伊德（George Floyd）被警察長壓頭致死
1. 時效性	8	4月14日（六）公司先在「推特」上道歉	9	6月11日，民眾在社群媒體發起抵制星巴克運動
2. 人物層級	8	4月14日（六）下午社群媒體出現 #boycott Starbucks #enough	8	全球「包容與多元化」長，資深副總裁Nzinga Shaw（非裔女性）
二、風險處理				
3. 時效性	10	4月15日（日），這是相對於4月14日（六），發了一篇宣告	8	
4. 人物層級	10	總裁兼執行長凱文·約翰遜	8	
5. 認錯	10	對外透過ABC晨間新聞等專訪，發表影片（各約2分23秒）	10	6月12日，星巴克規定員工可以穿「黑人的命也是命」的相關服飾
6. 道歉誠意	10	4月16日（一）凱文·約翰遜到費城向二位非裔男性道歉（影片1分15秒）	10	6月13日，宣布將對美加25萬位員工發放「黑人的命也是命」的T恤
7. 賠償	6	涉事費城店店長被公司解雇	5	
8. 外界評分	10	A級，把公關危機化為全球性宣傳	8	
三、風險預防				
9. 亡羊補牢	10	4月17日宣布2018年5月29日全美8,000家直營店閉店半天，17.5萬位員工「種族偏見」訓練，損失營收1,670萬美元	8	2020年12月，原任「包容與多元化」長離職；2021年3月，由Dennis Brockman（非裔男性）擔任
10. 同一風險再發生	10		10	
小計	92		84	

®伍忠賢，2021年11月20日。

169

表　公司外部公關危機嚴重程度與星巴克因應層級

得分	嚴重程度衡量		星巴克組織層級（舉例）	
	電視	推特（萬人）	區域總部	公司層級
100	1. 全球多國報導：CNN、半島電視	1,000		總裁
80	2. 單一國	700	區域總部	執行副總裁
	·美國（ABC、CBS、NBC）			
	·中國大陸：中央電視			
	·二線電視（跨州、省）	500	國家公司總裁	資深副總裁
	·三線電視（單一州、省）	300	資深副總裁	副總裁
60	·四線電視（單一市）	100		
	·地區一線，報紙	80	地區副總裁	處長
	·地區二線，報紙	50		經理
40	·地區三線，報紙	30		組長
20	·地區（縣轄市）、鄉鎮	5~10	店長	

®伍忠賢，2021年11月30日。

表　公司公共關係危機處理能力量表

階段 ＼ 得分	1	2	3	4	5	6	7	8	9	10
一、風險認知										
1. 時效性	T	T-1	T-2	T-3	T-4	T-5	T-6	T-7	T-8	T-9
2. 人物層級	課長	科長	襄理	副理	經理	協理	副總	總經理	董事	董事長
二、風險處理										
1. 時效性	T+9	T+8	T+7	T+6	T+5	T+4	T+3	T+2	T+1	T
2. 人物層級	課長	科長	襄理	副理	經理	協理	副總	總經理	董事	董事長
3. 認錯	推給外界				推給下屬					一肩扛起
4. 道歉誠意	部分承認				切香腸法					全盤托出
5. 賠償					換貨		退貨			加碼
6. 外界評分	一片罵聲				毀譽參半					叫好
三、風險預防										
1. 亡羊補牢措施	未提出				應付了事					應付了事
2. 同一風險再發生	貳過且一樣嚴重									不貳過

®伍忠賢，2016年10月。

7-9　特寫：公司聲譽管理之危機管理

餐飲業出包上新聞機會很多，一個是來自顧客，尤其是顧客留一星、負評，甚至還有奧客詐騙店家。一個是來自公司面：小至產品不佳、店員服務態度差，大到引起顧客普遍食物中毒。本單元以2018、2020年星巴克二次危機管理為對象，運用量表予以評分。之所以選較近的二個危機，是為了「一葉落雨知秋」。

一、公司風險管理量表

2016年，伍忠賢在撰寫《服務業管理：個案分析》（第三版）第六章復興航空公司澎湖縣馬公市空難時，發展出伍忠賢（2016）「公司風險管理績效量表」（risk management performance scale）。

二、2018年4月，費城店二位非裔男性被警察上銬帶走

1. 事件大事紀

重大人與事，谷歌都有專頁處理，依時間「序」（time line）整理出大事紀，單元7-8的表中第一欄大抵是依時間軸三階段。

2. 伍忠賢公司風險管理量表評星巴克92分

92分是極高分，星巴克在第一階段「風險認知」，可能是公司聲譽管理部副總裁處理，只在推特上發了一個「不痛不癢」的短文，詳見本章末表分析；4月14日（週六）眾怒，4月15日（週日）星巴克總裁兼執行長凱文·約翰遜迅速誠意回應，平息眾怒。

三、2020年6月，「黑人的命也是命」的服飾規定

1. 事件大事紀

2020年5月25日，美國非裔男性佛洛伊德被白人警察壓頭致死。6月10日，星巴克禁止員工穿著「黑人的命也是命」（BLM）的相關服飾。6月11日，民眾在社群網站發起杯葛星巴克活動。6月12日，星巴克更改政策，稱將發放25萬BLM相關服飾給員工，支持「黑人的命也是命」。

2. 伍忠賢公司風險管理量表評星巴克84分

由單元7-8的表第五欄可見，這件事只有人資長下轄的「包容與多元化」長出

面，可能是高層對她的6月10日員工服飾規定引起爭議而感到不滿意。2020年12月，Nzinga Shaw離職。

時	地／人	事
表　衡量網路聲譽的文章		
2021年 11月11日	Migs Bassig	在Review Trackers上的文章「How to measure reputation and track reputation metrics」
2013年 公司成立	公司編輯	在Sigal Media公司的部落格「Signal AI」（公司在英國倫敦市），文章「Best practice for measuring brand reputation」

常見網路評論評比機構名錄

時：每年約8月
地：加拿大薩克其萬省薩斯卡通市（Saskatoon）
人：Vendasta公司員工Heidi Abramyk
事：公布「Top to review websites to get more customer reviews on...」

7-10 公司聲譽控制：績效（聲譽）衡量方式

可參考伍忠賢（2021）「公司聲譽量表」，星巴克77分pk麥當勞64分。

在衡量公司聲譽管理的績效時，外界評分機構，找了3,770位評審，公正客觀專業，然而其範圍僅止於列出全球前500大受敬佩公司（world's most admired company），全球餐飲業龍頭麥當勞上榜。為補救此漏洞，伍忠賢（2021）發展出「公司聲譽量表」（corporate reputation scale），得出星巴克77分、麥當勞64分。

一、全球最受敬佩公司的外界排名

以見報率來說，二家全球最受敬佩公司的調查機構如下。

1. 美國《財星》雜誌占99%

1983年，美國《財星》公司先從美國做起，後來擴大到全球。

2. 英國倫敦市未來品牌（Future Brand）公司

2020年9月7日，公布第一份報告，這公司的母公司是全球第五大廣告公司美國埃培智集團（Interpublic），跟普華永道（PwC）公司，以3,000位評審，18類題目，針對全球1,000大公司評分。評分結果前三名如下：尼德蘭艾司摩爾公司（ASML）、美國蘋果公司、南非科技投資公司（Prosus）。

二、伍忠賢（2021）公司聲譽量表

1. 五大類，10項

這主要是根據單元7-5伍忠賢（2021）公司聲譽範圍表而來。

2. 衡量方式

定義比較容易，但操作性定義則較不容易，須憑經驗才能找到，表中第五類企業公司責任，分成二小類。

- ・第9項：全球公司ESG評比。
- ・第10項：最值得投資的ESG股票，例如2021年11月的Investor's Business Daily。

三、星巴克比與麥當勞公司聲譽評分

1. 星巴克公司聲譽77分，接近A級

第9、10項，星巴克、麥當勞皆不在ESG榜單上，我們安全給分5分。

其他項目，星巴克至少都得8分，A級；第8項，《財星》雜誌評比127名，得8分。

2. 麥當勞公司聲譽64分，B級

第8題公司聲譽評比：《財星》500大中麥當勞157名，評分7分。

管理階段：第5、6項，麥當勞給員工薪資常被美國政府盯上，只能得5分。

表　公司聲譽衡量量表：星巴克與麥當勞比較

五大類、10項	1分	5分	10分	星巴克	麥當勞
五、企業公民責任					
10. 最值得投資的ESG股票				5	5
9. ESG評比				5	5
四、策略階段：增加營收					
8. 公司聲譽評比		201~	1~50名	8	7
7. 公司聲譽破壞、危機管理		252名		9	5
三、管理階段：成本降低					
6. 對員工包容、多元	公民抗議			9	5
5. 對員工平等	員工罷工	員工抗議	勞資和諧	9	5
二、社會觀感					
4. 品牌信任			品牌	8	8
3. 對消費者童叟無欺：品牌真誠				8	8
一、法令遵循					
2. 不收受回扣				8	8
1. 不賄賂（包含逃稅）				8	8
小計				77	64

®伍忠賢，2021年11月20日。

7-11 公司聲譽控制：績效衡量之三級單位公司聲譽部層級

公司聲譽績效的衡量至少可分為二層級。

· 董事長、總裁負責的是《財星》雜誌等上「最受敬佩公司」、「最受敬佩企業家」，那一年只有一次、全球只有0.0001%公司會上榜，詳見後頁上頁。

· 公司聲譽部等三級部副總裁及其主管負責的，本單元說明。

一、資料來源

有關公司數位聲譽的網路文章很多，大部分是資訊公司（賣軟體）、數位行銷顧問公司（賣服務）的員工寫的，詳見後頁表。

二、特寫：公司數位聲譽衡量方式

有關公司數位聲譽的衡量方式，本書一以貫之以AIDAR架構來分類。

1. 注意、興趣階段

· 接觸人數（reach 、coverage）：尤其指（美）推特、（中）微信一線媒體。

· 關鍵字趨勢：尤其是指對本公司。

2. 慾求、購買階段

· 數量：包括四種：瀏覽人數、按讚、轉貼、評論，每天都有數字。

· 品質：指排名，例如Google My Business 的排名。

· 公司評分（online reviews & rating）：須高於4分。

3. 續（購）（推）薦階段

這比較難，有些公司、學者研究衡量顧客「再購買」意願（repurchase intention），在2001年2月，美國《行銷研究》期刊上有篇論文，論文引用次數3,500次，但之後皆數十次。

表 公司數位聲譽衡量方式：AIDAR架構

注意、興趣	慾求、購買	續（購）（推）薦
一、接觸人數 （reach、coverage） 一線媒體滲透率 （tier 1 media penetration） （一）新聞 ·正面新聞 ·負面新聞 二、關鍵字趨勢 （keyword trends）	一、數量 （一）相對：跟對手比 （share of voice, SOV） （二）絕對數量 1. 網友認同 ·推薦數 ·評論數 ·按讚數 2. 活躍粉絲數 ·每月 二、品質 針對公司推薦文等內容 有商業評論（網）頁 （business review sites） （一）網頁：相對排名 1. 谷歌My Business 2. 各國評比網站 （二）公司評分 （online reviews & rating） 須高於4分	五、＝三＋四 社會認同 四、推薦 三、續購 （一）訂閱某網頁 （subscription） （二）把網頁夾書籤 （bookmarks a website） 二、消費者滿意 一、社會觀感 （negative reputation） 1. 情感分析 （sentiment analysis） ·正面聲量 ·負面聲量 2. 輿論民情分析 （public affairs and broadcast monitoring）

表 2018年4月14日，星巴克推文與評論

時	2018年4月14日（六）	2018年4月16日（一）
地	華盛頓州西雅圖市	加州索薩利托市（Sausalito）
人	星巴克公司	Chris Matyszczyk
事	在推特上「道歉」文	Howard Raucous公司（2017年成立）總裁
1	We apologize to the two individuals and our customers and are disappointed this led to an arrest.	用「失望」（disappointed），令人有自我防衛的感覺
2	...when it comes to how we handle incidents in our stores.	事故（incidents），好像是一件普通事，而不是「錯誤」，費城店內顧客表示二位非裔男性只是借用廁所，六位警察逮捕他倆時，他倆也很冷靜
3	...try to ensure these types of situations never happen in any of our stores.	―

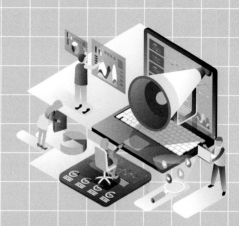

Chapter 8

公司數位廣告製作與購買，
兼論星巴克的數位廣告管理

8-1 全景：法人、自然人廣告與管理

8-2 全景：美中臺數位廣告金額、結構

8-3 公司廣告管理快易通

8-4 特寫：廣告管理的「規劃—執行—控制」

8-5 近景：公司廣告目標、廣告內容分類與媒體——星巴克
一級主管

8-6 特寫：數位廣告策略——星巴克二級主管（資深副總裁）

8-7 數位廣告製作與購買，以臉書廣告為例

附錄 公司對外溝通方式、促銷中的小項

8-1　全景：法人、自然人廣告與管理

　　我們治學的精神，中、英文說法如下。

　　《論語・里仁篇》孔子說「吾道一以貫之」；英文說back to basics，或return to basics。

　　第七章是全景，講溝通，本章則討論人對外溝通中的廣告，尤其聚焦在二種廣告媒體「傳統」、「數位」中的「數位廣告」。

一、廣告歷史

　　我們從英文維基百科advertising中可看到，幾乎有人類社會以來，就有廣告，這字源自拉丁文adverte，表示turn toward。

1. 依媒體科技發展

　　先有「口語廣告」（oral advertising），再有平面廣告。20世紀，出現廣播電台、電視廣告。1970年代起，電腦時代來臨，數位廣告蓬勃發展。

2. 現代廣告：1920年代，美國香菸廣告

　　大約1906年起，廣播興起。1920年代，香菸公司廣告是現代廣告源頭。

二、大學、學術上發展

1. 大學中的分工

　　美國大學中廣告學的課程大概有二階段分工，詳見右頁上表。

　　・1893年大眾傳播、新聞學的一個分支，本書認為這主要站在廣告公司、大眾媒體公司廣告部立場。

　　・1902年，商、管理學院中的企管系，甚至其分支之一行銷系，本書認為這課程目標是站在廣告主立場。

2. 1910年起，廣告學

　　廣告學（advertising或advertising science）是指大學中用科學方法研究公司、廣告公司的廣告，尤其是對消費者的影響過程、效果。

表　大學中廣告課程起源		
時	1893年	1902年
地	賓州大學華頓學院	密西根、加州、伊利諾大學
人	Joseph Johnson	
事	偏重傳播學院	偏重商、管理學院
系	廣告系	企管系中的廣告與數位行銷組
出路	廣告公司	廣告主

資料來源：部分整理自Edd Applegate，美國中田納西大學新聞學院，「The development of advertising and marketing education」，2008年9月。

表　溝通中廣告的四種分類方式				
占比重	廣告主	廣告觀眾（audiance）	地理範圍（geographic）	依媒體範圍（media）
95%	一、商業組織（社團法人之一），稱為商業廣告（commercial advertising） ・商業組織以公司為主 ・公司廣告依組織層級分二級 （一）公司聲譽部例如：公共關係廣告（public relations ads） （二）品牌管理部產品廣告（product ads）	（一）公司對消費者（B2C），占90% 1. 公司聲譽 2. 公司產品產品廣告（product advertising） （二）公司對公司（B2B），占5% 1. 依產業 1.1 農業廣告 1.2 工業廣告 1.3（服務業）中批發零售（trade advertising） 1.3.1專業服務業（professional advertising）	一、一國內 （一）全國（national） （二）地區（local） （三）省市 （四）店 ・店外（outdoor） ・店內（indoor） 二、二國以上 （一）全球 ・global ・international （二）區域（regional）	一、大眾媒體 （一）數位媒體稱為數位廣告（digital advertising） （二）傳統媒體稱為傳統廣告（traditional advertising） 二、小眾媒體依英文字母順序 （一）另類媒體（alternative media） （二）社區媒體（community media） （三）草根媒體（grassroots media）
5%	二、非商業組織，稱為非商業廣告（non-commercial advertising） （一）法人：政府 （二）財團、社團法人 三、個人廣告			

　　許多書的作者用邏輯推理，以廣告（尤其是數位廣告）來說，人（法人、自然人）有各種身分，依據義大利經濟學者（Vilfredo Pareto, 1848~1923）的「80：20原則」，甚至伍忠賢（2020）的「90：10原則」，大小相差很多。

一、全景：臺灣的網路廣告

　　依廣告主身分：公司比政府為95.4比4.6，詳見右上表；依行業：零售型網路商場占15.6%。

二、人：主體、廣告主

　　由大到小「行銷—溝通—廣告」的範圍，皆已拉全景「人分法人、自然人」，此處討論廣告時，只限於法人，其廣告稱為「機構廣告」（institutional ads，有時用organization），本章聚焦在法人中的「商業組織」。相關用詞如下。

1. 商業組織作的廣告稱為商業廣告

　　由商業組織作的廣告直接、間接目的都是為「營利」，所以稱為「商業廣告」（commercial ads）。

2. 商業廣告分二中類

　　・公司聲譽部主管公共關係廣告（Public relation ads）。

　　・公司品牌部主管產品廣告（Products ads）、服務廣告（service ads）。

三、依廣告「觀眾」身分

　　觀眾（audience）是慣用詞，本書不用「受眾」一詞，商業廣告依觀眾的身分分二種，套用電子商務中的B2C、B2B。

1. 公司對自然人廣告，占90%

　　公司對自然人（business to customer, B2C）。

2. 公司對公司廣告，占5%

　　公司對公司（business to business, B2B），由右下表第三欄可見，有二中類。

　　・產業：農、工、服務業，稱為產業廣告（industrial advertising）。

　　・以專業區分，稱為專業廣告（professional advertising）。

表　全球十大社群媒體與數位廣告

單位：億美元

排名	國	社群媒體	億人	2021年		2022年	
1	美	臉書	29.1	2	114.9	2	128.83
2	美	YouTube	25.62	7	13.19	7	15.69
3	美	WhatsApp	20	—	—	—	—
4	美	IG	14.78	3	43.95	3	58.72
5	中	微信	12.63	6	13.32	6	15.83
6	中	字節跳動	10				
7	中	臉書Messenger	9.88	—	—	—	—
8	中	抖音	6				
9	中	QQ	5.74				
10	中	新浪微博	5.47				
		合計			4,553		5,247

資料來源：Statista，2022年7月26日。

表　臺灣數位廣告廣告主身分與行業

單位：億元

人／行業	2019年	%	2020年	%
一、政府	24.21	5.28	22.18	4.6
二、公司	43.42	94.72	460.38	95.4
（一）食				
零售	23.58	5.14	24.86	5.15
（二）衣				
1. 零售型電商	63.59	13.87	75.21	15.59
2. 快速消費品	43.22	9.43	45.31	9.39
3. 美妝、美容	43.68	9.53	35.89	7.44
（三）住				
（四）行				
1. 汽車發展	24.1	5.26	25.84	5.35
2. 科技	17.48	3.81	20.46	4.24
（五）育				
醫療保健	—		16.73	3.47
（六）樂				
1. App、遊戲	59.27	12.97	74.31	5.4
2. 休閒娛樂	25.47	5.56	—	—
（七）財務金融	35.17	7.67	40.81	8.46
（八）其他	112.4	24.52	149.16	30.91

資料來源：美國紐約市eMarketer。

廣告學的歷史已有130年，許多觀念皆來自更基本知識，後起學門的學者、業者常常透過「換湯不換藥」的修辭，提出一堆模型、架構。追本溯源，才會發現「天下沒有那麼多學問」。

一、第一個表：全景，問題解決程序

從問題解決途徑角度來看，1994年廣告5M有二個源頭。

1. 1776年起，經濟學的五種生產因素

經濟學在生產因素市場的五因素，陸續發展，可歸屬於損益表上的「成本」、「費用」、「淨利」三個會計科目。

2. 1910年，日本豐田佐吉的5MIE

豐田佐吉的長子豐田喜一郎號稱1931年創辦豐田汽車公司，豐田佐吉有日本愛迪生美譽，主要發明自動紡織機，進而生產、銷售，所以他提出5MIE。

3. 1994年，廣告的5M

由右上表第四欄1994年，美國芝加哥市李奧貝納廣告（Leo Burnett）公司研究發展部John C. Maloney博士（1941~）把之前廣告管理的五要素，以修辭策略方式，各以M開頭表示，稱為廣告5M（5M's of advertising）。

二、第二個表：近景

1. 1900年，大分類，管理活動

管理活動「規劃─執行─控制」本質上是問題解決途徑之一。美國人習慣用1950年威廉・戴明（William E. Deming,1900~1993）的PDCA。

2. 1956年，中分類，行銷策略

站在公司角度，廣告是行銷策略中的一環，所以可以套用行銷策略來分析。

3. 1941年，小分類I，5W2H的運用

有一說，大約1941年，美國陸軍武器修理部運用「7何」（5W2H）於武器修繕。由右下表第三欄可見，5W2H很容易運用在廣告管理上。

4. 1994年，小分類II：第四欄，廣告5M

表　問題解決途徑：經濟學、企管（生產、行銷）

時	1776年起，經濟學	1910年左右	1994年
地	英國	日本愛知縣豐田市	美國
人	亞當・史密斯	Sakichi Toyoda（1867~1930）	John C. Maloney（1941~）
事	生產因素由2至5個演變	（root cause analysis, RCA）方法之一是5M1E	在*Attention, Attitude, and Affect in Response to Advertising*書中提出5M's of advertising
IE	1950年代環境經濟學	environment	mission
自然資源和原料	✓	material	message
勞工	✓	man	—
資本	✓	machine	money
技術	1950年代Robert Solow	method	media
企業家精神	1930年代J. B. Clark	measurement	measurement

表　溝通管理

全景	近景	特寫		
管理活動	行銷策略	行銷溝通		
一、規劃	（○）目標（一）市場區隔與定位 1.市場區隔 2.市場定位	5W2H ・決定目標（why） ・確認目標受眾（who）	5Ms 目標（mission） 又稱心占率	說明 1.溝通效果（communication effect） ・公司聲譽 ・產品／服務
二、執行	（二）行銷組合 1.產品 2.定價	設計訊息（what） 建立預算（how much）	訊息（message） 金錢（money）	2.營收效果（sale effect） 3.預算分配 ・目標化方法 ・營收百分比法
	3.促銷 4.實體配置	媒體選擇（which）決定媒體組合（how）	媒體（media）	4.媒體 ・大眾媒體 ・小眾媒體
三、控制	績效評估回饋修正		衡量（measurement）	

8-4 特寫：廣告管理的「規劃—執行—控制」

大型公司（例如星巴克）在廣告管理活動大都是照表操課，公司再大，大都還是需要外部廣告公司配合，並依全套（full-service）或部分服務（partical service）。本單元說明如下：

一、廣告主角度

廣告「規劃」、「執行」和「控制」。

二、廣告公司的組織設計

由右表第四欄可見，在公司廣告管理活動各階段，廣告公司至少有四個部門。

三、新產品開發專案的文件

詳見下表所示。

表 新產品開發專案的文件		
一、公司	**二、內容（content）**	
（一）摘要總結 · 標題（title） · 使命 （二）專案 · 「變革」（change）描述 · 計畫主持人（author） · 日期	（一）導論 1. 目的 2. 範圍 3. 背景 4. 參考 5. 假設與計畫 6. 文件回顧 （二）方法 （methodology）	（三）功能需求 1. 環境（context） 2. 使用者需求 3. 資料流程圖 4. 資料模型／目錄 （四）其他需求 1. 使用者介面 2. 資料轉移 3. 硬體／軟體 4. 運作

資料來源：整理自英文維基business requirements；夏松明，「BRD、MRD和PRD」，專案管理雜誌，2020年10月1日。

行銷管理活動	說明	說明	廣告公司
一、行銷規劃 （○）目標 （一）市場研究 1. 數據收集 2. 大數據分析 3. 預測行銷	社群媒體聆聽（social media listening）	消費者洞察（consumer insights）	一、廣告負責人帳戶管理員（account planning executive或account strategic planning）
（二）行銷策略一：市場區隔與定位 1. 市場區隔 2. 市場定位	觀眾分析（audience analysis）	人物誌地圖（persona mapping，persona：角色、人物誌）	
（三）行銷策略二：行銷組合（4Ps） 1. 產品策略 2. 定價策略 3. 促銷策略 ⑴廣告 ⑵人員銷售 ⑶促銷策略：顧客關係管理（CRM） 4. 實體配置策略	內容（人工）智慧（content intelligence） 網紅（influencer）社群管理（community management） （內容）出版與排程（publishing & scheduling）	網紅仲介 1. 精簡（streamline） 2. 關心流程以提高速度	二、創意（creative） 三、廣告媒體「組合」（或規劃）廣告作業（ad operations） 四、媒體購買 1. 多個媒體 2. 多個帳戶 3. 多個時間
二、行銷執行 （一）顧客服務中心（call center） （二）客訴處理 （三）售後服務 三、行銷控制 （一）行銷績效衡量 （二）回饋與修正	分析與標竿（analytics & benchmarks）	追蹤各媒體「付費」與「有機管理」	

表　行銷管理活動中的廣告管理

一、廣告目標

- 全景：公司目標。
- 近景：行銷目標、關鍵商業需求（key business requirement），其傳統商業需求文檔（business requirements document, BRD，或商業需求規劃書），詳見右表。
- 特寫：數位行銷目標，跟標竿公司比較。

二、廣告內容，依**AIDAR**架構區分

五種廣告是依伍忠賢（2021）AIDAR架構五個階段予以命名。

1. 注意階段，告知型廣告（informative advertising）

二個特例如下：特定族群選擇型廣告（selection advertising）、新產品廣告（pioneering advertising）。

2. 興趣階段，提醒型廣告（reminder advertising）

此種「提醒」比較像是提醒潛在顧客之前看的廣告。

3. 慾求階段，比較型廣告（comparative advertising）

又稱競爭性廣告（combative advertising、comparative comparison sheet 或checklist）。

4. 購買階段，說服型廣告（persuasive advertising）

公司打這個廣告，拉消費者「購買」，在網頁、App上都有「行動呼籲」（call to action）按鍵，就是要你「心動不如馬上行動」。

5. 續購與推薦階段，增強型廣告（reinforcement advertising）

這比較像2021~2022年新冠肺炎疫苗打第三、四、五劑，以增強人體免疫力。

三、廣告媒體

以媒體的功能來說，在AIDAR階段可以二分法：1. 注意、興趣階段，主要靠影像、聲音媒體；2. 慾求、購買、續購與推薦，主要靠文字媒體。

四、公司促銷的組織設計：星巴克例子

由下表可見，在AIDAR五階段，星巴克二位執行副總裁下轄二或三級部責任區。

表　星巴克公司溝通（含廣告）目標與關鍵績效指標

注意	興趣	慾求	購買	續（購）（推）薦
網友瀏覽（網路流量，number of internet viewers）即網路流量，在實體商店即「人潮」	網友認同 1. 評論 2. 轉傳 3. 按讚	1. 手機支付App下載人數 2. 會員人數（萬人）	1. 數位支付營收比重 2. 會員營收占營收比率	1.「新」（顧客）變「熟客」（regular customer） 2. 推薦
告知型廣告（informative advertising）	提醒型廣告（reminder advertising）	比較型廣告（comparative advertising）	說服型廣告（persuasive advertising）	增強型廣告（enhanced或reinforcement advertising）
・eGuide ・educational blog post	・hot-button topic ・white pages	・case study ・long-form content ・online self-assessment	・presentation ・demos ・interviews ・consultation	註：興趣階段的「網路研討會」webinar＝web＋seminar
一、關鍵字 二、影音	三、展示型 四、口碑／內容			

表　星巴克公司溝通（含廣告）的組織設計

注意 （interest）	興趣 （attention）	慾求 （desire）	購買 （action）	續（購）（推）薦 （repurchase）
行銷長 四部之三的 二個三級部 3.1 公司聲譽部 　　即機構廣告 3.2 公司品牌部 　　即產品廣告	Brady Brewer 四部之四 顧客關係管理部 五處之一 顧客接觸中心		顧客關係管理部	同左 顧客忠誠計畫處
公共事務與社會 二部之一的 1. 全球溝通 2. 公共關係 　　即公共服務 　　廣告	衝擊長Gina Woods			

公司花錢打廣告，才能讓消費者知道自己有哪些產品、服務，讓消費者「注意─興趣─慾求─購買─續薦」。

一、公司廣告策略

由右下表第一欄可見「策略」三大成分。

二、公司促銷的組織設計：星巴克例子

由右表可見，在AIDAR五階段，星巴克二位執行副總裁下轄二或三級部責任區。

三、美國大公司行銷預算的參考指標之一

一家公司的行銷預算該占營收（目標）的幾個百分點，以美國來說，十三個行業320家公司的平均值約11.75%（詳見單元6-2），這是美國常見的行業平均值指標。右圖是美國高德納諮詢公司（Gartner）對400家公司行銷長調查結果。

四、成本

1. 公司付費，占95%

・網路平台付費，占30%：以谷歌、LINE上面一堆公司廣告，平台公司等於免費提供一個小版面給廣告主刊「廣告標題」。

・廣告主付費，占65%：網友把展示型、影音廣告頁面點進去，刊登廣告的廣告主便須付費。

2. 顧客付費，占5%

純以廣告來說，要消費者付費看廣告，似乎有點令人難以置信，重點是這廣告有資訊價值，消費者可以直接獲益。

五、特寫：十中類項目中的行銷費用營收比率

1. 2020年2月8.6%。

2. 依行業細分。

3. 依傳統、數位行銷細分

由下表可見，針對數位行銷有二項：手機、社群行銷，說明占行銷預算比率、人員編制數目。

表　公司廣告策略：以美國星巴克為例

三大成分	占20%	占80%
一、成長方向 （一）目標（why） 1.1 重要訴求（what） （二）組織設計：星巴克（who）	聲譽管理 感性廣告 1. 行銷長下轄四之三 3.2 聲譽管理部 2. 公共事務與社會衝擊長 　 下轄三之二 　 公共事務與社會衝擊	品牌管理 理性廣告 1. 行銷長下轄四之三 3.1 品牌管理部
二、成長速度（how much） （一）跟營收成長率比 （二）占營收比率 三、成長方式 （一）跟外人合作（whom） （二）媒體型態（which） （三）廣告製作（how）	略低或略高 變動，例如占1~3% co-branding 傳統媒體 公司內品牌管理部 旗下廣告處	等值 固定，例如占1.5% 網路廣告 委由廣告或公關公司

圖　美國公司行銷費用占營收比率

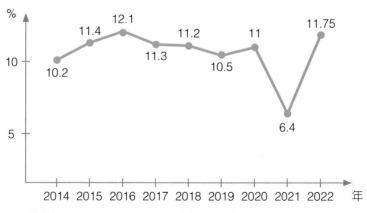

資料來源：CMO Servey，164頁。

8-7 數位廣告製作與購買，以臉書廣告為例

數位廣告製作可以寫好幾本書，光是廣告購買（purchasing advertising）也可寫一章，本處以全球社群媒體粉絲數最多的臉書（2023年約30億人）上的廣告刊登為例，網路上有許多文章一步一步地教你做，本單元更直白。

一、按「＋建立」，建立行銷活動（campaign）

1. 進入臉書廣告管理員（另一大類是「加強推廣」）

http://www.facebook.com/backmanager，廣告目標三大類十一項。

2. 按「＋建立」

在頁面左下方，有四種建立方式：複製、編輯、其他、規則。

二、按「行銷活動」

在頁面中有三項目標，有三欄。

1. 品牌認知：AIDAR之「A」（注意）

有二小項：品牌知名度、觸及人數。

2. 點擊考量：AIDAR之「I」（興趣）

有六小項：流量、互動、App、觀看影片、開發潛在顧客、發送訊息。

3. 轉換行動：AIDAR之「D」（慾求）、「A」（購買）

有三小項：轉換次數、目錄銷售、來店客流量。

三、按「行銷活動名稱」

至少有二個功能鍵。

1.「建立分組測試」

這在第八步驟說明。

2. 按「預算最佳化」

把廣告預算分配給各「廣告組合」。

四、按「篩選總覽」

1. 決定目標觀眾（原文稱受眾）

⑴ 建立新觀眾或「使用作者準備廣告觀眾」。

⑵ 觀察（人數）規模。

⑶ 觀察市場狀況，包括地理、人文（性別、年齡、語言）、心理（興趣）、
行為。

2. 每日成果估計值

・觸及人數。

・連結點擊次數。

五、按「預算」

出現的頁面有二小項。

1.「預算」

・在「單日預算」鍵右「框」，「單日預算」輸入金額數字。

・總結率。

2.「廣告排程」

開始：2023.9.1　00：00。

結束：2023.9.16　00：00。

3. 按「投遞狀態」

分二種：

・標準投遞：例如每天花100萬元投遞廣告。

・不規則投遞。

六、按「廣告」

1. 舊或新廣告。

2. 按「廣告模式」，有三種：文字、單一圖像與影片、精選集。

3. 按「廣告內容」，有二種：圖像、影片／輕影片。

有個「上傳圖像」鍵，有二種可選「瀏覽圖庫」、「免權利全圖像」。

4. 寫「標題、文案、行動呼籲」紐。

七、按「廣告組合」（ad set）

至少有四種：網站、App、臉書旗下Messenger、WhatsApp。

八、按「行銷活動名稱」

按「建立分組測試」，這包括幾項：廣告創意、數位、觀眾、投遞，是否處於最佳狀態，進行A／B測試。

九、控制I：廣告績效衡量

這個廣告上線24小時後的數字比較準。

十、控制II：回饋／條件：刪除效益不佳的廣告

十一、廣告管理員

1. 建立廣告、行銷目標
    - 品牌認知
    - 觸動考量
    - 轉換行動

2. 廣告組合

3. 廣告預算

4. 成效分析
    - 查看設定
    - 投遞狀態
    - 分析項目

附錄　公司對外溝通方式、促銷中的小項

表　溝通「過程」（或模式）		
受調查對象	調查單位	受調查對象
訊息傳達者	傳播媒介	訊息接受者（message recipient）
・訊息，中稱信息（message、information） ・傳送者（sender）	・傳播（dissemination） ・媒介（media、medium）	受眾（audience） ・讀者（reader） ・觀眾（viewer、spectator、video audience）
廣告主（advertiser、sponsor）	・報紙週刊 ・廣播電台 ・電視台 ・電視公司	NEWS 「Ad」
「Ad」	廣告公司（advertisement company、advertising agency）	觀眾（audience）

表　促銷中的小項			
行銷組合	中分項	對零售公司	對消費者
一、產品	（一）試用品 （二）產品		樣品試用 組合包、特別
二、定價	（一）事前 （二）事中	薦換新折讓 買十送一 批發數量折扣價×應收帳款延長期限	折價券（coupon） 特別價格
三、促銷	（一）溝通 （二）廣告 （三）贈品 （四）人員銷售 （五）顧客關係管理	 廣告津貼（pop等） 推廣津貼 銷售競賽 零售商聚會	 不含廣告 贈品 現場示範 集點送
四、實體配置	（一）貨架 （二）架位	貨架架位 陳列	商展，聯合推廣

Date _____/_____/_____

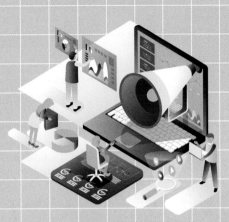

Chapter **9**

社群行銷：
星巴克二階段發展個案分析

9-1 全景：星巴克二階段行銷組合──1987~2007年傳統行銷，2008年起數位行銷

9-2 星巴克數位行銷策略

9-3 星巴克社群行銷組織設計、品牌與聲譽行銷部，兼論數位顧客體驗部組織發展

9-4 星巴克店內數位音樂體驗、視訊體驗

9-5 星巴克整合行銷溝通企劃案，兼論整合行銷溝通

9-6 星巴克社群行銷「內容與媒體」組合

9-7 星巴克社群行銷導論

9-8 星巴克社群行銷AIDAR階段

9-9 星巴克社群行銷指導方針：品牌與聲譽行銷部之第五處全球社群媒體處

9-9 星巴克對員工使用社群媒體指導方針：公共事務部下員工溝通及認同部的職責

一、溝通的對象，數位廣告的對象（whom）

溝通的對象用詞，依學門可分為二種。

1. 新聞學用詞「受眾」（audience）

生活中，讀報刊的稱為「讀者」，聽廣播的稱為「聽眾」，看電影電視的稱為「觀眾」，三種溝通媒體的訊息接受者的稱謂皆不同。於是新聞學者便使用「接受訊息的大眾」一詞，簡稱受眾。市場定位的市場區隔中的人稱為「目標受眾」（target audience）。

2. 有時候，從俗即可

我是個「必也正名乎」的人，少數情況，人必須從眾，以溝通的對象來說，本書仍用觀眾一詞。

二、星巴克的顧客

星巴克主要市場客群（25~40歲）、次要市場客群（18~24歲），由下表可見，1981年代以後出生的Y、Z世代，熟悉3C產品，都是數位原住民（digital natives），星巴克經營方式，在產品五層級中有三項，咖啡、店、店員服務。2008年多增加一項數位顧客體驗（digital customer experience），在行銷組合做法，詳見右表。

時	1965~1980年	1981~1996年	1997~2010年
一、世代：消費者	X世代 （generation X）	Y世代 （generation Y）	Z世代 （generation Z）
二、數位科技特性	數位移民 （digital immigrant）	數位原住民 （digital native）	同左
三、星巴克 經營方式，產品層級	2007年前		2008年起
5. 第五層：潛在	其他		
4. 第四層：擴增	第三個地方		有些顧客外帶
3. 第三層：期望	店員服務		數位顧客體驗
2. 第二層：基本	店（內）空間		（digital customer
1. 第一層：核心	咖啡與食物		experience）

行銷組合	2007年以前	2008年起
一、產品策略 （一）環境 （二）商品 （三）人員服務 （四）其他服務	店內第四台、wifi 飲品多樣化 賓至如歸 1. 2002年起店內wifi上網 2. 沙發椅較多	免費wifi 飲品健康化（少糖等）， 星巴克招牌（餐飲，My Starbucks Signature） 較少強調 木製桌椅較多
二、定價策略 （一）定價水準 （二）支付方式	─ 掃商品條碼付款	─ 2011年1月起，手機付款
三、促銷策略 （一）溝通 （二）網路服務 （三）人員銷售 （四）顧客關係管理	大眾行銷（mass marketing） 公司網頁，登陸頁稱為 Starbucks digital network ─ 2000年起實施顧客關係管理	透過數位行銷方式，小眾 行銷（niche marketing） 社群行銷 顧客上Yelp查商店評分 2015年起，顧客手機App
四、實體配置策略 （一）電子商務 （二）店內零售 1. 開店店址選擇 2. 店面積（不含店中店） 3. 得來速（drive-through） 4. 外帶（pick-up） 5. 宅配、外送	2009年3月成立「星巴克創業 事業群」（venture group）例 如2015年12月在中國大陸天貓 網開旗艦店 主要是由店面發展部的人「搜 尋書面」資料等 2,000平方英尺（或186坪）以 上 較少，1994年開出第一家店， 許多都是封閉型大樓（購物商 場）店 得來速加外帶，使得「星巴 克」人們第三個地方角色降低	2017年10月1日，星巴克 宣布停止網路銷售商品， 以促使顧客到店消費 2008年起，啓用美國加洲 Esri公司的地圖軟體Atlas 1,500~2,000平方英尺， 或139~186平方公尺 郊區店有許多得來速，尤 其是2020年2月起新冠肺 炎疫情時 2020年6月推出星巴克外 帶 2018年12月起，美國星巴 克推出宅配，由優步公司 Uber Eats承攬

星巴克在數位行銷的組織設計至少有四級中的三級：一級行銷長（執行副總裁）、三級品牌或聲譽管理部（副總裁）、四級數位行銷處（處長），本單元說明。

一、目標

1. 流程績效：以粉絲數來說

提高粉絲「認同」率（engagement ratio或rate），例如IG上貼文認同率提高20%。

2. 消費者滿意績效：以品牌來說

藉由臉書內容，提高品牌認知。

3. 財務績效，未對外宣布

二、基本資料來源

有關於公司數位行銷策略、星巴克數位行銷的論文：

1. 論文：右上表第一篇。
2. 文章：右上表第二篇。

三、以社群媒體優劣勢分析來說

1. 全景：社群媒體優劣勢式分析（詳見右頁表）
2. 特寫：以星巴克社群媒體稽核（social media audit）（詳見本單元的末表）

○○認同率（engagement ratio或rate）

上述「○○」可指網路紅人，公司認同率公式如下：

$$= \frac{\text{粉絲點「喜歡」、「分享」、「評論」}}{\text{粉絲瀏覽數}}$$

各社群媒體都有外掛的計算器（calculator）

表　星巴克社群行銷二篇重要論文與文章

時	地	人	事
2010年 12月	美國麻州 波士頓市	John M. Gallaugher與 Sam Ransbotham，二 位是波士頓學院教授	在*MIS Quarterly Executive*期刊上 「Social media and customer dialog management at Starbucks」，第 197~212頁，論文引用次數700次
2016年 9月22日	澳大利亞 雪梨市	Sydney Design公司	「Starbucks Social Media Strategy」

表　社群媒體優劣勢分析星巴克與對手

優劣勢分析	社群媒體稽核（social media audit）
一、對手分析 （一）麥當勞 （二）唐先生甜甜圈 二、本公司：星巴克	社群媒體評估 （social media assessment） 社會（或社群）媒體呈現 （social presence）

表　星巴克社群媒體稽核

社群媒體	網域（URL） （uniform resource locator）	粉絲數 （萬人） （2022年 6月）	平均每週 活動 （則）	平均認同率
一、文 推特			3	3,900人次喜歡
二、音 三、影 （一）照片	—	—	—	—
1. 照片	臉書	3,650	4	每次貼文有15萬次互動
2. 照片集	Pinterest	365		每次貼文有984則照片集（pins）
（二）影片	IG	1,700	8	每次貼文有516次互動

星巴克品牌與聲譽行銷部下轄五個處，其中二個處負責溝通：數位行銷處、社群媒體與創意處，後者是負責社群行銷的主要處級單位。本單元拉個全景，來看數位體驗部的組織發展沿革。本單元先說明數位長一職沿革。

一、第一階段：2009年4月~2012年3月18日

2009年起，星巴克的數位轉型計畫，便希望能跟外界公司合作，打造「星巴克數位生態系統」（詳見右頁上表），在組織設計的「數位長」一職，詳見下二段說明。

二、第二階段：2012年3月19日~2018年2月18日，數位長（chief digital officer）

1. 背景：數位產品，服務項目越來越多

星巴克已設有數位顧客體驗部、顧客關係管理部，二者業務內容相近。

2. 對策：2012年3月19日，設立數位長

第一位數位長由布洛曼（Adam Brotman, 1969~）調任，下轄二個三級部，向董事長霍華·舒茲報告。2014年2月3日起，布洛曼晉升執行副總裁。

三、第三階段，2018年2月19日，裁撤數位長職位

1. 背景

2017年10月星巴克電子商務停業，2018年3月布洛曼離職，到美國大紐約 J. Crew（服飾）公司擔任總裁、共同執行長兼顧客體驗長（chief experience officer），迄2019年4月。

2. 對策

取消數位長一職。

表	星巴克的數位生態系統（Starbucks digital ecosystem）

規劃	執行 I	執行 II
1. 目標 數位雄心 　（digital ambition） 2. 數位思考 　（digital thinking） 3. 數位倡議 　（digital initiatives） initiative：計畫、途徑	1. wifi上網 2013年9月起，跟Level 3公司合作 2. 數位音樂 2010年10月跟蘋果公司iTunes合作 2015年5月起，跟思播（Spotify）公司合作 3. 店內第四台 2010年10月起，跟美國雅虎合作，推出店內第四台，至少有三頻道： 　・體育 　・新聞：英國《經濟學人》 　・育樂：Marvel（漫威）	1. 顧客關係管理 從實體會員卡到手機會員App 2. 集點送 跟異業合作，例如：超市 3. 個人化行銷 2019年5月起，星巴克使用微軟公司的雲端系統（Azure，天藍色），例如人工智慧中的強化學習，從顧客交易等資料，透過手機，提供更能符合顧客需求的促銷、點餐建議

表	星巴克數位長三階段組織發展

時	2009.4~2012.3.8	2012.3.9~2018.2.18	2018年2月19日起
一、背景（問題）	打算進軍網路行銷	顧客越來越偏向使用3C產品	2018年2月18日，布洛曼離職，到J. Crew（服飾公司）擔任總裁兼顧客體驗長
二、組織層級	三級 「數位新創公司」（digital venture grown）兼星巴克全球數位公司總經理，主要工作：電子商務	二級 下轄110人，左述加上店內wifi號稱下轄二個部：數位顧客體驗部、顧客關係管理部	三級 數位顧客體驗部
三、用人	Adam Brotman	同左，擔任第一任「數位長」	裁撤數位長
四、上級主管	資訊長（星巴克稱為技術長）史蒂芬・吉勒特（Stephen Gillett）之任期2008年1月~2012年2月	董事長兼執行長霍華・舒茲	財務長Rachel Ruggeri

9-4 星巴克店內數位音樂體驗、視訊體驗

星巴克對顧客在店內的影音體驗，分成二階段發展。

一、店內音樂型態

1. 1987年迄2015年4月

2015年4月前以錄音帶、CD播放。1994年起店內開始賣CD，1999年星巴克收購位於加州舊金山市「聽音樂」（Hear Music）公司，想進軍唱片業，功敗垂成，但在各店逐漸採取數位音樂。

2. 2015年5月起，數位音樂

星巴克跟網路串流音樂公司思播（Spotify）合作，提供星巴克顧客更多的「數位音樂體驗」（digital music experience）。

資料來源：

· 人：星巴克。

· 事：Music Frequently Asked Question。

二、店內視訊

時：2010年10月19日。

地：美國星巴克自營店。

人：史蒂芬·吉勒特（Stephen Gillett, 1971~）擔任星巴克資訊長。

事：跟美國雅虎合作推出店內「星巴克數位網路」（Starbucks digital network, SDN）。

其中「我的社區」（My Neighborhood）是公共事務部三個二級部中「社會衝擊」部的主管業務，內容有三。

· 地方公司（Patch）的地方新聞，這是紐約市的網路公司。

· 資助選擇（Donors Choose.org）提供課程。

· 四方公司（Foursquare），這是一種商店定位服務社群媒體，提供商店打卡、評分等。

5W1H	說明
表　2015年5月起，星巴克店內數位音樂體驗	
一、人（who）	1. 星巴克會員 2. 思播公司會員（包括試聽）
二、地點（where）	1. 會員顧客平板電腦、手機下載星巴克App 2. 在店內，顧客平板電腦、手機啟動「定位」服務（location service）
三、歌曲（what）	1. 歌單：Now Playing 2. 歌曲：Music Playlist 歌曲名稱：橫幅（banner） 歌詞、歌手（icon）
四、歌曲種類 （which）	1. 一般日：早上古典、爵士，中午流行、另類鄉村（alt-country） 2. 節慶：季節主題歌曲（season-themed sounds）
五、分享（how）	1. 不能錄下再轉傳，但可貼文在「推特」、「臉書」、「IG」上 2. 美國、加拿大各店音樂由位於美國紐約市PlayNetwork公司的「居禮」（CURIO）系統傳送
六、顧客可以反映 意見（why）	星巴克店內音樂由星巴克唱片騎師（disc jockey, DJ）決定，顧客在店內聽串流音樂，可以按讚，星巴克會收集顧客意見，列入選歌範圍

生活項目	6個頻道
表　2010年10月起，星巴克店內視訊服務	
1. 食	Starbucks，主要是星巴克12個社群媒體之一
2. 衣	News，例如《經濟學人》周刊的網路新聞
3. 住	My Neighborhood
4. 行	Business & careers
5. 育	Wellness（健康）
6. 樂	Entertainment，例如蘋果公司iTunes中免費1首歌

資料來源：整理自星巴克公司網站Stories & News，2010年10月19日；Jennifer Van Grove, Mashable，2010年12月20日。

星巴克對外、對內（主要是員工）行銷溝通，至少由行銷管理三大部中的二大部行銷長、公共事務部執行副總裁在管理，為了「口徑一致」，因此需要跨一級部的二個部協調，這便是「整合行銷溝通管道」（integrated marketing communication channel）。

一、架構：整合行銷溝通

由後頁小檔案可見，美國廣告代理商協會針對「整合行銷溝通」有標準定義。

二、網路特點：資訊爆炸

你在「谷歌」上輸入「Starbucks integrated marketing」，相關文章多如牛毛。我們找不到全面性的文章，只能用下段中的文章來整理成表。加拿大的許多大學都有開設網路教學的經營管理碩士班，經常由教授帶幾位碩士班學生書寫個案分析的論文，有參考文獻。文章放在大學網站上，也是學生學習績效的展示。

三、加拿大漢堡學院的星巴克整合行銷企劃案

時：2016年1月31日。

地：加拿大多倫多市。

人：Joshua Favaro 等人，Joshua Favaro是漢堡學院國際通訊軟體計畫的經理，也是NAFSA（National Association of Foreign Student Advisers）成員之一。

事：發表Starbucks-IMC plan。

整合行銷溝通（integrated marketing communication）

年：1989年

地：美國紐約州紐約市

人：美國廣告代理商協會（The American Association of Advertising Agencies）

簡稱：整合行銷

目標：以各種適合各目標市場定位的溝通工具，一致性的向消費者溝通。

範圍：行銷三大類活動中二中類

- 行銷策略中第三中類行銷組合之第三小類促銷中包括三細類：溝通（廣告）、個人銷售、促銷
- 公共關係

星巴克公司社群媒體與數位創意處小檔案

時：2015年5月6日

地：美國華盛頓州西雅圖市

人：星巴克

事：在星巴克公司Stories & News中「How Starbucks Social Media Team Captures the Personality of a Beverage」。另2014年5月16日「Sharing (Some) Secrets of the Starbucks Partner Social Media Team」，這屬於公共事務部旗下三級部員工溝通與認同部

表　星巴克整合行銷企劃案

一、三級部	四級處	傳統行銷	數位行銷
一、公共事務與 　　社會衝擊部 　　第一部 　　全球溝通部 二、行銷長 　　第三部 　　品牌與聲譽 　　行銷部	下轄 — 第4處數位 行銷處 第5處全球 社群媒體與 數位創意處	（一）文（字），不建議採用 ・報紙 ・廣告看榜（billboards） ・雜誌「褶頁」（gatefold）， 　須強調客製化、舒服、咖啡 ・展示廣告（place-based 　ads） ・交通地點：陸、海、空、購 　物中心、大學 （二）（聲）音 廣播，電視廣告15秒的聲音檔 （三）影 電視廣告15秒，焦點在客製 化、舒服、咖啡	谷歌「廣告」（Google ads）或臉書上互動線 上遊戲 自製拿鐵咖啡比賽， 上傳星巴克臉書、 YouTube、推特，30秒 影片
二、公共事務部 （五）其他	1. 事件行銷 2. 策略合作	1. 跟異業公司（例如航空公 　司）合作，如此能吸引另一 　行業消費者到星巴克消費 2. 消費者買星巴克馬克杯／咖 　啡杯等，獲利捐贈世界自然 　基金（world wildlife fund for 　nature）	YouTube廣告 例如消費者以「3C： comfort、customize、 coffee」為題，拍影片 上傳星巴克臉書，獲獎 10人，可獲得禮物卡 （giftcard）

9-6 星巴克社群行銷「內容與媒體」組合

星巴克社群行銷依內容特性搭配合適的「文、音、影、電玩」媒體，本單元說明。

有關星巴克溝通、社群行銷的文章很多，其中有五篇被引用，整理在下表。

星巴克數位行銷媒體與內容組合，如後頁表。

媒體分成四類型「文、聲音、影像和電玩」，媒體屬性不同，適合的內容也不同，由後表可見，星巴克在數位行銷、社群媒體行銷的「媒體與內容」組合。這部分整理自加拿大安大略省萬錦市（Markham）KIMP公司，「Social media marketing: How Starbucks grew to be a trendsetter」，2022年9月28日。

表　星巴克整合行銷重要文章			
時	地	人	事
2015年 5月28日	美國 明尼蘇達州	Wax Marketing公司是一家「企業對企業」整合行銷顧問公司	在Wax Marketing上的「IMC campaign of the month: Starbucks, well, everything」
2016年 1月13日	印度 新德里市	Vaishnavi Digital Vidya公司，2012年成立	在Digital Vidya上的「Starbucks Digital Marketing Stardom」，Stardom：明星
2016年 8月23日	—	五位學生	在Education上的「Starbucks Integrated marketing communication campaign」
2018年 3月28日	美國紐約州紐約市	Kavya Ravi（女，印度裔）	在Unmetric上的「8 ways Starbucks creates an enviable social media strategy」
—	加拿大安大略省多倫多市	Phlywheel網路行銷公司	「Starbucks digital marketing strategy: how they do it？」

表 星巴克的數位行銷中社群行銷「內容」與「媒體」

公司原創內容 （professional generated content）	用戶原創內容 （user generated content）	媒體
一、公司企業責任4~5層 第五層企業社會責任 1. establish your brand values（咖啡豆農場） 2. show that your care（例如倫理採購）	每年5月「星冰樂」	一、公司外 （一）社群媒體 1. 文 1.1 推特，27個帳戶，1,100萬 1.2 領英（LinkedIn），1個帳戶 2. 音 3. 影 3.1 照片 ・臉書，39個帳戶，3,600萬 ・照片集，Pinterest，365萬 3.2 影片 ・IG，15個帳戶，1,700萬 ・YouTube，5個帳戶，36萬
第四層策略階段：增加營收 1. talk about burning issues 2. setting the mood（節慶行銷） 3. create relatable "posts"	1. show the face behind the idea 2. show it in action（人們生活） 3. give shoutouts（顧客分享照） 4. emotions speak louder than words	（二）其他媒體 1. accurately optimize for the platform（註：平台指媒體） 2. keep it expressive 3. use videos to your advantage 4. creative use of motion graphics
二、內容呈現 1. consistency across content types 2. respond to your customers（與網友對話）		

9-7　星巴克社群行銷導論

有關各大公司（例如麥當勞）或社群行銷顧問公司如何進行社群媒體行銷的文章，如過江之鯽。本單元有系統說明美國星巴克社群媒體行銷做法（內容、媒體）。

一、資料來源

討論星巴克社群行銷的文章很多，其中二篇較深入，詳見下表。

二、組織設計

由下面小檔案可見，星巴克行銷長下轄數位顧客體驗部中的「社群媒體與數位創意處」是名稱中直接掛社群行銷的。另外，行銷相關三大部中的公共事務部也有在做。

三、星巴克社群行銷管理

由後頁表可見星巴克社群行銷管理活動，第三欄的社群行銷目標、績效衡量，是本書一以貫之的架構。

	表　星巴克社群行銷的二篇重要文章	
時	2010年4月1日	2011年10月29日
地	美國紐約州紐約市	美國華盛頓州西雅圖市
人	Mikal E. Belicove（公司雜誌的專欄作者）	1. Dan Beranek星巴克全球數位行銷處處長 2. Ryan Turner全球社群媒體與數位創意處處長
事	在 American Express 上文章「How Starbucks Builds Meaningful Customer Engagement via Social Media」	在「西雅圖24x7」網路的互動研討會「Inside Starbucks Digital Marketing: Going Beyond the Big Idea」

表 星巴克社群行銷管理

規劃：投入	執行：轉換	控制：產出
一、消費者研究	**一、創意（creativity）**	單元10-2星巴克（社群）行銷五層級中二階段第五級公民化階段
1. 社群媒體聆聽（social listening）	1. 內容（content）2008年3月推出「星巴克點子」（My Starbucks Idea），以部落格方式呈現	10. 企業社會責任利用星巴克的影響力作公益，這部分可稱為「品牌聲譽」（brand reputation）
2. 社群偵察（social monitoring）		9. 強化社群（social community）第四階段策略
3. 資料分析：社群分析（social analytics）	2. 行銷活動（campaigns）社群媒體每年5月的入夏促銷檔期，透過推特推出「星冰樂快樂時光」	8. 公司形象、品牌塑造星巴克是「網路品牌塑造」（network branding）的操作實務典範，以便於關係行銷顧客情感認同（engagememt）尤其是星巴克迷（fans），再由星巴克「迷」變成超級「迷」（super fans），稱為粉絲資產（fans equity）
4. 消費者「研究」：這部分得到「消費者洞察」（consumer insight）	3. 轉換（conversion）又稱轉換行銷，把網路流量轉成成交量	7. 營收
二、兩方參與（Participation）	**二、社群媒體**	
	1. 付費媒體（paid media）	
1. 顧客	2. 粉絲媒體（earned media）	
2. 星巴克公司的社群媒體處擔任社群評估媒體編輯	3. 星巴克自有媒體	

2009年8月，高度計公司（Altimeter）評選星巴克是全球社群媒體「認同品牌」（engaged brand）第一名，星巴克的數位顧客體驗部有心運用AIDAR步驟，每年一檔一檔的去推動。

一、注意階段

社群行銷處會設法去衝每一檔活動的人氣流量，有流量，才比較會有人「聞香下馬」，也就是「走過、路過，不要錯過」。

二、興趣階段

最常見的便是「用戶原創內容」（user-generated content），例如粉絲上傳店內喝飲料照片。

三、慾求階段

最殺的一招：買一送一（buy one get one free, BOGO）。

四、購買階段

要網友由消費者變成「顧客」，即轉換率（conversion rate）。如果是「新客」則設法留客（customer retention），變成「熟客」（regular customer）。

五、續（購）（推）薦階段

1. 顧客關係管理（customer relationship management）一般是透過顧客忠誠方案（My Starbucks Rewards, MSR）、集點送等方式，綁住顧客續購（repurchase），而且跟其他公司（例如共乘汽車公司來福車Lyft）合作，承認其點數。

2. 向他人推薦

星巴克提供誘因給顧客，去向其他人「推薦（recommend）」星巴克產品。

表　星巴克社群行銷AIDAR五階段

階段	注意	興趣	慾求	購買	續、薦（repurchase）
一	經營社群媒體初期，例如2008年11月4日，美國大選投票日，星巴克在電視廣告，社群媒體討論到店內免費喝一杯咖啡，衝高粉絲人數	1. 不要只是張貼促銷訊息 2. 號召粉絲上傳照片、影片，即用戶創造內容，每位粉絲都是星巴克代言人	不要持續大撒幣（折價券）來疲勞轟炸消費者，消費者最喜歡的促銷方案是「價格折扣」，但對品牌傷害也最大	1. 短期目時間明確 每次的促銷持間盡量控制在消費者的「猶豫一送期」。星巴克的買一送一就是活動當天結束：可愛小物的集點換贈品，就需要讓消費者至少一至三次的回購，促銷活動時間控制在一個月左右 2. 週響收手很重要 一次性的促銷活動成功很容易，當成功之後卻想一直複製成功模式就不容易！尤其是立刻延伸之前的促銷方案，例如：剛結束的集點活動卻又立刻加碼，或是抽完獎並公布後又立即再辦類似活動。最佳做法是一段時間才再次操作，或是加入新的主題元素，就能提高成功率	（一）顧客續購（repurchase） 1. 個人化行銷 手機內星巴克App會傳給你適配的產品、促銷等 2. 會員制 加入會員，會有生日禮（中杯飲料）、集點送 （二）推薦（recommend）
二	1. 2008年3月，推出「星巴克點子」（My Starbucks Idea），徵求某項意見，投票某項任務，讓粉絲參與 2. 2014年4月促銷活動，如「白紙杯」手繪競賽	1. 主題 咖啡知識、品牌故事 2. 趣味性 店內各種人情味的人與事、以平易近人但專業口吻跟粉絲互動，例如星巴克推特上的小編，許多曾任星巴克的咖啡師傳「專家」發言內容很	1. 適時提供足夠分量的優惠給粉絲，以提高轉換率 2. 促銷工具常更換、送贈品、打八折、加量不加價，對公司成本差異不大，卻能讓消費者有新鮮感		
三	跟粉絲聯手作公益活動，可以促進粉絲參與				

星巴克營業地區範圍橫跨80國（有各種語文），所有權分為直營店與加盟店（約80比20），在對外對內（例如員工）的溝通，是經由總裁級決定「標準」（比較像行政命令），交由一級部去制定「指導方針」（guidelines）（比較像作業準則），本單元說明。

一、公司董事會決定「政策」（**policy**）

1. 決策單位：董事會。
2. 執行部：總裁兼執行長。

二、總裁決定「標準」（**standards**）

1. 決策單位：公司「政策治理委員會」（policy governance council）。
2. 執行部：一級部。

三、一級部決定「指導方針」（**guidelines**）

1. 決策單位：一級部，決定指導方針（guidelines），例如各國星巴克公司網站。
2. 執行部：二級部提供工具包（toolkit，或套件）給各國星巴克相關部，以地主國語文與攸關（relevance）呈現，以推行社群媒體治理在內容管理大方向相同。

表　星巴克公司管理的政策、標準與指導方針

組織層級	規範
一、公司級	一、政策（policies）
	· disclosure policy
	· global communications policy
· 營業	· global business ethics policy
· 資訊	· global information security and management policy
· 財務	· insider trading policy
二、總裁級	二、標準（standards）
（一）營業事業群	· standards of business conduct（商業行為守則）
（二）公司功能活動	· acceptable use standard（可接受使用標準）
1. 核心活動	
1.1 研發	
1.2 生產	
1.3 行銷相關	· global media relations standard
1.3.1 公共事務部	
2. 支援活動	
2.1 人力資源	· anti-harassment standard（反性騷擾）
	· anti-retaliation standard（retaliation指報復，這是指員工申訴等，公司、主管不可秋後算帳）
2.2 資訊管理	· remote access〔註：指遠端存取（資料）〕standard: U.S. and Canada
	· celluler use standard: U.S. and Canada
三、一級部	三、指導方針（guidelines）
在公共關係部之下對員工使用社群媒體	· global social media guidelines for partners（員工）
	· travel and reimbursements（報銷）mobile device and social media usage guidelines: Global

資料來源：整理自Starbucks: Global Social Media Standard。

®伍忠賢，2021年4月20日。

9-10　星巴克對員工使用社群媒體指導方針：公共事務部下員工溝通及認同部的職責

　　星巴克全球有40萬位員工，分散在80國，每位員工皆有數個以上的社群媒體帳戶，那是員工個人行為。為了避免員工在社群媒體上的言行損及公司信譽，2010年4月起，星巴克對（美國、加拿大）員工使用社群媒體須有指導方針（guidelines）。

一、組織設計：公共事務部之二級部「員工溝通與認同部」

　　執行部：公共事務部。

　　事：公布「全球社群媒體標準」（global social media standard），2014年5月7日第10版，詳見後頁表第4、5欄〔不要做（do not do this）9項、要做（do this）13項〕，適用對象全球員工。（摘修自星巴克網站Starbucks social media standard）

二、架構：1997年，珍妮佛・艾克品牌個性量表

　　一般在討論品牌個性時，大都以此為基本版，頂多用更新版，詳見後頁表中第二、三欄。上述員工社群媒體守則可說是員工版的品牌個性塑造。

品牌個性（Aaker brand personality model）

時：1997年8月

地：美國加州

人：珍妮佛・艾克（Jennifer Aaker, 1967~），美國加州史丹佛大學教授，是大衛・艾克（1938~）的女兒（大衛・艾克被譽為「品牌資產之鼻祖」）

事：在《行銷研究》期刊上論文「Dimensions of Brand Personality」，第347~365頁，論文引用次數14,530次。以人格心理學套用在公司的品牌，提出品牌個性5個屬性，後來有學者擴大到15個屬性、42個小類

表　艾克的品牌個性分類與星巴克員工使用社群媒體政策

人格心理學五大項 (OCEAN)	大分類 (一~五順序是慣用)	中分類20項	不要做9項 (跟中分類對應)	正面13項 (跟中分類對應)
一、經驗開放性 (openness to experience) 1. 豐富想像力的 2. 創意的	一、刺激 (excitement)	1. 大膽的 (daring) 2. 想像力 (imaginative) 3. 有精神的 (spirited) 4. 與日俱進的 (dependable)	1. 透露財務資料 這可能違反證券交易法的內線交易 2. 對星巴克公司或產品負面用詞	1. encourage 2. show excitement 3. the internet does not have a delete key 貼文前、要三思，話說出口，很難收回
二、嚴謹自律性 (consciousness) 1. 自律的 2. 有組織的	二、有能力的 (competence) 右4，又稱為 take the high road	1. 可依靠的 (dependable) 2. 有效率的 (efficient) 3. 可靠的 (reliable) 4. 有回應的 (responsible)	1. 把顧客、員工個人資料外洩	1. we can work it out 公司內事、公司內解決，家醜不外揚 2. work comes first 工作第一，社群貼文行有餘力來做 3. be safe 小心你的社群媒體的資訊安全 4. handle criticism with grace and respect
三、外向性 (extraversion) 1. 愛交朋友的 2. 親切的	三、強壯、粗獷的 (ruggedness)	1. 戶外的 (outdoorsy) 2. 耐用的 (rugged) 3. 強壯 (strong) 4. 強悍的 (ruggedness)	3. 用別人的貼文、可能觸法 4. 回擊 (fight back)	
四、和善性 (agreeable) 1. 信任的 2. 溫柔的	四、純真、真誠 (sincerity)	1. 愉快的 (cheerful) 2. 戶內的 (domestic) 3. 誠實的 (honest) 4. 真誠的 (genuine)	4. 欺負 (bully、霸凌) 人 1. 貶低 (belittle) 個人或對手 3. 傳送公司報告、商業祕密、未來促銷活動	2. the world is getting small 你的貼文許多國家、地區的人都看得到，文化差異等會造成誤會 3. truth be told 所以不要傳播謠言等 4. helpfulness
五、神經質 (neuroticism) 1. 焦慮的 2. 感情膽小的	五、熟練 (sophistication)	1. 迷人的 (charming) 2. 有魅力的 (glamorous) 3. 炫耀的、自負的 (pretentious) 4. 浪漫的 (romantic)	3. 使用星巴克員工電子郵件信箱的編號做為個人社群媒體帳號	1. have class 3. make it yours 在自己社群媒體貼文時，自說「⋯⋯我是星巴克員工，這是我個人意見⋯⋯」 4. share your passion

®伍忠賢，2021年4月4日。

Chapter 10

社群行銷：
星巴克社群五層級個案分析

10-1 星巴克董事長霍華‧舒茲對社群行銷重要性體會

10-2 全景：三重底線、公司企業社會責任

10-3 社群行銷第一級：星巴克法令遵循階段Ⅰ── 2018年4月~2021年3月

10-4 星巴克法令遵循階段Ⅱ──2021年4月起

10-5 星巴克策略階段行銷：行銷導向──2008年3月起以12種社群媒體進行內容行銷

10-6 星巴克策略導向行銷

10-7 近景：星巴克企業社會責任、行銷，兼論環境治理社會（ESG）發展沿革

10-8 特寫：星巴克企業社會責任、行銷──社區導向促銷，2015年起星巴克社區店

10-9 特寫：星巴克企業社會責任、行銷──環境篇，2014、2015年白紙杯繪圖比賽

10-10 星巴克社群行銷績效衡量

附錄 麥當勞、星巴克在推特、臉書上的粉絲數

10-1 星巴克董事長霍華·舒茲對社群行銷重要性體會

2007~2008年，星巴克董事長兼執行長霍華·舒茲三次體會社群行銷的重要性。

一、初體會，2007年2月14日

1. 問題

由右頁表第一欄可見，舒茲致幾位資深副總裁以上主管信（2頁），有主管貼文在社群媒體，轉貼後外傳，美國三大報記者看了內容，競相報導。

2. 霍華·舒茲體會社群媒體力量

3. 解決之道

2008年3月起，星巴克推出了「我的星巴克點子」（My Starbucks Idea），在社群媒體主動經營。

二、痛苦體會，2008年10月，負面報導排山倒海

1. 問題

由右表第二欄可見，2008年10月5日，英、美二國《太陽報》新聞報導星巴克英國英格蘭（倫敦、伯明罕市）、美國（紐約市）許多店水槽浪費水的事，星巴克立刻成為全球環保團體等「眾矢之的」。

2. 星巴克的回應

舒茲接到75~100封電子郵件、電話，詢問有關《太陽報》的報導，他還不知道星巴克店內浪費水的事。此事來勢洶洶，讓他體會「社群媒體突然開始定義星巴克」。他體會數位媒體（包括社群媒體）的重要性，而這是星巴克弱項。

3. 舒茲的體會

2011年，舒茲的書中，說明星巴克在社群媒體轉守為攻。

「社群媒體是星巴克可以主導的領域，傳統媒體時代星巴克大多是被動的（註：被採訪），但透過社群媒體，星巴克積極聆聽，人們會跟星巴克站在一

起，關係更緊密。我們的話題包括咖啡、店內廢棄物回收，這些對星巴克、顧客都重要。」

星巴克跟消費者溝通，使大眾了解、信任星巴克，最終帶動營收。

	表 2007~2008年二次媒體對星巴克負評	
時	2007年2月14日	2008年10月5日
地	美國	美國
人	霍華・舒茲	《太陽報》（The Sun），日發行量約320萬份
事	發送了一份給幾位資深副總裁的信，說明他巡店數百家後，發現因為展店過快（員工訓練不足）及節省成本下，以致對顧客的服務水準等皆降低。他希望員工們重新思考，並加以改善	報導星巴克英國倫敦市、美國紐約市等一些店，為了保持冰淇淋勺器具乾淨，水槽水龍頭一直流水，稱為甲杓井（dipper well），這造成每年1萬家店2,727.5萬噸的水流量
問題	星巴克某主管把致員工信貼到社群媒體，引發美國四報中二報（《紐約時報》、《華爾街日報》）的大幅報導，對星巴克造成負面影響	此新聞引發英國BBC News、《衛報》（The Gardian）相關媒體報導，環保人士群起攻擊
星巴克因應之道	星巴克發新聞稿，且派人接受《紐約時報》記者採訪	星巴克發言人表示，曾試驗過其他替代方案，但沒成功，目前的做法符合美國、歐盟、世界衛生組織的環境指令，星巴克也會研究其他省水方式

霍華・舒茲的復甦經營的自傳

時：2011年3月29日
地：美國
人：霍華・舒茲與瓊安・戈登（Joanne Gordon），瓊安是《富比士》雜誌記者
事：《勇往直前：我如何拯救星巴克》（Onward：How Starbucks Fought for Its Life Without Losing Its Soul）

10-2　全景：三重底線、公司企業社會責任

　　許多企業觀念名異實同，以三重底線、企業責任、行銷五層級來說，可說大同小異。這對我們設計行銷量表、分析星巴克行銷層級大有幫助。

一、三個相似觀念

1. 1953年行銷觀念五階段

　　由右表中第二欄可見，美國伊利諾大學教授Howard Bowen，是第一位把19世紀以來的公司應注重社會責任，寫書說清楚講明白的。

2. 1995年三重底線（triple bottom line）

　　在英文維基百科triple bottom line中可以看見三重底線觀念的發展沿革。表中我們以世界永續發展委員會（world business council for sustainable development, WBCSD）成立於1995年作為里程碑。

3. 2004年公司的社會責任五層級

二、公司「企業社會行銷層級」量表

　　公司的（社群）行銷的效益多則可分為五層級，那就可以延伸設計出量表，進行公司間比較。

1. 公司「企業社會行銷量表」（2021年）

　　伍忠賢（2021）以英國人西門・查德克（Simon Zadek, 1955~）的社會責任五層級，推出「企業社會行銷量表」（corporate social responsibility marketing scale）。

2. 評分：星巴克96分

　　以媒體、輿論與星巴克的新聞，綜合把星巴克在「企業社會責任行銷」量表打分數，筆者給超高分96分。

表　三重底線、五個階段和五層級行銷關鍵文章		
時 1953年	1995年	2004年12月
地 美國伊利諾州	瑞士日內瓦市	英國倫敦市
人 Howard Bowen（1908~1989），伊利諾大學	世界永續發展委員會（WBCSD）	查德克（Simon Zadek, 1955~）
事 在*Social Responsibilities of the Businessman*書中行銷五層級 五、企業社會責任行銷（social responsibility marketing） 四、社會行銷導向（community-based marketing） 三、行銷導向（marketing oriented），又稱銷售導向（sales orientation） 二、產品導向行銷（product-based marketing） 一、生產導向行銷（production-based marketing）	提出三重底線（triple bottom line） 三、環境底線（environment bottom line），又稱星球（planet） 二、社會底線（social bottom line），又稱人類（people） 一、財務底線（financial bottom line），又稱淨利（profit）	在《哈佛商業評論》上文章，論文引用15萬次 五、公民化階段 四、策略階段：損益表增加營收 三、管理階段：損益表降低成本 二、防禦性階段 一、法令遵循階段

表　公司企業社會行銷層級量表──以星巴克為例				
累加得分	柴達克企業社會責任層級	量表項目	星巴克得分	說明
100	五、公民化階段	10.「企業社會責任」促銷（responsibility-based campaigns）	10	cares about customer more than selling，例如 #Extra Shot of Pride #Extra Shot of Good
90		9.「社區導向促銷」（community-based campaign）	10	care about the community
80	四、策略階段：增加營收	8. 公司形象塑造	10	2016年，星巴克的公益行銷（cause-related marketing）營造正面品牌性格、鼓勵分享
70		7. 產品導向促銷（product-based campaigns）	8	2011年起星巴克公司網站、臉書讓顧客傳照片，分享消息經驗 2008年3月，推特以部落格方式呈現（資料來源：整理自星巴克 social media）
60	三、管理階段：降低成本	6. 營業成本	10	
50		5. 營業費用	10	2008年3月，推出「我的星巴克點子」（My Starbucks Ideas & Frappuccino.com） 2014年3月，星巴克白紙杯繪畫比賽
40	二、防禦性階段	4. 社會觀感	9	2018年5月12日，賓州費城，二位非裔男性
30		3. 社會不抵制	9	以2020年6月「黑人的命也是命」T恤、徽章來說，星巴克因應「社會反彈」快速有效
20	一、法令遵循階段	2. 法遵水準	10	
10		1. 法遵時效	10	
小計			96	

Ⓡ伍忠賢，2021年3月26日、4月14日、12月24日。

10-3 社群行銷第一級：星巴克法令遵循階段I──2018年4月~2021年3月

一、第一時期：法令遵循，1985年~2019年9月

美國是個種族大熔爐，以皮膚顏色區分，分成白種人、非裔人（占人口14%）、黃種人（分為拉丁美洲和亞洲裔）。白種人當家的公司，對白種人以外人種在「用晉訓晉退（休）」比較歧視。

1. 問題

1963年8月28日，美國華盛頓特區林肯紀念堂前，聚集25萬人，非裔人權領袖金恩博士發表演說「我有一個夢想」。1964年，國會通過人民權利法，宣布種族隔離和歧視不合法等。

- 「多元」（diversity）：包括種族、年齡、性別，尤其是少數族裔保障就業人數（含比率）。
- 包容（inclusion）：是指對「弱勢」人口，例如保障身心障礙人士的就業。
- 平等（equity）：1963年公平薪酬法（Fair Labor Standards Act），其中最常見的是「同工同酬」的薪資平等。
- 職有專司：要求「一定規模」以上的公司，在人力資源部下設二、三級部。

2. 組織設計

在遵循法令前提下，一般公司的人力資源部下轄「包容與多元處」。

二、第二時期：2019年10月~2021年2月

1. 問題

詳見後頁上表第三欄。

2. 組織設計

由後表第三欄可見，2019年10月14日星巴克把「全球包容與多元」處提升到「部」級，主管是二級資深副總裁級。由非裔女性Nzinga Shaw（簡稱Zing）擔任。

公司在「包容與多元」目標之一「多元」，2025年時員工中30%是「白人以外」〔BIPOC，black非裔、indigenous原住民、有色人種（people of color）〕，經營階層的薪酬跟員工多元目標連結。

表	星巴克在員工就業與對外（社會公平）組織設計		
時	1964年起	2018年4月~2021年3月4日	2021年3月5日起
一、問題			
時	1964年起	2018年4月12~15日	2020年6月2日
地	美國華盛頓特區	亞利桑那州坦佩市	美國
人	美國國會各州議會	六位警察	Nzinga Shaw
事	公民權利法（Civil right Act）的第七章	店員報警要求六位警察將借用廁所的二位男性黑人帶離開店 5月13日，星巴克執行副總裁Rossann Williams出面道歉 4月15日，總裁發表書面聲明	要求星巴克店員不准配戴「黑人命也是命徽章」，引發許多店員、顧客、媒體反彈，6月12日（週五）星巴克放寬員工服裝規定
二、組織位階	三級單位，處 員工多元（diversity）＝包容（inclusion）＋公平（social equality）	二級單位，部 第一任全球「包容與多元長」Nzinga Shaw（簡稱Zing），非裔女性	二級單位 同左，global chief of inclusions & diversity officer, Dennis R. Brockman（非裔）

表	星巴克員工「包容與多元」部主管			
人	職務	種族	星巴克資歷	
Dennis Ray Brockman	資深副總裁	非裔男性	・包容與多元「長」（2021年3月14日起） ・星巴克北美洲中西部副總裁（2016年1月~2021年3月13日）	
Michael D. Hines（1976~）	副總裁	非裔男性	包容與多元部 ・卓越中心副總裁（2021年3月起） ・包容與多元部分析與遵循處（2020年8月~2021年3月）	

10-4 星巴克法令遵循階段Ⅱ ——2021年4月起

有社會事件後，民氣可用，政府、國會才會順利推動立法，要求公司遵循法令。

一、星巴克資料來源

有關星巴克在「員工多元與包容」的資料，詳見後頁小檔案與下列網站名稱：Starbucks Stories & News，「Starbucks Equity, Inclusion and Diversity Timeline」。

二、法令遵循第三時期：**2021年3月23日**

1. 問題

2020年5月25日，明尼蘇達州明尼亞波利斯市，非裔喬治‧佛利伊德（George P. Floyd, 1973~2020）被白人警察單膝壓制頸部致死。路人用手機全程錄影，上傳臉書，使得「黑人的命也是命」（Black Lives Matter, BLM），在2020年6月美國社群網站發表熱潮達沸點。

2. 組織設計

由單元10-3的表第四欄可見，星巴克6月2~11日要求員工服飾不准跟此運動連結，遭極大反彈；6月12日從善如流。

3. 用人

2020年12月，包容長Nzinga Shaw離職，去Marsh & McLennan公司上班；2021年3月14日，星巴克任命北美區域總部中西區副總裁非裔男性Dennis Brockman擔任「多元」長。在致員工信中總裁凱文‧約翰遜強調：

「For all of us at Starbucks,

each day we must reaffirm our responsibility to one another:

to care for each other,

to strengthen our communities,

and to ensure diverse perspectives are represented at the company's highest levels...」

三、2022年，員工對星巴克在多元與包容評分，詳見下表。

時	2020年10月14日
人	星巴克
事	在星巴克網站Stories & News「Our commitment to inclusion, diversity, and equity at Starbucks」摘要如下： 1. We will be intentional in cultivating a culture inclusion, with a focus on partner retention and development. 2. 透明 3. 以最高水準負責 2020年12月前設立「多元高階委員會」（diversity executive council） 4. 支援社區「耐力」（resilience） 5. 撥款強化各社區，尤其給公益團體

星巴克在員工包容與多元的員工評分

時：2022年12月24日
地：美國加州聖塔莫尼卡市
人：The Comparably公司
事：Diversity at Starbucks，1,695位員工網路評分如下

單位：%

項目	男性員工	女性員工	多元化員工
一、多元			
（一）對執行長評分	71	73	71
（二）工作環境：正面	84	85	85
（三）對「非異性戀」員工（LGBTQ）支持	88	88	82
（四）員工淨推薦分數	7	26	9
二、平等			
薪資	67	63	65

eNPS: employee net promote score，本書註：比較2021、2022年12月數字，表中數字較少變動。

10-5　星巴克策略階段行銷：行銷導向──2008年3月起以12種社群媒體進行內容行銷

世界各國的通訊社群軟體大不同：美國人大都用推特、中國大陸人用微信（Wechat、QQ）、許多亞洲人（韓日臺）用LINE。星巴克從2008年起，採用十二種社群媒體進行行銷，星巴克許多部門都對顧客進行內容行銷（content marketing）。

一、產品部

由後頁上表可見，產品部（例如資深副總裁Sandra Stark）等部門利用推特以「文字」為主的媒體特性，輔以照片，很適合新產品或舊產品節慶行銷的線上產品「說明」、「促銷」。

二、行銷長下轄四部之二「聲譽與品牌管理部」

這二個部主要負責對顧客的社群行銷。

1. 資料來源，詳見單元7-6。

2. 星巴克網站Stories & News。

由曾擔任記者的「編輯」（臺灣俗稱小編）來負責這個「網站」（不宜稱為官方網站、平台等詞），藉由說故事、新聞報導方式，說明星巴克各項人事、產品、活動。甚至還拍紀錄片，例如2019年4月11日上映的 *Hingakawa*，在美國佛州薩拉索塔鎮（Sarasota）電影節上映。

3. 舉辦活動：例如後頁上表的節慶紅紙杯。

三、行銷長下轄四部之四「顧客關係管理部」

顧客關係管理部對會員、非會員會主動貼文，另一方面，也扮演顧客服務中心接受顧客建議、抱怨。在後頁次表中，第一欄是以誰原創內容（星巴克vs.用戶），第一列是以AIDAR架構。在一段時間內，分析公司、顧客貼文究竟屬於「注意─興趣─慾求─購買─續薦」的哪一階段。

表　星巴克每年11~12月的節慶紅紙杯行銷	
時	事
2015年	粉絲在星巴克推特下輸入#Red Cups，便會出現星巴克紅色紙杯photo credit，但已移出聖誕符號，以免有基督教、天主教宗教意涵
2016年10月	推出星巴克的送禮 步驟1：登入Gift Starbucks using Twitter # Amazing 步驟2：把你跟星巴克推特帳戶連結，輸入信用卡卡號 步驟3：把五美元禮券送給朋友Tweet-a-coffee to a friend 星巴克效益：獲得5,400位消費者推特帳戶，另有8,100位付款購買 星巴克成本：五美元禮券2,700張

表　星巴克行銷相關部門推特貼文分數					
階段	注意	興趣	慾求	行動	續薦
一、公司原創內容（565則） 二、回覆（1,392則）	資訊分享內容 1. 問題與詢問 2. 資訊 3. 聊天 4. 正面評論	道歉	支持向量機（support vector machine）	action-inducing content	・感謝（gratitude） ・情感（emotion-evoking）

表　星巴克在美國的員工多元與包容社群行銷	
時	事
2014年	針對星巴克員工推出員工念大學計畫 宣布迄2018年11月以前雇用10,000位退伍軍人 請前美式橄欖球員培訓受傷退伍軍人
2015年	宣布迄2018年雇用10,000位年輕人
2016年	在美國密西根州鮑德溫鎮募款作大學生獎學金

10-6 星巴克策略導向行銷

・行銷長下轄四部之二聲譽與品牌部

・社群媒體的口碑／內容行銷

數位廣告五大類型：以2020年臺灣482億元的占比，展示型35%、影音25%、關鍵字25%，社群媒體的口碑／內容（buzz/content）14%、其他1%，本單元說明星巴克口碑、內容行銷。

一、資料來源

1. 二篇論文引用次數300次以上論文

可以用關鍵字查詢看到。

2. 一篇含金量70%的文章，30%可看度高

2020年4月28日，Martine Mussies（女）在紐約市Better Marketing公司網站上文章「The siren's lure: A Starbucks influencer marketing case study」。

二、星巴克內容行銷

1. 2005~2007年，社群媒體之前

・文字：Yahoo! personal site。

・影音：蘋果公司iTunes。

2. 2008年起，社群媒體

以公司網站來說，例如1912pike.com。

以2017年YouTube回顧片Starbucks: A good of God，分三層級。

・第一級法令遵循面：新聘8,000位退伍軍人。

・第二級社會觀感面，6,535位員工進大學。

・第五級企業公民責任之一：2017年9月16日~10月2日，美國屬地波多黎各遭遇瑪莉亞颱風（Hurricane Maia），星巴克協助社區房屋重建。

・第五級企業公民責任之三：星巴克支持30萬位農夫。

三、2008年起，口碑行銷

由後頁下表可見，星巴克透過二種人：網路紅人與素人，進行口碑行銷。

星巴克臉書在咖啡店粉絲人數第一

時：2019年5月23日

人：Adina Jipa

事：在Social Insider公司「FB research」上的文章「Starbucks has the most followers, and wins people's hearts on FB」，在2018年1月~2019年3月分析1,100位網友，以了解其喜歡星巴克臉書原因。註：2021年10月29日，臉書更名「元」（Meta，元宇宙metaverse的meta）。

表　星巴克的口碑行銷

人	星巴克效益	星巴克成本
一、網路紅人（為influencer、online celebrity）網紅行銷（influencer marketing）	（一）廣告效果比一般廣告好，因觀眾比較不排斥 1. 品牌大使 　（brand ambassador） 2. 星巴克推薦者 　（brand advocate） （二）媒體 1. 文字 Triberr：大部分是寫部落格（業配文） 2. 影：以YouTube為例 Social Media Buzz Club	（一）星巴克聘的網路紅人大都是論件計酬的，「酬」指的是免費商品 （二）二位女網紅的短片 ・蘿珊娜・潘西諾（Rosanna Pansino, 1985~） ・賈斯汀・伊札里克（Justine Ezarik, 1984~） 討論她們喜歡的星巴克飲料
二、素人公開報導（open journalism） （一）記者（journalists） （二）生活型態記錄者（lifestyle journalists），12歲以上的人	使用媒體： 1. 文 推特 2. 影	1. 星巴克回饋 ・禮物卡 ・當這些部落客或YouTuber在應徵星巴克工作時，會加分 2. 替自己打知名度

表 星巴克內容行銷：AIDAR架構				
階段	注意	興趣	慾求	購買	續購
亮點	創意標題（creative captions）	高品質內容（quality content）	產品個性（product personality）	急迫性（sense of urgency）	人性因素（human factor）
說明	用「空間」與表情符號（emoji）當貼文標題，以促進顧客認同	1. 以2008年起臉書貼文來說，包括文、音、影，用色大膽、內容創意 2. 以IG為例，溫暖接待（warm reception） ・cardinal，即creative ・jovial，平易近人的	每個產品都有像「花語」般的個性說明用途	1. 限時限量銷售 2. 例如2013年10月28日，在推特上的「咖啡送」（Tweet-a-coffee）	1. 以消費者享用飲料為主 2. 公司跟用戶互動以顧客關係管理部來說，透過推特回答客訴等

資料來源：整理自中國大陸上海市Meetsocial公司網站上文章「Why Starbucks is killing it on social media」。

星巴克在企業社會責任、社區關係方面，大部分媒體、輿論都予以高度肯定，認為它是全球企業的典範。本單元先針對（數位）行銷中第五階段「公民化」。

一、資料來源（右表）

星巴克的公司網站Stories & News中，行銷相關部門的編輯，都很仔細地整理相關新聞、活動紀錄，外界人士很容易「窺其堂奧」。基於資料的可行性，這是本書以星巴克為個案分析對象的原因。

二、組織，公共事務部

星巴克對外、對內（員工）的公共事務，由公共事務部負責。

三、企業社會責任（ESG），右上表第一欄

在伍忠賢（2021）的企業社會責任促銷中占二項，詳見表第一欄。

1. 企業社會責任

右下表局部放大企業社會責任由一項變成三小項，這俗稱「環境治理社會」（ESG），由右下表可見發展沿革，不宜如一般人稱為「環境治理社會」（ESG），這英文簡寫沒任何邏輯。

2. 社區關係

四、星巴克公益活動範圍，右下表第二欄

由本單元最末表可見，我們依經濟學上一般均衡架構中二個市場，來說明星巴克公益活動範圍。

1. 生產因素市場

大一經濟學中針對生產因素市場分成五項，這在公司損益表中分屬營業成本、營業費用和淨利（由股東享有）。

2. 商品市場

商品市場中，有二部分，一是狹義的針對顧客的產品、（個人資料的）資訊安全。這是企業三大承諾之一，廣義的商品市場還包括對社區。

五、星巴克的做法，後頁表第三欄

社群行銷這種一下子就會讓網友看破手腳，因此做好社群行銷，不僅能強化品牌價值，也同時達到吸引潛在客群的目的。星巴克採用公益行銷，這名詞兩岸說法：臺灣稱公益（或善因）行銷（cause-related marketing）；中國大陸稱為公益營銷（public welfare marketing）。

表 有關星巴克企業社會責任的公司主要資料來源

時	人	事
2001年起	星巴克	每年出版星巴克「全球社會影響」（global social impact）報告，或稱「全球責任」（global responsibility）
2008年1月	霍華·舒茲	在公司轉型計畫（transformation agenda）中企業社會責任
2020年 1月20日	星巴克	公司網站Starbucks Sustainability Timeline、Starbucks Social Impact

表 環境治理社會（ESG）三層發展沿革

ESG	時	人	事
三、環境（environment）	2000年7月26日	聯合國	聯合國全球盟約（UN Global Compact）偏重環境、社會
	2015年9月	同上	永續發展會議通過2030年永續發展計畫（用agenda一詞），有172項目標
二、公司治理（corporate government）	1976年	美國證交會（SEC）	對公司治理提出規定 1. 設立獨立董事 2. 成立審計委員會
一、社會（social）	1971年	美國華盛頓特區	世界大型企業聯合會（The Conference Board）旗下經濟發展委員會（committee for economic development）公布

表　企業社會責任、社區行銷架構，星巴克做法

企業社會責任（ESG）	一般均衡架構	星巴克做法
五、公民化階段 10.1 環境（enviornment）	一、生產因素市場 1. 自然資源 1.1 土地 1.2 水電能源 1.3 空氣 1.4 原料	leading in sustainability 1.2 環保建築符合LEED認證 1.0 5R：以能源、水來說，可循環（cycling） 1.3 其他 倫理採購（ethical sourcing），1998年起
10.2.1 勞工 10.3 公司治理（corporate governance）	2. 社會承諾三之一：對勞工 3. 資本：對投資人 4. 技術 企業承諾三之二：研發 5. 企業家精神	creating opportunity — —
10.2.2 社區關係（social）	二、商品市場 企業承諾三之三：對顧客 ・資訊安全 ・產品安全	strengthening community 1991年成立星巴克基金會 捐款給社區（尤其是公益團體） 1. 種族平等 2. 男女平等：2013年強調婚姻平等

10-8 特寫：星巴克企業社會責任、行銷——社區導向促銷，2015年起星巴克社區店

一般談到公司的社區關係、社會導向促銷時，大都會從事認養社區公園綠地、地下道等工作，公司員工穿著公司制服，打掃責任區，只做到「自掃門前雪，且管社區瓦上霜」。

但星巴克的做法更積極，本單元以2015年起的社區店為例說明，迄2022年，已有150家店，占全部36,000家店千分之四，實際效果微不足道。

一、問題：全球消滅貧窮

1990年起聯合國訂下2020年全球消滅貧窮目標、措施，須各國政府配合。

二、對策：創造就業

人們貧窮主因是經濟面（沒有就業、創業機會，即沒有收入）、生理面（因精神、身體障礙以致難就業、創業）。政府消滅貧窮的對策如下。

1. 針對經濟因素所造成貧窮

政府設法創造工作機會，以中國大陸來說，便是鼓勵中西部（雲南、貴州省）等小農等從事零售型電子商務，上網開店；最著名的便是「淘寶村」、「淘寶縣」，創造數百萬人就業。

2. 針對生理因素所造成的貧窮

政府提供社會救助。

三、星巴克雙管齊下

星巴克董事長霍華·舒茲（任期1987年~2018年6月）出身於美國紐約市布魯克林區，父親是卡車司機，住在國民住宅，有時父親受傷而失業，因此家中經濟拮据。他靠橄欖球獎學金才能上大學，特別了解貧窮之苦，2015年，星巴克開始在美國中低收入居民為主的社區開「社區店」（community store），這名稱有其特殊涵意。星巴克的一般店、社區店在行銷組合稍有差異。

四、社區關係

1. 資料來源

　　有關星巴克一般店與社區店在行銷組合的差異，詳見下表。

2. 星巴克公司的原創內容：「樂知好行」。

3. 使用者原創內容

　　2016年星巴克贊助外部人士拍公益「微電影」（micro movie）。

・民間申請：透過民間申請來執行拍攝。

・星巴克贊助拍片：由星巴克贊助拍片，所以拍出的電影規格（例如4K）、長度（例如8分鐘）皆同。

・結果：詳見下方次表，2016、2017年各推出10支、13支影片。

表　星巴克一般店與社區店在行銷組合的差異

行銷組合	一般店	社區店
一、產品 人員服務		創造低收入地區就業，包括店在興建時
二、定價 （一）大杯椰奶拿鐵咖啡 （二）捐款	5.25美元 —	便宜4.95% 每筆交易，星巴克捐出0.05~0.15美元給社區公益團體
三、促銷 四、實體配置	— —	店有「社區活動中心」功能，提供低收入地區居民的聚會場所

表　美國星巴克的原創自製公益影片

內容	媒體	產出
2016年9月16日，星巴克在美國推出第一支原創影片，稱為「平凡人做大事」（Upstanders），第一季共有10個平凡人做「不平凡」（extraordinary）的事，創造正向改變	1. 影片：亞馬遜公司黃金會員免費下載影片 2. 照片：臉書Watch，2017年8月9日首度推出，僅限於美國；2018年8月4日開放至全球用戶	2016年10月10日，Peter Lauria在《策略與經營》網路雜誌一篇文章「Branding Emotion」上，說明星巴克這些影片效益如下： 1. 對營收：塑造顧客經驗 2. 對品牌：贏得品牌聲譽（brand reputation） 3. 月暈效果（halo effect）：行銷、財務

10-9　特寫：星巴克企業社會責任、行銷──環境篇，2014、2015年白紙杯繪圖比賽

　　許多公司都有推出某某活動的徵文比賽、攝影比賽、圖案設計比賽。2014~2015年，美國星巴克對顧客、員工各實施過一次白色咖啡紙杯的繪圖比賽，這不是研發時的開放研發（open sourcing），而是為了提前部署，以達成各國政府限制、禁止一次性塑膠製品的使用。

一、總體環境之一：政治／法律

1. 問題

　　每年約1,300萬噸塑膠製品流入海洋，造成海洋生物滅絕，尤有甚者，塑膠製品可分解到極細，被魚吃下，人類捕魚吃魚，對人類健康有害。

2. 解決之道

　　一勞永逸解決之道便是「限制」、「禁止」使用一次性塑膠杯、吸管、塑膠袋。2020年起，連新興國家印度、非洲的衣索比亞都加入限塑、禁塑行列。

二、星巴克對策一：2013年1月起

1. 問題

　　由後頁上表可見，美國加州人民、政府環保意識較高，2014年通過限塑法案，緩衝二年，2016年起實施。

2. 對策

　　由後頁下表可見，星巴克推出可重複使用「白紙杯」，售價1美元，每次使用，可折抵0.1美元，即白紙杯使用10次，便能回本，預期可使用30次。

三、星巴克對策二：2014年

1. 問題

　　當有多位顧客在星巴克櫃檯拿出白紙杯買飲料時，無法分辨哪個是誰的。

2. 對策：2014年4月

　　推出「白紙杯比賽」（white cup contest），即每位顧客在自己的白紙杯上畫畫，做出專屬紙杯。

表　全球四大經濟國與聯合國限塑令

排名	國家	時	事
	聯合國	2019年3月15日	在肯亞奈洛比市的聯合國環境大會（UNEA）公告，2030年前大量減少一次性塑膠製品（塑膠「袋」、「杯」、「餐具」）
1	美國	2016年	美國各州限塑程度不同，2014年加州議會通過法案，2016年實施
2	中國大陸	2008年6月	國務院辦公廳分類「關於限制生產銷售使用塑膠購物袋的通知」
3	日本	2019年	2020年起宣布限塑，2021年起，制定塑膠資源循環策略
4	德國	2019年	歐盟通過禁用塑膠命令，2021年起，禁用一次性塑膠產品

資料來源：部分整理自對外貿易發展協會，全球限塑政策影響下橡塑膠及包裝機械未來展望，2021年1月6日。

表　美國星巴克二次白紙杯手繪比賽

對象	消費者	員工
時	2014年4月22日~5月11日	2015年2月16日~3月9日
地	美、加	同左
人	社群媒體由全球社群媒體處負責，處長Ryan Turner晉升到全球數位認同部副總裁	由「員工溝通與認同」部負責，副總裁Amy Alcala（任期2010年~2017年1月）
事 1. 報名 2. 上傳作品 3. 成果展示 4. 得獎	推特、IG 上傳手繪白紙杯照片，po上#號（hashtag）標籤 #White Cup Contest 在Pinterest，共3,777件杯子中展示300多張照片，另在星巴克網站Stories & News及臉書上也都可看到 2014年6月23日，宣布賓州匹茲堡市20歲大學生（Brita Lynne Thompson）得獎，獲得300美元	同左 同左 #Partners Cup Contest 同左，共1,500件作品 選出7件，再挑出3件，2015年5月4日公布 另在Reddit上有許多人貼文

資料來源：整理自Starbucks Stories & News，數則。

10-10　星巴克社群行銷績效衡量

星巴克、外界都很喜歡討論星巴克社群行銷的績效,本單元分三階段說明。

一、資料來源:社群媒體市調機構

由於社群媒體的重要性高,所以有許多市調機構專攻各大公司的社群媒體的彙總統計,詳見後頁上表。

二、里程碑績效:流量

網路流量、黏著度(online traffic stickiness)比較容易衡量,但這些許多是「空氣票」,星巴克狀況如下,以2021年4月為例。

1. 文字

推特追蹤者在2022年12月1,112萬位,2020年12月1,125萬位、麥當勞3,600萬人,詳見本章附錄圖一。

2. 照片

在臉書上愛用者照片分享星巴克3,650萬人,詳見本章附錄圖二。

3. 影片

在IG訂閱者1,700萬人,號稱全球第二大公司Trackalytics天天統計;在YouTube上則有36萬人。

三、經營績效 I 策略層級:營收

星巴克社群行銷對營收、淨利的效益有待觀察。

四、經營績效 II 社會公民層級:形而上

1. 社會公益、社會責任

主要是透過社群行銷中的公益行銷,去達成社會公益目標。

2. 社區意識建立

星巴克全球社群媒體處長Matthew Guiste(任期2008年5月至2011年7月)說:「星巴克跟顧客互動可建立關係,而不是行銷。」

市調機構	名稱	followers	following	tweets
表　社群媒體市調機構對星巴克的統計				
				單位：萬
Socialbakers	Starbucks coffee twitter statistics	—	—	—
Social Blade、Socail Tracker	Twitter stats summary / user statistics for Starbucks，每天	1,112	880	26.6
Trackalytics	Starbucks coffee Twitter profile，每天共9項	—	—	—

®伍忠賢，2022年12月27日。

星巴克社群媒體行銷權威報告

一、

時：2019年2月12日

地：美國伊利諾州曼德萊恩（Mundelein）鎮，Unmetric公司（2010年成立）

人：Kavya Ravi，印度裔美國人

事：在Unmetric Analyze上的文章「8 Ways Starbucks Creates An Enviable Social Media Strategy」，分析2018年星巴克社群媒體行銷的效果，每年一篇，上一篇在2018年3月12日。Unmetric Analyze追蹤有用社群媒體上的10萬個品牌，每月訂閱費1,000美元起

二、

時：2020年12月9日

地：英國倫敦市

人：Kelly Anderson, DigitalCommons@SHU

事：Starbucks social media strategy report

附錄　麥當勞、星巴克在推特、臉書上的粉絲數

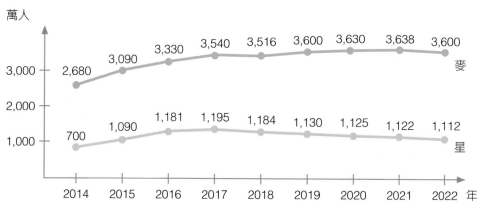

圖一　麥當勞、星巴克在推特上的追蹤人數

萬人

| | 2,680 | 3,090 | 3,330 | 3,540 | 3,516 | 3,600 | 3,630 | 3,638 | 3,600 麥 |

| | 700 | 1,090 | 1,181 | 1,195 | 1,184 | 1,130 | 1,125 | 1,122 | 1,112 星 |

2014　2015　2016　2017　2018　2019　2020　2021　2022　年

資料來源：Twitter statistics，15天一個數字。

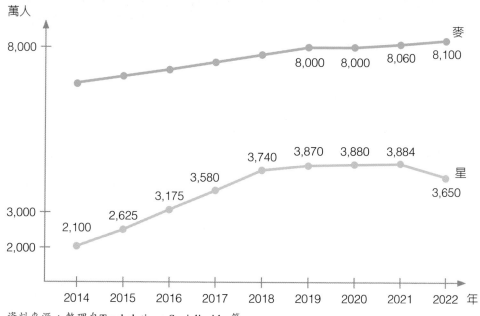

圖二　麥當勞、星巴克在臉書上的粉絲數

萬人

8,000　8,000　8,060　8,100　麥

3,740　3,870　3,880　3,884　星

3,175　3,580

2,100　2,625

3,650

2014　2015　2016　2017　2018　2019　2020　2021　2022　年

資料來源：整理自Trackalytics、Socialinsider等。

241

Date _____/_____/_____

Chapter 11

顧客關係管理：星巴克個案分析

11-1 顧客關係管理的重要性與權威書、論文

11-2 全景：顧客關係管理快易通

11-3 近景：顧客關係管理四大目標，兼論顧客關係管理績效評估量表

11-4 星巴克總裁在顧客關係管理的決策

11-5 星巴克公司網頁上的顧客大分類

11-6 顧客關係管理之一：一般顧客服務吸引力量表

11-7 特寫：電話與網路顧客服務品質量表——星巴克84分比麥當勞62分

11-8 顧客對公司營收、淨利的貢獻分群

11-9 公司顧客關係管理二大類之二：顧客忠誠計畫——公司顧客忠誠計畫吸引力量表

11-10 星巴克顧客忠誠計畫發展沿革

11-11 特寫：星巴克五級會員集點送

11-12 特寫：星巴克顧客忠誠計畫之績效評估

11-1 顧客關係管理的重要性與權威書、論文

每次看到顧客關係管理（customer relationship management, CRM）的文章，大抵是下列三方面的零碎知識。

- 作文比賽式的說明找新顧客的行銷費用約是留住顧客的五倍，但缺數字。
- 從資訊管理部、資訊公司角度切入，大談系統功能、手機App如何開發，一堆專業術語。
- 花很多篇幅談預購、顧客忠誠制度的集點送，例如臺灣的便利商店雙雄——統一超商跟全家超商2017年起推出的會員制。

本章十二個單元，以美國星巴克為主、麥當勞為輔，從總裁兼執行長、行銷長、行銷長下轄四部之一顧客關係管理部角度切入。

一、顧客關係管理的重要性

留客比拉新顧客投資報酬率高，顧客關係管理的重要性及其效益，分為公司內部跟公司外部二方面，為了由簡單入繁，本單元只說明公司內部，跟其他公司合作在單元11-2中說明。

1. 2023年情況

由右圖可見，我們以美國星巴克為對象，例如2023年須花100美元打廣告等行銷費用才能找到一位新顧客（new customer），這就是取得顧客成本（customer acquisition cost, CAC）。相形之下，實施顧客顧客關係管理（最主要成本是集點送），一年一位顧客只需要花20美元。這二者的比率大抵是5比1。

簡單的說，留住顧客（customer retention）的投資報酬率比拉進新顧客還要高。

2. 2013、2023年趨勢分析

2023年行銷費用線是2013年費用線右移，代表了公司每位顧客行銷費用逐年增加，這至少包括物價上漲。

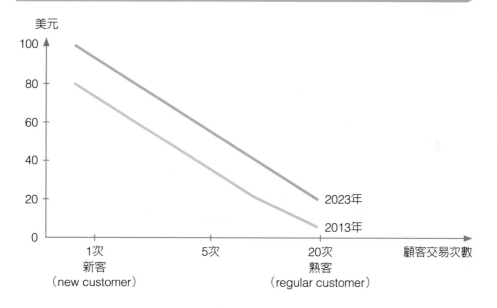

圖　2013、2023年三種顧客取得成本，以美國星巴克為例

美元

2023年

2013年

顧客交易次數

1次
新客
（new customer）

5次

20次
熟客
（regular customer）

表　顧客關係管理權威書與論文

時	地	人	事
2004年	澳大利亞雪梨市	布特爾（Francis Buttle, 1948~），顧問、教授	*Customer Relationship Management: Concepts and Tools* 一書的論文引用次數2,535次
2005年10月	同上	佩恩（Adrian Payne）與Pennie Frow，前者是新南威爾斯大學教授	在*Journal of Marketing*上論文「A Strategic Framework for Customer Relationship Management」，pp.167~176，論文引用次數3,400次
2019年10月	卡達多哈市	Mosa Alokla等四人，有三人來自卡達社區學院	在*Transnational Marketing Journal*上論文「Customer Relationship Management: A Review and Classification」，pp.187~210，論文引用次數45次
2021年2月25日	印度拉賈斯坦邦	Priyanka Meena 與Praveen Sahu	在*The Journal of Business Perspective*上論文「CRM reararch from 2000 to 2020: An Academic Literature Review and Classification」，收集104篇論文

®伍忠賢，2022年12月。

Chapter 11　顧客關係管理：星巴克個案分析

行銷組合第3P促銷策略中的第五項活動，在大公司是由「顧客關係管理部」來負責。這在企管相關系是以二學分課程說明，本章以二個單元作導論，用十個單元以全球企業中的最佳實務美國星巴克為對象說明。

一、本書不使用顧客關係管理「類型」（type）

中文、英文維基百科與書刊稱之為顧客關係管理的「類型」（type），這是誤解了。尤有甚者，有人認為公司透過社群媒體（例如推特、臉書）以進行顧客管理相關活動，稱為社群顧客關係管理（social CRM）。

二、本書採用管理活動「規劃—執行—控制」分類

由右表第二列可見，以管理活動中「規劃—執行—控制」三階段來說明顧客關係管理。

1. 顧客關係管理之規劃：策略（strategic CRM）

由右表第二欄可見，這是顧客關係管理第一步，即了解顧客，主要偏重顧客客單價、頻率、品項等。這部分很強調資訊面（例如大數據分析）與分析面（例如行銷預測）。

2. 顧客關係管理之執行：作業（operational CRM，中國大陸稱運營型）

最例行性的執行活動有二項：一是透過行銷自動化（sales automation），在顧客生日前一天寄電子生日卡加一杯店內贈品。二是顧客忠誠計畫中的集點送。

跟其他合作夥伴公司的協同合作顧客關係管理（collaborative CRM），也就是可以跟關係企業等進行交叉行銷（cross marketing）。

3. 顧客關係管理之控制：分析（analytical CRM）

顧客關係管理的發展
（customer relationship management）

時：1970年代
地：美國
事：各地開始對公司進行消費者滿意程度，連帶引發對顧客關係的重視

資料來源：英文維基百科。

管理活動	行銷規劃	行銷執行	行銷控制
一、目的（why）	（一）對公司跟夥伴公司間顧客關係管理之協同作業（collaborative CRM）	1. 跟「聯名」公司進行交叉行銷（cross marketing）	（二）對公司自己 2. 公司內各行銷相關部門
二、顧客關係管理（how）	顧客關係管理之策略（strategic CRM）	顧客關係管理之作業（operational CRM）	顧客關係管理之分析（analytical CRM）
三、工具（how）行銷科技	（一）資料倉儲（data warehouse）顧客資料平台（customer data platform, CDP）（二）行銷預測（商業）機會管理（opportunity management）	（一）行銷組合以顧客為中心關係管理（customer-centric CRM）第1P：產品策略之個人化產品／服務（personalizing product/service）・精準行銷・個人化訊息第3P促銷策略3.1 行銷自動化（marketing automation）3.2 銷售人員自動化（salesforce automation）	（一）顧客滿意程度（customer satisfaction, CS）（二）顧客認同（customer engagement）2.1 顧客續購・提高顧客留任比率（customer retention）・提高顧客購買金額、頻率（up-sell，向上銷售）・提高行銷「投資報酬率」（ROI）2.2 品牌價值（brand value，或brand equity）2.3 顧客推薦

®伍忠賢，2021年4月16日、7月21日。

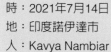星巴克運用科技強化數位顧客體驗文章

時：2021年7月14日
地：印度諾伊達市
人：Kavya Nambiar
事：在Analytics Steps公司網站上的文章「How Starbucks uses technology to enhance customer experience?」

・星巴克pk麥當勞67分比47分

　　為了衡量公司顧客關係管理績效，伍忠賢（2021）依公司顧客關係管理四大目標（一般三個，本書增加表第一欄中第四、五個）推出「顧客關係管理目標與績效量表」（CRM goals and performance scale）。

一、顧客關係管理目標與績效量表

　　由本單元末頁表第一欄可見，顧客關係管理處想達到的五個目標，是由底往上排列的。

1. 取得顧客成本

　　本單元末頁表中數字是舉例，每位顧客取得的成本越低越好，得分就越高。

2. 提高顧客滿意程度（customer satisfaction）

　　這包括二項：顧客申訴（customer complaints）與顧客滿意程度（詳見單元12-8）。有95%是在店裡消費時便決定了，即顧客服務中心只是收拾後果罷了。

3. 顧客認同（customer engagement）之一：續購（customer repurchase）

　　顧客續購占營收比重，這包括四項，五大類中比重最高。

4. 品牌價值（brand value）

　　這大類是本書增加的，也是品牌鑑價公司針對全球大型公司的評估標準。

5. 顧客認同之二：推薦（referral）

　　包括二項，其中淨推薦分數（net promoter score），在單元12-9說明。

二、星巴克67分

　　在國際品牌公司2022年鑑價報告中，麥當勞是餐飲業第一（全球企業第11名），星巴克第二（全球企業第51名）。

　　・第9項交叉行銷營收占營收比率：3分，大部分公司跟其他公司交叉行銷的營收低，這部分缺標準。

　　・第8項品牌價值：5分

三、麥當勞47分

麥當勞得分較低二項，說明於下。

- 第1項：平均每位取得新顧客成本，麥當勞較高，得分較低。
- 第10項顧客淨推薦分數：二家行銷顧問公司作出的二種計算方式，結果一致，在美國四家餐廳公司：必勝客、星巴克、肯德基（炸雞）、麥當勞各為78、77、14與-8分，麥當勞顧客不太願意向他人推薦。

取得顧客成本小檔案（customer acquisition cost）

從英文維基百科中可見：

1. 總成本，依損益表上會計科目可見。
   原料：促銷（例如廣告）。
   直接人工：行銷與銷售部門薪資。
   製造費用：其他相門。
2. 平均成本：上述除以取得顧客數。

表　公司顧客關係管理目標與績效量表：美國境內星巴克與麥當勞

大、小分類	1分	5分	10分	星巴克	麥當勞
五、顧客認同二：推薦 （customer referral）					
10. 顧客推薦（淨推薦分數）	30	50	70	10	1
9. 會員交叉行銷（占營收比重）	1%	5%	10%	3	2
四、品牌價值					
8. 品牌價值（名次）	50名 以後	21~50 名	前20名	5	10
三、顧客認同一：續購 （customer repurchase）					
7. 顧客忠誠計畫投資報酬率	10%	50%	100%	10	8
6. 會員消費占營收比率	20%	40%	50%	10	1
5. 會員占顧客比率	20%	35%	50%	6	5
4. 顧客留任比率（customer retention rate）	50%	60%	80%	5	5
二、顧客滿意					
3. 顧客滿意程度	65	70	85	7	5
・線上、店內					
2. 顧客抱怨比率	0.1%	0.5%	1%	6	6
一、取得顧客 （customer acquisition）					
1. 顧客取得成本	100美元	50美元	10美元	5	4
小計				67	47

®伍忠賢，2021年7月27日。

11-4 星巴克總裁在顧客關係管理的決策

本章在這單元，開宗明義的說，消費品公司營收目標（即預估損益表），其中行銷預算都是由董事會決定的，例如「砸錢」打廣告、促銷（尤其是顧客關係管理中的集點送），一年要砸多少錢，才能達到營收目標。

本章以美國星巴克為對象，在顧客關係管理中主要項目是會員制度的導入。

一、問題：二流公司，解決昨天問題

1. 總體環境之二「經濟／人口」

2007年1月，美國房地產泡沫破裂，許多屋主還不起二胎房屋貸款，7月次級房貸風暴（subprime storm）。美國經濟成長率2004年高點3.8%，2007年1.88%、2008年-0.14%、2009年-2.54%、2010年2.56%。

2. 2006~2008年各季營收

總裁兼執行長詹姆斯‧唐納德（James Donald，任期自2005年3月迄2008年1月6日）一上任便大力展店。2006年第3季，季營收20億美元，2006年度美國市場占營收79%。2007年，美國經濟不佳，但星巴克擴大開店，每季營收往上，第4季27.68億美元。

3. 每股淨利、股價走下坡

2006年度（今年10月~翌年9月）每股淨利0.13美元，股價高點在5月31日14.78美元之後，小幅回檔；2007年11月，第一次打電視廣告，衝季營收到27.68億美元，第4季每股淨利0.14美元。

2008年，營收、淨利下滑，第2季起因大幅關店，認列損失，股價剩3.8146美元。9月之後受金融海嘯拖累，2009年2月19日，股價3.947美元。

二、對策：廣告與會員制度

時：2008年3月19日。

人：霍華‧舒茲。

事：星巴克股東大會，董事長兼執行長宣布一系列的產品組合更新計畫，其中包括2008年4月起顧客忠誠計畫。由後頁圖來看，套用財務槓桿觀念，顧客忠誠計畫「花小錢，賺大錢」。

表　星巴克2006~2008年度經營績效

年度	2006	2007	2008
營收（億美元）	65.83	80	87.72
淨利（億美元）	5.643	6.726	3.155
每股淨利（美元）	0.71	0.87	0.43
股價（美元）	14.824	8.2541	3.8146

圖　星巴克季營收、淨利

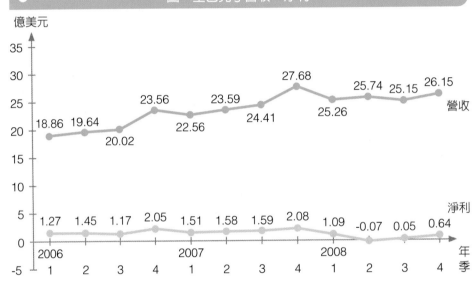

圖　星巴克季每股淨利

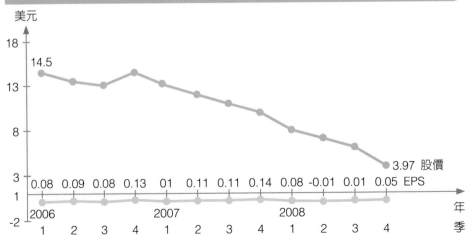

11-5 星巴克公司網頁上的顧客大分類

美國星巴克的顧客關係管理績效很高，全球有非常多論文、深入的文章討論，詳見下表。由後表第一欄可見，星巴克公司網站提供資料給消費者及潛在員工。

一、外部顧客

這分為二中類，由表第一列可見，新舊顧客提供二類服務。

1. 針對潛在消費者、新顧客的「一般顧客服務」

針對熟客的顧客忠誠計畫。

2. 組織：顧客關係管理部責任區，表中第三欄

由一級主管（執行副總裁）行銷長下轄四個二、三級部中之一的顧客關係管理部負責。

二、內部顧客：（潛在）員工

網站上的第四大項「店員（星巴克稱夥伴）職涯」，這由一級主管「公共事務與社會衝擊長」下轄三個二級部之一「員工溝通」部負責。

表　有關公司網路顧客服務品質權威文章

時	地	人	事
2003年6月	英國倫敦市	Jessica Santos NFO World集團公司	在*Mangaing Service Quality*上的論文「E-service quality: a model of virtual service quality dimensions」，pp.233~246，論文引用次數2,235次
2006年7月	芬蘭坦佩雷市	萊赫蒂寧（Uolevi Lehtinen, 1941~）和 Jarmo R. Lehtinen 坦佩雷市教授	在*Service Industries Journal*上的論文「Two approaches to service quality dimensions」，pp.287~301，論文引用次數1,270次
2008年	美國新墨西哥州聖塔菲市	Chris Arlen，下列二家公司總裁，Revenue-IQ、Service Performance	在Service Performance網站上的文章「The 5 service dimensions all customers care about」

®伍忠賢，2022年12月。

表　星巴克公司網站上對消費者和潛在員工提供的資料

一、顧客	潛在消費者、顧客	熟客（regular customer）
（一）星巴克資料	1. 一般顧客服務	
（二）行銷組合	1. 第1P：產品策略	3. 第3P：促銷策略之五顧客關係管理
	1.1 店內菜單	3.1 星巴克卡
	・營養資料	・買會員卡
	・成分	・會員登記
	1.2 在店內退貨政策	・會員卡儲值餘額與再下載
	2. 第2P：定價策略	・星巴克電子禮物卡（eGift）
	2.1 定價	3.2 星巴克忠誠計畫
	2.2 手機App	・加入計畫
	・手機下單	綁「儲值」卡（prepaid card）
	・手機付款	綁威士卡（visa credit card）
	4. 第4P：實體配置策略	・集點（stars）送店內福利（instore
	・線上購物	benefits）
	・在家沖泡咖啡	・其他細節
	・咖啡基本	・忠誠計畫改變
（三）環境	新冠肺炎防疫資料	
	（COVID-19 resources）	
二、店員	店員職涯（career at Starbucks）	

資料來源：整理自Starbucks Customer Service。

消費者滿意調查結果之一

時：2021年6月3日

地：美國

人：Real Research公司，美國加州洛杉磯市（註：沒有更新的資料）

公司	未評論	很不優	不優	中間	優	很優
星巴克 （11萬人次）	21.24	1.57	4.51	14.62	20.89	37.16
麥當勞 （28萬人次）	6.21	5.69	10.57	16.91	20.67	29.95

11-6 顧客關係管理之一：一般顧客服務吸引力量表

・星巴克pk麥當勞81分比61分

在顧客關係管理中的二大類：一般顧客服務、顧客忠誠計畫，本單元以伍忠賢（2021）的「一般顧客服務吸引力量表」（general customer service attraction scale）來衡量，美國星巴克81分、麥當勞61分。

一、一般顧客服務吸引力量表

後頁表第一、二欄套用1967年美國科特勒教授的產品五層級觀念，伍忠賢（2021）把商店一般消費者（不是VIP會員）所提供的一般服務（不含店內店員服務）分成五級各2項，共10項。

以其中第四類擴增服務中的第8項個人差異化來說，在顧客下載星巴克手機App情況下，星巴克進行精準行銷（precision marketing），提供客製化訊息（personalized information）給特定顧客。

二、星巴克81分

由後頁表第三欄可見，星巴克得81分，這很高分，以下說明較低分的項目。

・第7項協同合作服務（collaboration service，簡稱協作）提供服務：像星巴克合作的公司有「行」的來福車（Lyft）、「樂」的思播公司；金融方面，有信用卡公司威士公司發行聯名信用卡。

三、麥當勞61分

以同一項（即顧客抱怨）來比較，二家公司處理方式如下。

1. 星巴克二階段

・文字：主要透過推特（文字）、臉書（影音），星巴克回函第一句話：「Sorry about that!」、「Sorry to hear!」請致電公司，我們會立刻處理。

・真人回答：在美國，電話客服電話號碼1-800-782-7281，此外，各店都有地區辦公室電話號碼。

・舉例：

時：2015年5月6日，美國華盛頓州西雅圖市。

255

　　人：Melody Overton，著有*Tales of the Siren: A StarbucksMelody*一書
　　　　（2014年5月）。

　　事：在StarbucksMelody網站上的文章「How to complain」。

2. 麥當勞Contact us

　　・文字：主要透過手機中的電子郵件方式。

　　・真人回答：一般由直營店所屬地區辦公室人員回答。

表　一般消費者（非會員）關係管理吸引力量表					
大、小分類	1分	5分	10分	星巴克	麥當勞
五、潛在服務					
10. 把顧客當貴客				8	5
9. 把顧客當家人				8	5
四、擴增服務					
8. 個人差異化服務：例如個人化訊息				8	5
7. 關係企業協同服務				5	5
三、期望服務					
6. 紀念日服務			生日	8	5
5. 特殊服務				8	5
二、基本服務					
4. 真人顧客服務（客服中心）	無 真人	7分鐘內 真人	2分鐘內 真人	8	5
3. 顧客抱怨處理：推特				8	8
一、核心服務					
2. 手機App的容易用				10	8
1. 手機App：店址、產品服務、菜單				10	10
小計				81	61

®伍忠賢，2021年4月23日。

圖　常見顧客抱怨（customer complaint）		
消費前	消費中	消費後
客服電話等太久	產品策略 ・環境 ・商品不符、缺貨 ・服務水準	1. 客訴電話等太久 2. 客訴未獲得妥善處理

若僅針對「一般顧客服務」中的第二大類二項：第3項顧客抱怨處理、第4項真人顧客服務，可以擴大到「電子」（網路、電話）。本單元以伍忠賢（2021）電話與網路顧客服務品質（electronic customer service quality scale）量表，得知美國星巴克84分比麥當勞62分。

一、資料來源

數位行銷（尤其電子商務）的顧客服務品質量表跟商店相似。

1. 太極

你看單元11-5表中第三篇文章美國網路行銷顧問公司Revenue-IQ總裁Chris Arlen認為美國1988年的服務品質量表（SERQUAL）還是很好用，只是權重不同，詳見量表第二欄。由量表可見，套用伍忠賢（2020）的五個服務層級，跟顧客服務服務品質五「構面」（dimensions）對應，大抵相容。

2. 兩儀

單元11-5表中前二篇論文，引用次數極高，本質上仍跟服務品質量表相近。

二、電話與網路顧客服務品質量表（**5 dimensions E-service quality scale**）

這量表比較例外的是第2題是真人電話客服（live service），這是因為透過手機App、電腦等文字回覆有其侷限，仍須客服人員在電話上「講清楚」。

三、星巴克84分

1. 參考指標

2022年，美國消費者滿意程度指數（The American Customer Satisfaction Index, ACSI）77分，高點在2011、2013年80分，低點在2015年74分。

2. 電話與網路顧客服務品質量表得分84分

以第2項「電話客服速度」來說，星巴克在公司網站上列出「顧客接觸中心」（customer contact center）0800電話（每天早上9點到晚上6點），但我們給星巴克電話客服5分，因有人表示約12分鐘才會等到客服人員回答。

四、麥當勞62分

1. 參考指標：美國消費者滿意程度指數2022年68分，高點2012年73分，低點2000年59分。

2. 電話與網路顧客服務品質量表62分。

以第2項電話客服來說，麥當勞公司網頁顧客頁中「Contact us」上沒有明確的客服電話號碼。以臺灣來說，也是電話錄音，24小時內由客服人員回覆。

表　網路（含電話）顧客服務品質量表

服務層級	大、小分類	1分	5分	10分	星巴克	麥當勞
五、潛在服務 Know what you are doing	（五）保證（assurance），占19%					
	10. 回文附上公司、人員、標章等				10	9
	9. 回答的專業程度				10	7
四、擴增服務 Just do it	（四）可靠（reliability），占32%					
	8. 服務補救措施II		公司道歉		8	5
	7. 服務補救措施I	換貨	退費		9	5
	6. 實問實答	實問虛答	制式回答	致贈點數等	9	8
三、期望服務 Care about customers as much as the service	（三）同理心（empathy），占16%					
	5. 表達（口語、文字）有溫度（笑容等）		官話回答		9	5
	4. 聆聽與回答				9	5
二、基本服務 Do It Now	（二）回應（responsiveness），占22%					
	3. 網路客服速度	2天	8小時	1小時	5	5
	2. 電話客服速度	8小時	12分鐘	3分鐘	5	4
一、核心服務 Look sharp	（一）具體（tangible），占11%					
	1. 服務方式、具體程度	電子郵件	社群媒體	電話真人	10	9
小計					84	62

®伍忠賢，2021年7月26日。

11-8 顧客對公司營收、淨利的貢獻分群

　　一個國家的家庭依年所得的高低分成五種級距，依財富分二種級距（10%富人vs.90%的一般人）。一家公司的顧客也一樣，在做CRM顧客關係管理中，最常見的市場區隔顧客方式稱為「RFM分析」（RFM analysis）。這內容有點數學性，由於有手機App可利用，限於只有一單元篇幅，本書把重點放在行銷管理涵義。

一、資料來源

1. 緣起

　　一般皆認為「RFM分析」的概念是源自於喬治・卡利南（George Cullinan）1961年的文章，亦有少部分人認為是源自其1967年的文章，但這二篇都不是論文，因此鮮少被人引用。一般認為這是「行銷預測模型化」（predictive modeling）的早期文章。

2. 論文回顧

　　一般十年左右，便會有幾位學者合作，把數十篇重要論文回顧、分類，本次取用的資料來源是臺灣臺中市靜宜大學國際企業管理系魏若婷等三位教授所寫的。

二、三個變數，立體（X、Y、Z軸）

　　RFM分析考慮下列三個變數。

1. 最近購買日期（recency）：由後頁圖X軸下可見可依30、60、90天內分四級，套用火山分三級，觀念相近。
2. 購買頻率（frequency）：以一段期間（例如量販店等以月為單位）消費幾次。
3. 購買金額（monetary）：這是最常見的「顧客平均單價」（average selling price，星巴克稱為每單，ticket），例如臺灣好市多約4,000元，是同業的二倍。

　　三個變數，就如同把西瓜切三刀可切出八塊一樣，可作出立體圖，看起來很漂亮，但不易了解，由後頁圖可見，我們把3D壓縮成平面圖（2D），把「最近購買日期」隱藏在X軸下。

三、三分類

下圖中Y軸把顧客二分類，再依X軸二個變數分四中類。

重要顧客占顧客人數40%、占營收60%，分四類：價值、保持、發展、挽留。一般顧客占顧客人數60%、占營收40%分四類：同前。

1. 依序標示1~8，這是對公司來說。

2. 三分類：八分類太多，不容易說明，一般分三類：重度使用者（heavy user）：圖中第1~4類；中度使用者（medium user）：圖中第5、6類；輕度使用者（light user）：圖中第7、8類。

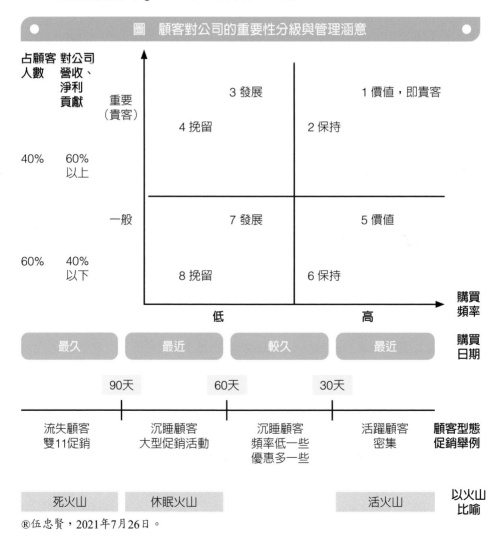

圖　顧客對公司的重要性分級與管理涵意

®伍忠賢，2021年7月26日。

11-9 公司顧客關係管理二大類之二：顧客忠誠計畫 —— 公司顧客忠誠計畫吸引力量表

· 星巴克pk麥當勞73分比52分

星巴克的會員「集點」制度吸引力如何？伍忠賢（2021）以顧客忠誠計畫吸引力量表來「舉例」（有些項目評分只是舉例），星巴克73分、麥當勞52分。

一、資料來源

1. 麥當勞

你在谷歌搜尋輸入「McDonald's member rewards」，進入美國麥當勞公司網址，會出現「Collect points, get rewarded」手機App，在店內點餐有許多好處。

2. 星巴克

你在谷歌搜尋輸入「Starbucks member rewards」，進入星巴克公司網址，會出現「Starbucks Rewards」等，說明會員制福利、操作等。

二、顧客忠誠計畫吸引力量表

伍忠賢（2021）的公司「顧客忠誠計畫吸引力量表」（customer loyalty program attraction scale）。以2022年會員人數，星巴克2,740萬人、麥當勞2,600萬人。

三、星巴克73分

- 第1項會員卡費0元，得8分：這是在美國；但在中國大陸，人民幣88元；在臺灣，臺幣100元。
- 第2項集點比率，得9分：這是指多少消費可以抵算同額消費，以1美元2點，要60點才可折算中杯飲料。
- 第6項紀念日活動（生日禮）：只要是會員，不管點數，生日時皆會獲贈一杯中、大杯限定飲料。
- 第8項個人差異化服務：星巴克會員依集點數分五級，主要差別之一是個人化訊息，之二是店內服務。

四、麥當勞點點卡52分

· 第1項會員卡費。

· 第2項集點比率（1美元100點）：麥當勞1美元可以換100點，這點數面額太高（一如美元兌1,100韓圓一樣），比較難記。但重要的是對顧客來說的，花15美元得1,500點，可以換0.5~1美元食品（小薯、蛋捲冰淇淋）。

· 第8項個人差異化服務：麥當勞把會員依點數分四級（1,500點、1,501~3,000點、3,001~4,500點、4,501點以上），差別在免費品種類。

表　顧客忠誠計畫吸引力量表

大、小分類	1分	5分	10分	本公司（星巴克）	對手（麥當勞）
五、潛在效益					
10. 把顧客當貴客				8	5
9. 把顧客當家人				5	5
四、擴增效益					
8. 個人差異化服務				9	8
7. 聯名卡、協同合作行銷	1家	4家	10家	5	3
三、期望效益					
6. 紀念日活動	無	生日卡	生日禮	9	5
5. 特殊服務				5	5
二、基本效益					
4. 適用區域	1國	5國	10國	10	1
3. 適用關係企業	1家	4家	10家	5	5
一、核心效益					
2. 集點比率	0.1	0.25	0.5	9	5
1. 會員卡費	100元	50元	0元	8	10
小計				73	52

®伍忠賢，2021年4月22日。

11-10　星巴克顧客忠誠計畫發展沿革

2008年4月，星巴克實施顧客忠誠計畫至今，隨著時空變遷，忠誠計畫也跟著改變，了解這點很重要，可以「見賢思齊」，後頁表中第一欄分成三類。

一、顧客認知顧客忠誠計畫的CP值

1. 顧客忠誠計畫的「效益」（capacity）

由後頁表可見，這分成二類。

- 免費品（freebies），但不是人人可得的「贈品」（giveaway）。
- 店內福利（in-store benefits）：這些很雜，詳見單元11-11。

2. 顧客忠誠計畫的顧客投入：「價格」（price）

由後頁表可見，這分二階段：依交易次數（visit-based）（2008年4月~2016年1月），這比較對顧客不利；2016年2月，改依消費金額（purchase-basd或value-based）。

會員分級，一開始只有一級，2008年11月增加「金星級」，2011年4月三級，2019年3月五星級（詳見單元11-11）。

二、會員卡型態

這隨著4G（2019年3月起5G）手機、手機支付功能普及，分成二種型態。

1. 2008~2010年，塑膠卡

這比較像各國的交通儲值卡，每次交易可以儲存紅利點數（bonus points）。

2. 2011年起，手機App

這是2011年1月，星巴克推出手機App，先處理手機下單、儲值、支付功能。2015年，才擴大功能到會員的集點。有一段過渡期後，塑膠卡功成身退。

三、其他

1. 2018年2月1日，跟威士公司推出聯名卡（co-branded credit card）

名稱Starbucks Rewards Visa Card，年費49美元，這同步放在星巴克會員手機App中，持卡人刷卡，便有集點儲存在手機App中。（詳見Zlati Meyer, Starbucks launches co-branded Visa crad, *USA Today*, 2018.2.1）。

2. 2015年起，協同合作行銷（collaborators marketing）

　　跟串流音樂公司思播（Spotify）、共乘計程車公司來福車（Lyft）協同合作行銷，星巴克會員在這二公司消費也可以集點。

表　美國星巴克會員顧客集點送（星禮程）計畫

項目	事
一、顧客cp值	
（一）顧客效益	
1. 免費一杯（freebies）	中杯（360cc），大杯（480cc）
2. 店內福利	
（二）顧客成本	
1. 依次數計算（visit-based）	2008.4　　　　2016.1
2. 依金額計算（purchase-based或value-based）	2016.2　　　　2019.3
（三）=（一）/（二），cp值	
（四）會員級數	2008.4　2008.11　2009.11　　　2011.4　2019.3 一級　　二級　Starbucks Rewards　三級　　三級 二張卡合一張　（增加綠星級）
二、會員卡型態	
（一）塑膠卡	2008　　　2013
（二）手機App	
1. 手機付款	行動支付2014
2. 會員App	Starbucks Card Mobile Application 2011.1
三、其他	
（一）聯名信用卡	威士（Visa）2018.2
（二）協同行銷	思播（Spotify）2015.5 來福車（Lyft）2015

註：2001年11月14日 Starbucks Card 是星禮卡

公司想方設法留住顧客，較有效方式是「全面顧客體驗」（total customer experience），這個「全面」（total）沿用全面品質管理中的全面。在全面顧客體驗中之一的便是顧客關係管理的實施會員制，且依顧客消費金額把顧客分三～五級，本單元以星巴克為例。基於篇幅平衡，我們把單元11-8的RFM分析中八類顧客中的二類在此說明。

一、顧客忠誠程度樓梯（customer loyalty ladder）

星巴克會員制度依會員手上集點（bonus point）數像鋁梯一級一級分級。

二、星巴克因才施「料」

老師對學生因才施教，同樣的，公司對不同忠誠程度顧客因「點」（數）給料。

1. 投入：給資料，詳見表第四欄

由後頁表第四欄可見，如果把「金星級」會員視為「瘋狂粉絲」（reving fans），那就要多給一些產品、活動資料，讓他（或她）去告訴諸親友；對於「新星」，則告之「加油」，還須消費多少可升級。

2. 獎勵：給好料（in store benefits）

詳見後頁表第三欄，店內好料種類至少有三。

三、依最近購買時間（recency）

由單元11-8圖X軸下方可見，依顧客最近購買時間，以火山來比喻「活、休眠、死火山」，區分四級，底下說明其中第三、四級。

1. 沉睡顧客（sleeping customers）

沉睡顧客比較常見特徵如下：

・針對公司促銷電子郵件未讀、已讀不回。

・60天以上才交易一次。

解決之道：針對沉睡顧客，發幾次「重新接觸」（re-engagement）電子郵件或電話，如果無法挽回，那就從顧客名單中剔除。

2. 高流失風險顧客（at-risk customers）

解決之道：「顧客再活化」（customer reactivation）。

表　星巴克會員制的「投入」，與給顧客的福利			
大分類： 占顧客人數	中分類 （2019年3月22日起）	會員的福利	星巴克提供訊息
一、會員占40%，已知：臺灣消費35元換1點，平均一次一人消費100元	依點數（bonus point）會員分五級 （五）金星級 （gold star level） 占0.4% 200~400星 中國大陸三成 （四）玉星級 （jade star level） 占1.6% 151~199星 （三）銀星級 （silver star level） 占2% 51~150星 （二）綠星級 （green star level） 占6% 26~50星 （一）新星級 （welcome level） 占30% 25星以下 註： 美國1美元2星 臺灣35元1星	（一）免費品（freebies） 1. 食物 食品、飲品、商品 生日時：中杯飲品 2. 樂 ・中流音樂：思播公司 ・星巴克App上的遊戲 （2015年推出Starbucks for Life） 40點參加一次賓果遊戲 3. 其他店內福利 （二）禮物卡（gift card） 透過星巴克App移轉給他人 （三）資料	精準行銷 1. 有顧客名字或照片的首頁 （home page） 2. 個人化訊息 例如何時推薦顧客喜歡的飲料等 3. 其他訊息
二、不是會員 　　占60%			

註：第二欄中的占比，是本書假設的。

11-12　特寫：星巴克顧客忠誠計畫之績效評估

基於篇幅考量，我們把美國顧客光臨速食店的考量因素，依馬斯洛需求五層級，分成10項，在後頁上表第一欄。這是個老題目，所以相關文獻較舊。

一、資料來源

由後頁下表可見，評估星巴克忠誠計畫的權威文章。

二、市調機構

時：2018年。

地：英國倫敦市。

人：Manifest，公司成立於1988年，是內容行銷的廣告顧問公司。

事：在美國，星巴克的手機App是會員最常使用的，一個月內48%人使用。

三、會員貢獻：美國

美國星巴克會員消費對營收占比貢獻，2022年突破53%。

四、計算星巴克顧客「終生價值」

這類文章很多，主要差別在於幾個參數的假設數字，比較近一篇文章如下。

時：2021年5月6日。

地：美國麻州劍橋市。

人：Clint Fontanella，HubSpot 記者。

事：在HubSpot公司網站上的文章「How to calculate customer lifetime value（CLV）」。

表　美國二份調查在速食店吃飯考慮因素（可複選）

需求五層級大、小類	行銷4Ps	2008年12月	2016年7月
五、自我實現	—	註：Sarah A.Rydell 等人論文	註：Fluent公司調查
四、自尊			
10. —	—		
9. 人員服務	1P之3：人員服務	—	9
三、社會親和	1P之1：環境		
8. 娛樂、好玩		12	—
7. 親朋相聚		33	—
二、生活	1P之2：商品		
6. 好口味		69	40
5. 營養		21	10
一、生存			
4. 快	1P之1：環境	92	—
3. 方便（店址）	4P之1：店址	80	20
2. 價值（價格）	2P之1：廉價	—	9
1. 店乾淨	1P之1：環境	—	12

表　有關星巴克顧客忠誠計畫績效的重要文章

時	地／人	事
2019年 4月5日	Joanna Fantozzi 美國紐約市	在 *Nation's Restaurant News* 雙週刊上的文章 「The evolution of the Starbucks loyalty program」
2020年 7月17日	Ipek Su（女） 英國倫敦市	在LoyaltyLion公司網站上的文章 「Scale success story: Starbucks rewards program」
2020年 12月16日	Bryan Pearson 美國紐約市	在 *Forbes* 上的文章 「12 ways Starbucks' loyalty program has impacted the retail industry」

表　QSR忠誠指標的市場調查公司		
時	1992年	2009年3月11日
地	北卡羅萊州教堂山鎮	紐約州紐約市
人	Food News Media 集團公司	Foursquare
事	推出雜誌QSR Magzine	是一家提供用戶地點定位服務的公司，員工人數400人

快速服務餐廳（顧客）忠誠指數（QSR loyalty Index）

時：2016年起，每年9月底發表
地：美國
人：上表二家公司
時：針對美國50家快速服務餐廳（quick service restaurant, QSR），依四項指標計算顧客忠誠程度，以2020年來說，星巴克第1、麥當勞第2、唐先生甜甜圈第3、潛艇堡第5
四項指標如下：
1. 頻率：一年到店幾次，一般一個月一次
2. 滲透率：會員收入占營收比重
3. 市占率（share of wallet）
4. 瘋狂粉絲（前1%會員）一年到店次數

Date _____/_____/_____

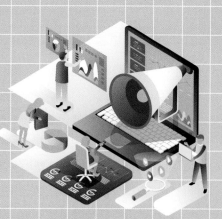

Chapter 12

數位行銷績效衡量：星巴克個案分析

12-1 全景：公司行銷績效衡量

12-2 公司總裁、行銷長負責的行銷績效──星巴克與麥當勞行銷組織設計

12-3 近景：關鍵字廣告（電子郵件）、展示型廣告（網頁）

12-4 近景：影音、口碑／內容行銷

12-5 近景：AIDAR階段中AI階段行銷績效衡量

12-6 近景：AIDAR「購買」與「續購與推薦」績效衡量──廣義顧客忠誠度量表

12-7 近景：網路品牌績效衡量──網友X.com（推特）貼文大數據分析

12-8 近景：AIDAR「購買」之消費者滿意程度──星巴克77分比麥當勞68分

12-9 特寫：AIDAR淨推薦分數──星巴克71分比麥當勞-8分

12-10 近景：行銷績效中財務績效之投資報酬率

・以百貨公司傳統（電視）類比數位廣告

・AIDAR模式

　　天下沒有新鮮事，這是「化繁為簡」最重要原則，對我來說，數位行銷（以其中廣告為例）只不過是傳統行銷的「網路化」。文、音、影媒體從「書籍、廣播、電視」變成網路載體——手機、電腦罷了。

　　本章一開頭，以自家公司的傳統廣告（以電視為主）跟網路銷售類比，大抵可說是用詞不同罷了！

一、傳統廣告：以百貨公司的電視廣告為例

　　由右頁表上半部可見，以百貨公司的電視廣告來說。

1. 注意階段：廣告有效接觸人數

　　以收視人口1,000萬人來說，乘上收視率（一般約2%），再乘上50%有效接觸率（即沒有在廣告期間轉台等），打一次廣告約有10萬人接觸。

2. 興趣階段：入店人數

　　10萬人看了百貨公司電視廣告，約10%會到店，來客數、人潮（customer traffic）1萬人。

3. 慾求階段：詢問人數

　　入店消費者有60%會向專櫃人員要求試吃、試穿等，即從逛街到詢問。

4. 購買階段：提袋人數

　　入店人數1萬人最後有40%付款、消費，此稱為「提袋率」。

二、數位行銷：百貨公司數位廣告

　　以線上零售的廣告來說，跟商店相似，只是用詞不同罷了。

1. 注意階段：廣告點閱人數＝商店廣告接觸

2. 興趣階段：著陸頁＝商店人數

　　網友到公司的「著陸頁」（landing page），表示「走過路過，不要錯過」，已發展「入」landing寶山（把page當「寶」）。

3. 慾求階段：潛在顧客（leads）＝商店詢問

在數位行銷的用詞稱為「線索」（leads），這字是指「information which may lead to asale」，有二種字：

- 網友留下名字、聯絡方式，此稱為「用戶開發」（leads generation），以後循序銷售接觸（sales contact）。
- 潛在顧客（prospective customers）。

4. 購買階段：銷售＝顧客提袋

潛在顧客變成顧客（leads to sales），潛在顧客詳見單元12-3。

5. 轉換率

由潛在顧客到消費，稱為「轉換」（conversion）。

● 表　以AIDA模式分析傳統、數位行銷：以百貨公司的電視廣告為例

行銷 大分類	注意 （interest）	興趣 （attention）	慾求 （desire）	購買 （action）
一、傳統行銷 (1) 人口數	以1,000萬人為例	10萬人	1萬人	0.6萬人
(2) 比率	廣告接觸率 （reach rating） ＝收視率×有效 接觸 ＝2%×50%	入店率（shop entry rate）10%	詢問率（inquiry degree）60%	提袋率（purchase rate）
(3)＝(1)×(2)	10萬人	1萬人	0.6萬人	0.4萬人
二、數位行銷 (1) 人口數 (2) 比率	以900萬人為例 廣告點擊率（ad click rate）1%	9萬人 網址拜訪率 （website visitors）10%	0.9萬人 潛在顧客率 50%	0.45萬人 網路轉換率 （conversion rate）
(3)＝(1)×(2) 說明	9萬人 網路流量 （online traffic）	0.9萬人	0.45萬人	0.0225萬人

12-2 公司總裁、行銷長負責的行銷績效
——星巴克與麥當勞行銷組織設計

本書每章都以星巴克為主角，把麥當勞當對手，到了行銷績效衡量也是。

一、星巴克行銷績效衡量

1. 負責部門：行銷長下轄第一部資料分析與（消費者）洞察

行銷績效由三級（副總裁）資料分析部下的一個處負責。

2. 資料來源

有關星巴克行銷績效衡量的具體做法文章詳見下表，結果見右下表。

二、麥當勞數位行銷績效

1. 數位行銷慢了星巴克12年

麥當勞的主力客群之一是兒童，兒童主要看電視，所以麥當勞有大半廣告費用花在電視廣告。由右上表可見，2021年7月8日，麥當勞推出會員制，而星巴克在2008年4月就推出了。

2. 新政新人

2021年8月，首任顧客長（chief customer officer）Manu Steijaert上任，他是尼德蘭人，在2001年加入麥當勞，其父母在比利時開麥當勞加盟店。

3. 缺資料

簡單的說，由於麥當勞在數位行銷起步慢晚，缺乏資料，詳見單元12-4。

表　二篇有關星巴克數位行銷相關文章		
時	地／人	事
2019年 3月13日	英國倫敦市 Reuben Arnold	在社群行銷顧問公司The Social Element會議中演講。他是星巴克歐非、中東（EMA）區域行銷和產品副總裁
2019年 4月14日	英國倫敦市 Sarah Vizard	在 *Marketing Week* 雜誌上「Starbucks explores dark social for market research」

表　星巴克與麥當勞行銷相關主管和部門

項目	星巴克	麥當勞	
主管執行副總裁	行銷長 Brady Brewer	顧客長（首長） Manu Steijaert 2021年8月起	行銷長 Morgan Flatley （女，1994~） 2021年11月起
一、市場研究 （一）洞察 （二）資料分析部	第1部下轄二個三級部 ✓ ✓	✓	註：之前擔任美國麥當勞行銷長（2017年5月~2021年10月）
二、行銷部組合 （一）產品策略 1.1 環境 1.3 人員服務 （二）定價策略 2.2 數位支付 （三）促銷策略 1. 溝通（廣告） 2. 社群行銷 3. 促銷 4. 顧客關係管理 （四）實體配置策略 1. 餐廳發展 2. 營運	第2部數位顧客體驗部 ✓ 第3部品牌與聲譽管理部 第4部顧客關係管理部	註：2021年7月8日，推出麥當勞會員制「MyMcDonald's Rewards」 數位顧客認同長Lucy Brady ✓ ✓	✓，二個品牌部 ✓，一個行銷部

表　星巴克行銷績效衡量：關鍵績效技術

平衡計分卡	流程績效			消費者績效	財務績效
AIDAR	注意	興趣	慾求	購買	績（購）（推）薦
說明	2.3 每年挑選不同且有趣的事，以擴大粉絲數與認同，細水長流耕耘 2.2 在舊市場計算顧客「認同」、「情感」（sentiment） 2.1 在新市場計算各種社群媒體粉絲數，這會跟品牌知覺、品牌親和（affinity）有關			1. 外界：星巴克獲得2018年IPA Effectiveness Awards的銀獎牌，號稱社群行銷報酬率300% $= \dfrac{\text{行銷帶來淨利}}{\text{行銷費用}}$ 2. 星巴克 星巴克使用計量經濟軟體中的相關分析，以衡量社群媒體（處）績效	

12-3 近景：關鍵字廣告（電子郵件）、展示型廣告（網頁）

公司在谷歌（全球、美國）、百家（中國大陸）等搜尋引擎的網頁上刊登廣告，搜尋引擎行銷（search engine marketing），網友必須在網頁上留下名字及電子郵件地址的「線索」（lead），公司才能回函。本單元以二個表說明關鍵字廣告、展示型廣告的績效衡量。

表　關鍵字廣告、電子郵件行銷績效評比（一）			
注意	興趣	慾求	購買
一、流程績效／瀏覽數2,000次	（一）到達率（delivery rate）$= \dfrac{到達數}{發信數} = \dfrac{delivery}{sent}$ $= \dfrac{200}{1,000}$ （二）開信率（open rate）	總點擊率（click-through rate）$= \dfrac{點擊連結}{發信數}$ $= \dfrac{100}{1,000} = 10\%$	（二）計算季／年（電子郵件行銷）投資報酬率 $= \dfrac{20,000元 - 10,000元}{10,000元}$ $= 100\%$
二、財務績效（一）人次(1)閱讀20,000人次(2)登記2,000人次(3)＝(2)／(1)＝轉換率（conversion rate）（二）損益表(4)營收10,000元(5)＝(4)／(1)	三種銷售線索之一1. 潛在顧客名單1,000人次	2. 業務人員初審名單500人次3. 業務人員複審名單100人次(3)＝(1.2)／(2)$= \dfrac{500}{1,000} = 50\%$(3.2)＝(2.2)／(3)$= \dfrac{100}{1,000} = 10\%$	顧客20人消費者轉換成顧客比率（leads to client conversion）$= \dfrac{20}{1,000} = 2\%$（一）營收1. 每週每批（dispatsa）營收2. 每封電子郵件營收（revenue per email RPE）
	（revenue per lead, RPL）$\dfrac{10,000元}{1,000次} = 10元／次$	(5.1)$= \dfrac{1,000}{500} = 200\%$	$= \dfrac{200,000元}{1,000封}$ $= 200元／封$
(6)成本5,000元(7)＝(6)／(1)Cost per lead	（cost per lead, CPL）$\dfrac{5,000元}{1,000個} = 5元／個$	上述2.$= \dfrac{5,000}{500} = 10元$	3. $\dfrac{10,000元}{100} = 100元$ $\dfrac{5,000元}{100} = 50元$

階段	注意（attention）		興趣（interest）	購買（action）
一、行銷（廣告）	網頁 著陸頁 （landing page）	網友按「廣告」頁，會導入到本公司「頁面」，主要是行銷活動	由Pixel的追蹤工具（tracking202, cylab）去了解哪些媒體的流量帶來轉換	
二、績效	（一）瀏覽（sign in）、頁面瀏覽次數（page view）	（一）廣告曝光次數（impressions）	（一）廣告點擊量（click） 1. 重複造訪（同一人算多次） 2. 不重複造訪（同一人只算一次） 即獨立顧客（unique visitor）	1. 每個點擊帶來營收（earning per click） $$= \frac{營收}{發信數}$$ $$= \frac{5美元}{10個}$$ $= 0.5美元$
	（二）廣告可視性（viewable impressions）即廣告能接觸到對網友以YouTube為例 1. 影片廣告50% 區域持續顯示2秒以上 2. 多媒體廣告1秒以上	（二）曝光比率（share of voice） 1. 頂端曝光比率（top impressions share, Impr.Top） 2. 絕對頂端曝光比率（absolute top impression share, Abs.Top） 3. 主動觀賞（active view）	（二）廣告點擊率（click through rate） $$\frac{廣告點擊次數}{廣告曝光次數}$$ $$= \frac{10次}{1,000次}$$ $= 1\%$	2. 轉換率（conversion rate） $$= \frac{1個}{10個}$$ $= 10\%$

表　關鍵字廣告、電子郵件行銷績效評比（二）

12-4 近景：影音、口碑／內容行銷

幾乎每天在電視、報刊都會看到，某政治事件、人物的網路流量（online traffic）、好感度、壞感度，並藉以進行排名。同樣的，公司進行數位廣告中的影音、口碑／內容行銷，也很關心網友的數量（粉絲數）、流量、認同度（按讚數與留言），本單元說明。

一、網路流量測量公司

由於社群媒體每日流量偶有作弊灌水情況，所以有公正客觀獨立的網路流量測量公司提供。

1. 網路流量作弊二種方式

· 單一詐騙：由工作室一批批作網路作弊的模擬器。

· 程序碼：以問卷調查為例，直接修改任務完成代碼讓廣告主以為任務完成。

2. 網路流量的監視測量公司

詳見右頁上表，網頁分析（web analytics或 traffic measurement tools）。

3. 活躍用戶數為期間至少分二種

· 日活躍用戶數（daily active users, DAU）。

· 月活躍用戶數（monthly active users, MAU）。

二、口碑／內容行銷績效分析──星巴克社群行銷

康姆斯克公司（ComScore）

時：1999年7月20日，納斯達克股市上市

地：美國維吉尼亞州里斯頓（Reston）市

執行長：Bill Livek

公司主管業務：網路媒體測量和分析公司，號稱三大媒體

　　· 電視業收視率調查：AC尼爾森

　　· 廣播業收視率調查：Arbitron

　　· 網路業相關調查：ComScore、Alexa

階段	注意	興趣	慾求	購買	購續
說明	影片播放次數（traffic）	網友認同度 1. 按讚 2. 評論 3. 推薦	每月網路流量（monthly website traffic） 1. 粉絲人數 2. 二種用戶數： ・活躍用戶數 ・留存用戶數		

公司數位智商指數小檔案（digital IQ index）

時：2014年起，每年10月15日公布
地：美國康乃狄克州史丹福鎮和紐約市（L2公司）
人：高德納顧問公司（或顧能，Gartner）旗下Digital Performance Benchmarks
　　team；L2公司，2010年1月30日成立
事：每年針對6個
　　工業：製造業中消費品於重
　　服務業： 零售、施行與健康、金商服務
　　以消費中的飲料業有120個品牌分數

12-5 近景：AIDAR階段中AI階段行銷績效衡量

針對數位廣告的績效，大部分衡量方式都是四大類數位廣告（詳見右頁表中第一欄）單獨看，但是站在品牌長等角度，總希望花了這麼多錢，總效果在同行中排第幾。有些公司看到這個需求，本單元以美國高德納公司（Gartner，臺灣譯為顧能）與L2公司，會編「數位智商指數」（digital IQ index）為例說明。

一、高德納集團

1. 高德納公司

公司股票在紐約證交所掛牌，股價約330美元，2019年營收42.45億美元是高點，是對手弗雷斯特研究公司（Forrester Research）的10倍。後者在那斯達克股市掛牌，股價60美元。

2. L2公司（L2 Inc）

在英文維基百科可以查到這公司，2017年3月，被高德納公司收購，這是一家專攻數位行銷的市調公司。

二、近景：數位智商指數

由小檔案可見，2014年起，高德納公司跟L2公司開始進行六大行業與品牌名稱的數位智商調查。

三、特寫：食品與飲料業掛名

由右下表中可見，2017年（2022年報告，須付費訂閱）美國120個食品與飲料業120個名牌中前10名，星巴克排第二，次於奧地利的紅牛公司（Red Bull）的紅牛能量飲料。

landing page 小檔案

· 中國大陸用詞：著陸頁。
· 臺灣用詞：登入頁面、一頁式網站、到達頁面。
· 功能：以網路商業網站來說，這是首頁，可說是商業門面，接下來是數頁產品頁。

表　數位行銷中四大類數位廣告型態

產生	2020年比重*（%）	高德納公司大項	細項	排名	名稱
一、展示型（display）	33	網頁（site）	1. search & navigation 2. content & locator 3. traffic & engagement（流量與數位認同）	97~100%	genius
二、關鍵字（search）	24	digital marketing channel	1. Google 2. display 3. e-mail	77~96%	gift
三、影音	27	social media	1. Meta平台（2020年舊名臉書） 2. YouTube 3. IG	36~76%	average
四、口碑／內容	16	patch to purchase	1. content and product page 2. guided selling 3. transact	21~35%	challedger
五、其他	—		手機App下載數	1~20%	freebies

*資料來源：詳單元6-7表格。

表　食物飲料排名

2017年			2018年	2019年	2020年
排名	品牌	分數	排名	美國排名	排名
1	紅牛	159	8	4	—
2	星巴克	157	1	1	—
3	百事可樂	151	6	5	—
4	可口可樂	143	2	3	1
5	開特力	140	4	2	6
6	百威漢啤	130	5	—	—
7	百威	133	—	—	—
8	百事激流	133	—	—	—
9	新比利時	129	—	—	—
10	怪物飲料	127	—	7	—

有關於顧客忠誠（customer loyalty）的衡量，定義有廣義（以本單元末表來說，第一欄第一、二層）、狹義之分。伍忠賢（2021）提出廣義品牌忠誠（brand customer loyalty）定義，分成五層級，可進一步發展成量表。

一、第一層：0~20分，AIDAR 中的AI階段

1. 1~10分，AIDAR中的AI階段

這只停留在網頁瀏覽階段，列在公司網站「流量」，停留在「登陸」階段。

2. 11~20分，AIDAR 中的ID階段

主要是網友「按讚」、「留言」，這屬於更積極的「入寶山」。

二、第二層：21~30分，AIDAR 中的「購買階段」

主要是指初次購買的「新顧客」（new customer），分成二小項。

1. 產品小白（product green hand）

「green hand」即「新手」之意，以前沒買過這些產品，第一次購買便買本公司產品，稱為「新顧客嘗試」。

2. 對手顧客品牌移轉（brand switching）

這大部分是對「對手」品牌不滿意才「琵琶別抱」。

三、第三層：31~90分，AIDAR中的「R」繼續購買

這分成三個中分類：

1. 同一產品，分成二小類

‧31~40分，再購買。

‧41~50分，追加銷售（upsell）。

全球各國，美國各地星巴克咖啡售價皆不同，網站Finder會公布。例如以前買中杯拿鐵咖啡（3.7美元），經咖啡師傅店員說明後，買大杯拿鐵咖啡（5.5美元），即買「高價」（up）商品。

2. 51~60分，多種產品交叉銷售

　　顧客買咖啡後，加買烘焙食品。

3. 61~70分，顧客生命週期價值

　　對於每位熟客（regular customer），皆可算出顧客終生價值。

四、第四層：AIDAR中的「R」推薦

　　依淨推薦分數（net promoter score）分成二個級距。

1. 71~80分，這屬於淨推薦分數0~-100分

　　嚴格來說，這對公司來說是「酸民」，給公司「負評」或是星級評等給3星以下。

2. 81~90分，這屬於淨推薦分數0~100分

五、第五層：91~100分綜合第三、四大類

　　多出這一層，是因為實務界有人把第三、四層合著算，這有二個名詞。

　　・顧客認同（customer engagement）。

　　・顧客忠誠指數（customer loyalty index, CLI）。

數位行銷研究：星巴克品牌真誠程度

時：2019年10月

地：加拿大魁北克省蒙特婁市

人：Hamid Schirdastian教授等3人，康考迪亞大學

事：在《資訊管理國際期刊》上的論文「using big data analytics to study brand authenticity sentiments: The case of Starbucks on Twitter」，pp.291~307，探討消費者對品牌真誠程度（brand authenticity），論文引用次數72次

表　衡量顧客忠誠五層級分類

忠誠強度 %	大中分類	英文	問題
91~100	五、綜合三、四大類 （一）顧客忠誠指數 又稱顧客「認同」 （engagement）	customer loyalty index（CLI）	
	四、推薦	recommendation	How likely are you to recommend us to your friends and family？ How likely are you to refer our（company）service？
81~90	（一）淨推薦分數	net promoter score（NPS）	
71~80	三、續購		
61~70	（三）顧客生命週期價值	customer life value（CLV）	2. 第一選擇品牌率 1. 覆蓋率 市場占有率
51~60	（二）多種產品交叉銷售	cross-selling	How likely are you to try our other product？
	（一）同一產品		
41~50	2. 追加銷售	upsell rate	How likely are you to buy from us again in the future？
31~40	1. 再購買比率	repurchase rate	回頭率（returning） 留任率（retention） ・core user actions
21~30	二、新顧客		2. 新顧客嘗試率 1. 對手的顧客嘗試率
20以下	一、品牌忠誠 （一）品牌認同	brand engagement	2. 網路互動活躍時間 1. 拜訪網站頻率

®伍忠賢，2021年11月13日。

12-7　近景：網路品牌績效衡量——網友X.com（推特）貼文大數據分析

由於品牌是個綜合觀念，我們從公司、消費者角度各依AIDAR模式去分類。

一、全景：研究方法

1. 控制環境：實驗室

- 實驗室實驗（in-lab experiment）。
- 支持向量機（support vector machine），這是人工智慧中機器學習的一種演算法，詳見維基百科支持向量機。

2. 開放環境：實驗室以外

潛在語義〔latent semantic analysis（Index）LSA或LSI〕名詞萃取，隱含語意學的一種。

二、近景：以星巴克推特上留言分析為例

由單元12-6小檔案可見，這是一篇由資訊學者套用人工智慧軟體，根據語意學者分析網友在星巴克某一段期間的「評論」的研究論文。

三、特寫：星巴克品牌真誠程度結果

後頁上表是上一段的論文：

- 第一欄：本書一以貫之架構之一產品五層級。
- 第二欄：顧客對星巴克「品牌真誠程度」的五大面向。
- 第三欄：1~5分評分，本處不列出。

四、品牌養成的五個重要成分

後頁下表是食品與餐飲業的品牌建立的五個重要成分，我們依「投入—轉換—產出」排列。

表　產品五層級架構分析星巴克推特粉絲的感受

投入：產品五層級	轉換：2,204位推特用戶	產出：品牌情感
五、潛在商品 （potential product）	五大類之一中類 五、傳統（heritage） 1. 星巴克跟西雅圖城市、球隊連結 2. 個人跟星巴克店的情感	每題得分1~5分
四、擴增產品 （augmented product）	四、象徵主義（symbolism） 1. 星巴克是好生活 2. 星巴克員工知道顧客名字	
三、期望產品 （expected product）	三、獨特性（uniqueness） 1. 跟對手比 2. 星巴克的推特 3. 星巴克的售價 4. 星巴克在社群媒體的受歡迎程度	
二、基本商品 （basic product）	二、其他 1. 其他項 2. 剔除項即不足以判斷	
一、核心效益 （core product）	一、品質（quality） 1. 客訴處理 2. 咖啡豆等原料品質 3. 人員服務	

®伍忠賢，2021年4月3日。

表　品牌養成的五個重要成分

投入	轉換	產出
1. 配料出品 （ingredient provenance）	3. 尖端的設計和品牌塑造 （cutting-edge design and branding）	4. 傑出的績效水準 （elite level performance）
2. 簡單樣子的背景 （homespun backless）		5. 外界肯定 不可挑剔的證據 （impeccable health credentials）

12-8 近景：AIDAR「購買」之消費者滿意程度——星巴克77分比麥當勞68分

美國、中國大陸都有具有公信力的機構，長期對消費者進行消費者滿意程度調查，由後頁下圖可見，長期來說星巴克約77分左右，麥當勞約68分。

一、全景：調查機構

1. 一般滿意程度調查

美國消費者滿意程度調查是由密西根大學跟幾個單位合作（委託全國品質研究中心、美國品質協會）等，詳見下方小檔案。

2. 汽車滿意程度調查

最普遍引用的是君迪公司（J.D. Power & Associates）的「新車銷售滿意程度調查」（U.S. Sales Satisfaction Index, SSI），每年約11月17日公布。

二、近景：問卷項目

以百貨公司與量販店（例如好市多、山姆俱樂部）的調查項目12項來看，將行銷組合予以分類，其中跟數位相關的是「促銷」中的3項：App與網頁的細項。

三、特寫：星巴克pk麥當勞

由後頁下圖可見，星巴克與麥當勞的消費者滿意程度得分。

美國消費者滿意程度調查

時：每年6月，1994年10月起
地：美國密西根州安娜堡鎮
人：美國消費者滿意程度調查協會
事：例「美國消費者滿意程度調查指數」（American Customer Satisfaction Index, ACSI），1. 大分類：政府、公司共10個；2. 中分類：共47個行業，400多間公司
調查期間：前一年1~12月
調查對象：30萬人
每項目：1~10分（接近理想）

表　消費者滿意程度調查項目：行銷組合架構

4Ps	項目
一、產品 （一）環境 （二）商品 （三）人員服務	商店布局和清潔程度 1. 商品滿意度；2. 品牌供應能力；3. 產品供應能力（缺貨） 店員禮貌程度與樂於助人
二、定價 （一）定價項目 （二）支付方式	— 結帳速度
三、促銷 （一）溝通 （二）社群行銷 （三）促銷 （四）人員銷售	1. App應用可靠程度；2. App品質與數量 網站滿意程度 銷售與折扣、推廣頻率 顧客服務中心滿意程度
四、實體配置 店址	商店位置

圖　星巴克與麥當勞的美國消費者滿意程度

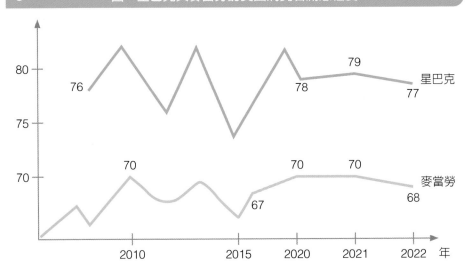

資料來源：德國漢堡市Statista 公司。

原始資料來源：American Customer Satisfaction Index, 2006~2022。麥當勞2000~2022年，2022年7月27日。

12-9 特寫：AIDAR淨推薦分數—— 星巴克71分比麥當勞-8分

顧客認同包括續購與推薦，2022年依印度卡納塔克邦班加羅爾市的「顧客大師」公司（Customer Guru），美國星巴克71分，麥當勞-8分（跟2021年同）。

一、全景：顧客忠誠矩陣

依顧客的口碑和對公司營收影響的「大小」，把顧客分成六種。

1. X軸：口碑方向

由數學中的三一律，顧客滿意程度把口碑方向分三種：好口碑（9分以上）、不吭聲（7~8分）、壞口碑（6分以下）。把給「高分」（例如10分）扣掉給低分（例如1分）相減，得9分。

2. Y軸：顧客口碑對公司營收影響的「高」、「低」

二、近景：顧客推薦意願

1. 起源

繼1999年瑞典開始推出消費者「滿意溫度計」（barometer）（註：這是美國消費者滿意程度的前身），1993年12月起，美國麻州波士頓市的貝恩顧問公司合夥人佛瑞德・賴海赫德（Fred Reichheld, 1952~）推出「淨推薦分數」觀念，2002年起，跟加州NICE Satmetrix進行調查，每年推出報告，算出每家公司的「淨推薦分數」（net promoter score, NPS）。

2. 美國《財星》1,000大公司，三分之二採用

三、近景：星巴克與麥當勞的顧客淨推薦值

2022年，美國幾家大型速食餐飲業得分如下：必勝客78分、星巴克71分、肯德基14分、麥當勞-8分，消費品／速食餐廳平均分40分，跟2021年同，只有星巴克從77分下降。

這是印度「顧客大師」公司所作的結果，其級距涵義如下。

圖 顧客忠誠矩陣（The loyalty matrix）

顧客對營收貢獻

高	被拘留者 （detainee）	第二級天使型顧客 （angel candidate）	天使型顧客 （angel）
低	反對者 （insurgent）	中立型 （neutral）	宣傳型顧客 （missionaries）

	6分	7~8分	9分（含）	口碑方向

壞口碑型：批評者 （detractors）	自用型：中性者 （passives）	好口碑型：推薦者 （promoters）

表 星巴克、麥當勞員工淨推薦分數（eNPS）

項目	星巴克	麥當勞
受訪員工	1,379	3,433
(1) 推薦	32%	33%
(2) 中立	44%	20%
(3) 不推薦	24%	47%
(4) eNPS＝(1)－(3)	12%	-14%

資料來源：美國加州The Comparably公司，2022年12月。

表 淨推薦分數調查方式

步驟	說明	說明
1	選擇調查工具	1. 調查平台：例如Survicate，在波蘭華沙市 2. （電子郵件）行銷自動化 平台：例如ActiveCampaign enterprise
2	進行調查	電子郵件 每90天調查同一顧客，但公司每月都作
3	對某一群顧客進行調查	顧客可分 1. 地理區分 2. 新舊區分
4	通知、回饋給每位受訪顧客 （notification）	1. 處理「壞口碑型顧客」 2. 好事傳千里，激勵好口碑顧客去推薦

12-10 近景：行銷績效中財務績效之投資報酬率

一、全景：效益成本分析

根本問題：行銷效果是否不平衡

美國有許多機構調查公司行銷（或廣告）主管，針對行銷績效是否可明確平衡，其中一項調查結果如下：可衡量24.7%，尚可36%，不能衡量39.9%。

二、近景：數位行銷

1. 比喻：1999年，美國波音公司替美國軍隊研發的「聯合直接攻擊炸藥」（joint direct attack munition, JDAM），這是在炸彈上加上全球定位系統（GPS），號稱圓概率誤差13公尺。這比二次世界大戰時，空軍投彈命中率1%高太多了。
2. 精準行銷（precision marketing）：公司的個人化訊息（personalization）的精準行銷跟精準武器的道理相近。

三、平均顧客取得成本

由下表可見，在計算行銷績效時，依字算出許多成本。
1. 顧客取得成本（cost of customer acquisition）。
2. 留任顧客取得成本（cost of customer retention）。

四、行銷活動的投資報酬率

項目	已知	計算公式
一、數位行銷	$= \dfrac{消費人數}{入網頁人數}$	$= \dfrac{營收-成本}{成本}$ （return on investment, ROI或return on ad spending, ROAS）
二、大眾行銷	已知餐廳 1. 廣告費10,000元 2. 詢問次數（inbound call） 3. 訂單數20單 4. 營收100萬元，淨利率10% $\dfrac{10,000元}{20訂單}=500元／訂單$	廣告投資報酬率 $= \dfrac{（100萬元×10\%）-1萬}{1萬元}$ $=9倍$

Date _____/_____/_____

Chapter 13

網路商店數位行銷管理：天貓商場李子柒旗艦店個案分析

13-1 李子柒旗艦店的行銷管理組織設計

13-2 行銷相關部門管理，兼論客服品質管理處

13-3 行銷策略之一：市場定位──產品五層級觀念運用

13-4 行銷組合第1P產品策略：品牌型態與架構

13-5 行銷組合第1P產品策略：產品組合

13-6 特寫：產品組合之食品的商品力量表

13-7 特寫：產品策略──核心產品「螺螄米粉」

13-8 螺螄米粉的消費者滿意程度

13-9 行銷組合第2P定價策略

13-1 李子柒旗艦店的行銷管理組織設計

中國大陸網路紅人之一李子柒（本名李佳佳），詳見第14章。2017年9月天貓、京東網路商場開設李子柒旗艦店是網路商店（中稱），市場經營主體是浙江省杭州市微念品牌管理公司，背後至少有200人以上，提供消費者「詢問」、「下單」、「退貨」、「會員服務」等各項服務。至於物流、宅配則可能外包，比較難查到資料。

一、一級組織：部

微念品牌管理公司的公司資料中，可見跟行銷相關部如下。

1. 行銷管理三個部：商務楊子愉、行銷劉同軍、品牌李夢麒。
2. 主管職級：副總裁張洋。

二、二級組織：處

由右頁表見，本書以伍忠賢（2021）AIDAR架構予以分類。

1. 以商務、行銷為例

· 商務三處：顧客服務中心、售前處、售後處。

· 客服三處：顧客關係管理處、客服品質管理處（表中未列出）。

2. 主管職級：協理、處長（director）

二級單位「處」級主管，主管英文名稱director，這字直譯「處長」即可，協理級。中國大陸、臺灣一些行業公司譯為「總監」，這是不合文法的，既有「總」監，那就有「分」監、「副」總監，但並沒有。

三、三級組織：組

1. 以商務部三個處中售前處為例，分成三組

這個處接收顧客服務中心（call centre，中稱顧客呼叫中心）傳來的潛在顧客名單（marketing qualified leads），以把消費者（consumers）轉換為顧客（customers）「訂單」。

2. 主管職級：經理

　　每個「組」的主管，有三級，「大」組（20人以上）資深經理、「中」組
（16~20人）經理、「小」組（10~15人）副理。

表　李子柒網路商店行銷相關組織：AIDAR架構					
組織層級	注意 （attention）	興趣 （interest）	慾求 （desire）	購買 （action）	續（購） （推）薦 （repurased）
一、一級部 副總裁 （一）行銷 （二）品牌 功能	劉同軍 李夢麒	 潛在顧客名單 （marketing qualified leads）	商務： 楊子愉 （一）初審 名單 （二）複審 名單		
二、二級單 位：客服相關 處：處長（中 稱總監）		顧客服務中 心（call centre）	售前處	售後處	顧客關係管理處
三、三級單 位：組，5個 組，另加品 質檢驗組 右述數字是 關鍵績效指 標（KPI）， 單位：%		1. 呼出 （call out） 服務60、效 率40 2. 呼入 （call in） 服務60、效 率40	1. 售前接待 業績50、服 務50 2. 訂單審核 效率50、準 確50 3. 訂單催付 業績70、服 務30	1. 售後接待 業績50、服 務50 2. 退款審核 效率70、品 質30 3. 退款處理 效率50、品 質50	1. 公共媒體、投 訴處理 問題解決60、項 目效果40 2. 會員管理 會員成熟客60、 會員數量40 3. VIP服務 服務50、品質50

Ⓡ伍忠賢，2021年5月21日。

限於篇幅，本單元接續單元13-1未說明的部分。

一、資料來源

有關李子柒旗艦店行銷相關部門的資料來源有二：

- 公司部門等，詳見右上表啓信寶那項。
- 行銷相關部門，詳見右上表王雷那項。

二、行銷相關副總經理、處長職責

這分成對外、對內二大部分。

- 對外：關注天貓商城動態、規則、活動。
- 對內：管理以達成目標。

三、各處各組考核標準

單元13-1表下各組人員下的數字是人力資源部考核該組人員的二項績效指標，大多是60%比40%；其次是50%比50%；極少數是70%比30%。

四、顧客服務中心職掌

顧客服務中心（call centre），中國大陸有些直譯「呼叫中心」；臺灣稱為電話顧客服務中心，簡稱客服中心。

客服中心的功能如下：

- 消極功能：Q&A。
- 積極功能：電話銷售中心。

1. 呼入組（call in team）

接聽顧客電話，主要有二種情況：

- 溝通解答各類問題，使用天貓商場網上的阿里旺旺工具台替顧客導購（shopping guide）。
- 處理交易糾紛。

2. 呼出組（call out team）

　　顧客留言回覆。

Chapter 13

時	人	事
2020年 8月11日	王雷（英文名中譯馬里奧）， 李子柒旗艦店客服總監	在上海市樂言科技公司（屬於資訊公司）的「樂言商家說」中受訪「如何打造零負評的優質客戶體驗」
2021年 4月15日	啓信寶，合合信息公司旗下	有關杭州微念品牌管理公司

表　有關李子柒旗艦店行銷管理組織資料

項目	說明
量	每個月須服務人次，一般來說，一位客服中心客服人員一天服務200~250人
價（格）	－
質	客服紀錄 客服流程：例如歡迎詞，問候語、結束語
時	反應時間20秒內，一般指電話響6聲內要接通

表　顧客服務人員績效衡量指標

**李子柒旗艦店客服品質管理處
（中國大陸稱品質檢驗處）**

1. 人員編制6人
2. 分成二個組
・品質衡量組5人：衡量客服人員服務品質
・訓練人員1人：針對服務績效未達標客服人員去「補強」訓練

網路商店數位行銷管理：天貓商場李子柒旗艦店個案分析

13-3　行銷策略之一：市場定位
——產品五層級觀念運用

一、消費者資料來源

消費者消費某品類商品的消費動機主要為何，以右上表中第一欄「馬斯洛需求層級」表示。

二、行銷策略中之市場區隔與定位

1. 李子柒旗艦店商品價值主張有三：

「新傳統、慢生活、輕養生」，這呼應了消費者需求動機五大類。

・新傳統：時尚化、年輕化。

・慢生活。

・輕養生：地方美食全國化、全球化。

2. 市場區隔與定位

右上表中第三欄以四種變數把消費者分類，李子柒商品市場定位詳見內文說明，例如主客群女性20~29歲。

三、行銷策略中行銷組合（4Ps）中的產品策略

以行銷組合第1P產品策略來說。

1. 產品五層級

這幾乎跟馬斯洛需求層級對稱，先求「有」，再求「好」等。

2. 產品品類對營收貢獻，分三類

基本、核心、攻擊性產品用詞來自股票投資組合，跟產品五層級有二項正好相反。

由右上表第五欄可見，李子柒旗艦店五大類商品的營收功能、角色。

表　網路商場李子柒旗艦店產品價值主張、定位與行銷組合

馬斯洛需求層級	商品價值主張	市場區隔與定位	產品層級五層	商品功能與五大品類
五、自我實現	新傳統	四、地理特性 （一）都市vs.鄉村 都市為主	五、未來產品	三、攻擊性產品 ・烘焙類 ・飲品類
四、自尊		（二）省市 1. 省 人口四大省 2. 市 一、二線城市比較偏重此	四、擴增產品	
三、社會親和	慢生活	三、心理特性 比較偏重慢活 二、行為特性	三、期望產品	二、核心產品 ・調味料
二、生活	輕養生	比較偏重美食、養生 一、人文特性 （一）20~29歲為主 （二）女性占70%	二、基本產品	一、基本產品 ・湯品 1. 湯（自熱） 2. 火鍋底料
一、生存			一、核心產品	・速食麵 螺螄米粉、乾拌麵 定價策略：人民幣 50元左右

表　微博上「李子柒品牌」

項目	功能	標記：李子柒
官方微博	東方美食生活家	灰底 黑字
客服中心	親，您好很高興為您服務	紅底 縷空白色

13-4 行銷組合第1P產品策略：品牌型態與架構

從2018年8月17日，天貓商場李子柒旗艦店營業以來，在三大網路商場天貓、京東、蘇寧易購，李子柒的品牌型態都是「個人」品牌，品牌架構是「單一品牌」，本單元說明。

一、品牌型態：個人品牌李子柒

由下表第一、二欄可見品牌型態（brand type），以第一欄擴增版一般均衡架構來分類。

二、品牌架構：單一品牌李子柒

李子柒旗艦店的品牌架構（brand architecture）有二種分類方式，此處以品牌數為例，大抵是單一品牌。

三、特寫：李子柒商品中的「新傳統」

1. 新傳統：詳見右頁上表。
2. 以蘇造醬為例，詳見右頁下表。

		表 李子柒旗艦店「新傳統」類
時	人	事
2018年 5月24日	李子柒	李子柒旗艦店跟北京美味風雲食品公司簽約，「新傳統、新傳承」，蘇造醬為合作項目之一
2018年 11月5日	微念公司	號稱跟胡慶餘堂合作推出長白山蓡蜜、秋梨枇杷膏
2019年 9月	微念公司	由中央電視台「國家寶藏」（註：2017年12月3日綜藝頻道上線節目）承製，跟幾家博物館合作，聯名推出3萬份宮燈月餅 ·紙浮雕 ·皮影戲，四川省非物質文化遺產

| | 表　品牌型態與架構：李子柒是個人、單一品牌 | | |

擴增版 一般均衡架構	品牌型態 （brand type）	品牌架構 （brand architecture）
一、投入：生產因素市場 　（一）自然資源 1. 地理 2. 原物料 　（二）勞動 　（三）資本 　（四）技術 　（五）企業家精神 1. 公司 2. 個人 二、轉換 三、產出：商品市場 消費 1. 產品 2. 服務	geographic brand ingredient brand corporate brand personal brand product brand service brand	以品牌數多寡為例 　（一）多品牌（multi-brand） 1. 母品牌vs.子品牌（parent brand） 2. 子品牌（son brand）或背書品牌 　（endorsed brand） 3. 產品線廣度 4. 產品線深度 　（二）單一品牌（single brand）

Ⓡ伍忠賢，2021年6月1日。

| | 表　李子柒蘇造醬的歷史沿革 | | |

時	1766年	1976年	2017年5月24日
地	北京市	北京市	北京市
人	張東宮	程汝明（1926~2012）	李子柒
事	乾隆30年乾隆皇帝下江南，因喜歡江浙菜，返京後成立御廚中蘇造局。蘇造醬，簡單的說就是宮廷辣椒醬	他是國寶級烹飪大師之一，成立程府菜，另侯盛勇也有出力 四種辣椒外加十幾種原料鮑菇	李子柒蘇造醬： 1. 程汝明配方的改良，辣度減少 2. 跟北京美味風雲食品公司推出聯名款「朕的心意，故宮食品」

資料來源：整理自百度百科「程汝明」。

　　打開李子柒天貓旗艦店的網頁，公司已依品類分類，幾乎一個頁面，呈現一大類食品，那是給消費者看的，比較像是量販店、超市內的品類貨架區。

　　詳見右頁的網路商店資料來源。

一、基本產品：主食加副食，占營收50%

1. 主食：速食類

　　有三種：米粉、乾拌麵、玉米（微波加熱）。

2. 副食：以湯類為例

　　雞湯、鴨湯各一款，自熱式罐頭，適合戶外或室內但沒有任何加熱設備（微波爐等）。另也有火鍋湯底二小類。

二、核心產品：調味品，占營收30%

　　李子柒店的核心產品主要是調味品，是作為基本商店（主食、副食）的支援產品，依食品葷、素分成二中類。

1. 葷食類：主要是拌飯、麵的醬

　　有三款：蛋、牛肉、魚。

2. 素食類：調味等

　　· 拌飯、拌麵二款醬：香菇醬、蘇造醬。

　　· 沾醬：剁椒醬。

三、攻擊性產品：占營收20%

1. 飲品類

　　分成二中類。

　　· 早餐類：包括麥片、豆漿粉、紅豆薏仁粉、黑芝麻核桃粉、蓮藕粉。

　　· 飲品類：紅糖薑茶、草本茶（tisane，又名花草茶）等。

2. 烘焙類等

分成二中類。

‧日用型：蛋黃酥、餅乾、米糕。

‧節慶類：中秋月餅禮盒、端午節粽子。

營收比 性質	占20% 攻擊性產品	占30% 核心產品：調味品	占50% 基本產品：主食＋副食
品類與 品項	四、飲品類 （一）早餐類 1. 豆漿粉（七彩） 　（*44.1） 2. 紅豆薏仁粉（*49.1） 3. 黑芝麻核桃粉 4. 麥片 5. 蓮藕粉（桂花堅果） 　（*54.7） （二）飲品類 1. 人蔘蜜 　（808，*69.7） 2. 燕窩，高價位 　（781，*189） 3. 紅糖薑茶 　（8,747，*39.90） 4. 草本茶 　（3,081，*59.7） 5. 枇杷膏（*69.7） 五、烘焙類 （一）日用型 1. 朝花柒拾鮮花餅 2. 蛋黃酥（*39.9） 3. 紫薯蒸米糕（*29.9） （二）節慶類 1. 月餅禮盒 2. 端午節粽子 　（9,717，*79）	三、調味品 （一）葷食類 1. 蛋黃醬（拌飯） 　（1,091，*23.70） 　（2,919，*39） 2. 牛肉醬（川味麻辣） 　（15,492，*67.7） 3. 魚子醬（黃花魚） 　（236，*119） 4. 鹹鴨蛋（*49.9） （二）素食類 1. 香菇醬（拌飯麵） 　（*39.9） 2. 蘇造醬（拌飯） 　（3,113，*59.7） 3. 鐵觀音剁椒醬（貴州風味）（*49.9）	一、速食類 （一）螺螄米粉，占37%，3項 1. 老壇酸肉（*39.9） 2. 柳州（34.7） 3. 薯泥彈酸辣米粉 　（*29.9） （二）紅油麵皮（一種乾拌麵，速食）3項 （三）玉米（*44.7／7根） 二、湯類 （一）火鍋底料 1. 番茄火鍋（*34.9） 2. 鴛鴦鍋（*29.9） ‧辣 ‧不辣 （二）湯（自熱） 1. 雞：烏骨雞（*29.9） 2. 鴨：老鴨（*29.9）

表　李子柒旗艦店商品品類與品項

資料來源：整理自李子柒淘寶、京東商城旗艦店網頁，與魔都食鑑局，2020年10月21日。
註：括弧內數字第一數字是每個月銷量；第二個數字（或標示*）是定價，單位為人民幣。

公司銷售的產品（products）包括三部分「硬體」（環境：廁所、停車場等）、「商品」（commodities）、店員服務。下列二種零售業，顧客90%以上都關心商品力。

· 實體商店中的自助式零售商店（便利商店、超市、量販店）。

· 無店舖販售：例如自動販賣機、零售型電子商務。

一、全景：商品力量表

· 相關英文名詞：product competiviness evaluation、competitive product analysis。

· 相關中文名詞：商品競爭優勢評比。

二、近景：食品商品力量表

商品依耐用期間區分「耐久品」、「半耐久品」、「消費品」，前二者，消費者會多考慮商品的可靠程度（reliability）。李子柒商品99%皆是消費品中的食品，由右上表可見，伍忠賢（2021）食品商品力量表分成五大類、10項，每項10分。

其中「食品安全」是指食品對人生命安全的影響，例如有沒有含致癌物；「食品衛生」指的是會不會造成消費者吃了生病。

三、特寫：李子柒商品跟對手比較

由右上表可見，由於李子柒商品品類五類，廣度大，沒有對手，第1~8項主要是以占營收37%的基本商品中的螺螄米粉為準。李子柒商品總分73分，小贏對手的63分。

1. 李子柒大贏項目：第10項產品級廣度「9分」

以臺灣的食品商店為例，李子柒旗艦店比較像「義美」；其他網路商店比較像「黑橋牌香腸」食品專賣店。

2. 李子柒店小輸部分：第5項「公司特殊配方」

　　李子柒商品中的「蘇造醬」主打「朕的心意，食在故宮」，強調「清宮」配方，其餘大都「一般般」。

大分類	項目	1	5	10	李子柒	對手
五、商品組合	10. 產品線廣度	一	三	六	9	1
	9. 產品線深度	一	三	六	5	5
四、生產	8. 生產方式	全機器生產	半手工	全手工	1	1
	7. 工廠等級	未入級	三線	一線	9	9
三、產品配方	6. 名家配方				10	5
	5. 公司特殊配方				6	9
二、原料	4. 食材新鮮程度	冷凍	冷藏	現採	5	5
	3. 食材（真材）	劣質品	三級品	一級品	8	8
一、食品安全	2. 食品衛生				10	10
與衛生	1. 食品安全				10	10
小計					73	63

表　食品商品力量表：以中國大陸李子柒旗艦店商品為例

®伍忠賢，2021年4月29日、5月22日。

知乎（Zhihu）網站小檔案

成立：2011年1月26日上線

住址：北京市海澱區

公司：智者天下科技公司，2011年6月8日成立

　　　2021年3月26日公司股票在美國紐約交易所上市，發行價9.5美元，2021年股價約10美元

資本額：5.62億美元

董事長：周源

副總經理：李大海

主要產品：知識型問答網站（Q&A platform）跟美國Quora類似，可說是其中國大陸版

主要客戶：中國大陸網友，約1億人以上

員工數：1,000人左右

標語口號：與世界分享你的知識、經驗與見解，發現更大的世界，有問題就會有答案。2021年2月起，「發現更大的世界」

中國大陸廣西壯族自治區的柳州市的地方風味小吃「螺螄（或絲）米粉」，對許多臺灣人來說沒聽過，這在中國大陸大約從2014年才竄起成為國民美食。本單元說明。

一、柳州市螺螄米粉發展沿革

　　「螺螄粉」光看字面，不易了解，簡單來說是田螺肉湯底的米粉，再加上「臭味」。為了精準起見，本書加上「米」一字，另「螄」也不易寫，也有人寫成「絲」。

　　由右上頁表可見，螺螄米粉大抵是1970年代柳州市二合一的產物，如同「木瓜汁」加「牛奶」合稱「木瓜牛奶」。

　　2013年以前，螺螄米粉須在小吃店現煮現吃（價位人民幣30~50元），2014年，有第一家袋裝螺螄米粉公司成立，逐漸從街頭小吃，變成全國速食品。歷年產值（人民幣）如下：2015年5億元、2018年40億元、2019年60億元、2020年90億元。日均銷售量260萬包，平均一包人民幣10元。（部分整理自少幫主的知乎網，「螺螄粉是如何從地方小吃走向全球的？」）

二、螺螄米粉的商品

　　螺螄米粉跟揚州炒飯一樣，有市政府、協會訂定的參考標準，一般會在「臭味」上去分級（加臭版），頂多加一些特殊調味包。

三、全景：柳州市政府螺螄米粉產業政策

　　由右下表可見，我們依「擴增版」一般均衡架構，把柳州市政府等相關機構的螺螄米粉產業政策等整理。（另見人民網，「柳州螺螄米粉為何能成為『網紅』？」2020年8月14日，原出處《中國知識產權報》）

表　柳州市螺螄米粉發展過程

時	很久以前	1940年代	1970年代	2014年代
食	廣西米粉各地皆有烹調特色 1. 桂林市 2. 南寧市 　生榨米粉 3. 柳州市 4. 玉林市 　牛巴米粉	1. 1960年代起石螺湯 2. 田螺，有四種以上 (1)（圓）田螺 (2)石螺（石田螺）	螺螄米粉＝螺螄湯＋米粉 例如： 柳南區谷埠街一家宵夜小店	由小工廠，開始生產速食袋裝螺螄米粉

資料來源：整理自中文維基百科「螺螄粉」。

表　廣西壯族自治區柳州市螺螄米粉分類

大分類	內容	中分類	說明
一、配料 （一）鮮湯料包	湯水 螺螄、豬骨 10多種香料	1. 有螺螄肉 2. 沒有螺螄肉，純熬湯的	螺螄是中國大陸雲南省為主要貝類
（二）辣	辣椒油、辣椒汁		或紅油包
（三）臭	酸筍		怕臭味的可以不加酸筍包
（四）酸	酸豆角，酸醋包		豆角是「長」豆（或豇豆）切丁
（五）配菜	豆腐皮（中國大陸稱腐竹） 白蘿蔔乾（中國大陸稱夢卜） （黑）木耳、花生		加青菜（空心菜）、鴨腳（螺螄湯煮）
二、主食米粉	1. 米粉 ・圓型 ・榨 ・扁的（中國大陸稱切粉）	2. 分為 ・半湯 ・乾	主要是老米口感彈牙爽滑

資料來源：整理自人民網，「解碼柳州螺螄粉」，2020年10月27日，原出處《經濟參考報》。

13-8　螺螄米粉的消費者滿意程度

　　中國大陸人多，因此就有許多社群，針對各產品去品評，螺螄米粉是其中之一。藉由外界獨立、客觀、公正的產品評分，可以了解李子柒螺螄米粉，在80款中，大抵可名列前五名。

一、排除的評分結果

　　樣本數太少的評分結果，不予討論，如下文所示。

1. 2019年

　　微信公眾號全民評分36人參與。

2. 2020年9月10日，在知乎網上

　　人：廚房人類研究所（美食自媒體的小號）。

　　事：四種螺螄米粉評分（滿分10分）為好歡螺8.7分、柳江人家8.5分、馬中
　　　　才8分、李子柒7.5分。

二、權威的資料來源

　　由下列小檔案可見，中國大陸知識型網站——知乎網上的文章，可信度相對高。

　　三篇很權威的文章，詳見右上表。二篇文章結果，詳見右頁下表。

中國大陸網路商店營收資料統計

時：2014年5月16日
地：北京市朝陽區
人：愛魔鏡科技公司
事：（推出）魔鏡市場情報（Mkt Index.com）
　・六個網路市場
　・品類：食衣住行育樂
　・子類：品牌、「品名」（俗稱寶貝），銷量對比、價格分布
　・地區：依省市

表　阿莫Pascal、未明學院的柳州螺螄米粉評比

文章 排名	阿莫Pascal文章					未明學院
	品牌	分數	⑴ 價格 （人民幣）	⑵ 重量 （公克）	⑶＝ ⑴／⑵	得分
1	柳全	85.9	9.9	268	0.0369	
2	好歡螺（加臭）	83.7	14.9	400	0.0373	0.892
3	億馨源	83.2	12.9	350	0.0369	
4	李子柒	82.3	13.9	335	0.0415	0.951
5	柳江人家	79.7	10.9	330	0.033	
6	螺霸王	79.1	13.9	315	0.044	0.813
7	戴緣記	77.4	11.6	330	0.0352	
8	好歡螺（原味）	76	12.9	300	0.043	0.82
9	義師傅	69.04	14.5	300	0.0483	
10	柳小柒	65	8	242	0.33	

表　知乎網上三篇柳州螺螄米粉評比文章

時	2018年8月9日	2020年5月7日	2020年8月9日
地	—	江蘇省南京市	北京市
人	有調App（微博公眾號），註：2018年11月17日起暫停貼文，這是一個群組	未明學院，未明錦途教育科技公司，2018年成立	阿莫Pascal，北京科技大學國際經濟與貿易系畢
事	在知乎網上「11包螺螄米粉喪心病狂評測，選出了最好吃6款」 1. 有調吃喝團：10人 2. 66個品牌，82款螺螄米粉 3. 結果 ・A級：金牌柳姐、好歡螺 ・B級：柳江人家、螺霸王4款	在知乎網上「為了買到最好吃的螺螄米粉」 時：2020年4月5~11日 地：天貓商場 事：7,920條評論 分數0.1以下為差評、分數0.999以上為好評	在知乎網上「螺螄米粉哪個牌子正宗？」首次發表在「胖Moh評測」 1. 問卷，35題 實測後11題，10項產品、1項性價比 2. 問卷發放375份，回收327份

李子柒商品的定價大都可從二個標準來說明。

一、價格水準

李子柒商品價格在通路、促銷而有不同，本書以天貓商場正常情況為主。

1. 網路商場vs.直播主售價

・網路商場：天貓商場最高，其次是京東商場、蘇寧易購等。

・直播帶貨：這是一檔（可以一週一小時為例）的促銷活動價，跟「雙十一」一樣，以打折價吸客。

2. 正常價格vs.促銷活動價

促銷檔期跟三節、網路商場週年慶（另年中慶、雙11）等有關，一年至少6次，每一個檔期二至四週。「促銷價」比正常價便宜一成以上。

二、相對價格，跟對手比

由於商品大都有內容物重量標準，可以「售價」除以重量，得到每公克多少錢的「單位」價格，價格高低是比較的。

1. 以對手價格視為1，李子柒商品採取「溢價」（premium）

當然也可以跟行業平均位比，但範圍過廣，只宜跟「同品質」的對手比。簡單的比喻，李子柒商品定位跟咖啡店中的星巴克相近。買李子柒商品，買的是現象級網路紅人李子柒代言商品，比較適合送禮，包裝美，售價也高。

2. 折價（discount）定位

這跟品牌形象不一致，不列入考慮。

三、相對價格，跟自己比：性價比

網路商場上，消費者很容易在同一個螢幕上，跟對手「競爭商品」比價。本處評分資料來源詳見右下表。

1. 性價比三一律

性價比只有三種情況之一，但李子柒商品較少有「物美價廉」的性價比大於1情況，以下列情況較居多。

2. 性價比小於1，占80%

　　由後頁圖可見，這個分為二種程度：「略小於1」，像速食類的紅油麵皮（乾拌麵）；「嚴重小於1」，像玉米，有些消費者不知道一根水煮玉米為何售價高到人民幣6元以上。

3. 性價比1，占20%

　　這主要是速食類中的螺螄米粉、調味品類的素食類。

表　性價比公式		
項目	錯誤	正確
中文	維基百科「性價比」	性價比 （capacity–price ratio）
公式	$= \dfrac{cost}{perfomance}$	$= \dfrac{capacity}{price}$
說明	這是「價性比」	capacity，例如汽車的馬力等；出自維基百科「性價比」

表　李子柒商品性價比資料來源		
時	2020年1月15日	2020年10月21日
人	喵喵折App	魔都食鑑局
事	在知乎網上文章「李子柒家的零食值不值得買？」	在微博上文章「李子柒旗艦店通關！這筆零食錢值得花嗎？」

圖　李子柒旗艦店商品「品質—價格」

五類商品	價位		
一、速食類	（三）玉米	（二）紅油麵皮	（一）螺螄米粉
二、湯類			
三、調味品類 （一）葷食類 （二）素食類	鹹鴨蛋	牛肉醬、蛋黃醬	✓
四、飲品類 （一）早餐類 （二）飲品類		✓ ✓	
五、烘焙類 （一）日用性 （二）節慶類		✓ ✓	
高	CP＜1	CP＜1	CP＝1
中	CP＜1	CP＝1	CP＝1
低	CP＝1	CP＞1	CP＞1
	低	中	高　品質

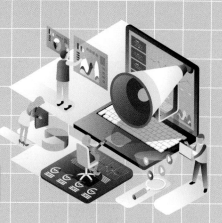

Chapter 14

口碑內容行銷以塑造個人品牌：中國大陸超級（現象級）網紅李子柒經營方式

14-1 全景：現象級網路紅人、直播主為數位時代夢幻工作之首

14-2 過程Ⅰ：2016年~2017年5月李佳佳的說法

14-3 過程Ⅱ：李子柒影片三階段發展

14-4 過程Ⅲ：從技術採用模型分析中國大陸網路紅人

14-5 過程Ⅳ：微念公司打造李子柒的全景

14-6 過程Ⅴ：打造一位千萬粉絲網路紅人的組織設計

14-7 過程Ⅵ：影音社群媒體的選擇

14-8 公開承認Ⅰ：人士公開承認量表

14-9 公開承認Ⅱ：金氏世界紀錄認證

14-10 公開承認Ⅲ：2020年起李子柒在中文版YouTube位列第一

14-11 現象級網路紅人的影響

14-1　全景：現象級網路紅人、直播主為數位時代夢幻工作之首

　　全球超級網路紅人（即粉絲數一億人口以上）約有百位，全球前十位高收入網路紅人九位以上是美國人，臺灣人、中國大陸人比較少人知道。粉絲多、收入高，以「現象級」來形容，中國大陸四川省網路紅人李佳佳（網路名字李子柒）名副其實。本章以「現象級」三要件「過程、公開承認、影響」分析，每個要件至少各以二單元詳細說明其如何達成。

一、現象級用詞緣起

　　各國都有許多外來字，以「現象級」來說，由右表可見，這個形容詞源自於1998年義大利的報紙電視新聞，把足球球員分七級：「1. 球員；2. 厲害的球員；3. 超級厲害的球員；4. 明星球員；5. 厲害的明星球員；6. 超級厲害的明星球員；7. 巨星、現象級球員」，其中「現象級」就是用來形容「超級優異」、「能力超凡」的巴西籍足球明星羅納度。

二、現象級三要素

　　1. 現象級（phenomenal）三要件：過程、公開承認、影響。

　　2. 現象級用詞延伸。

　　現象級用詞逐漸變成流行語，例如現象級企業（phenomenal company），像美國蘋果公司；「現象級企業家」（phenomenal entrepreneur），像蘋果公司創辦人史蒂夫・賈伯斯（1955~2011），但這些都沒有一致名單，大都是各國媒體贈封的。

　　中國大陸人很喜歡用「現象級」，範圍很廣，例如電影、電視劇、電視節目、飲料。

時	1998年	2003年	2007年	2009年	2017年
地	義大利米蘭市	美國	美國	美國	南韓
人	羅那度（Ronaldo Luís Nazário de Lima, 1976~）	蘋果公司（1976~）	史蒂夫・賈伯斯（1955~2011）	詹姆斯・卡麥隆（1954~）	詹姆斯・卡麥隆（1954~）
事	現象級（phenomenal）	現象級企業（company）	現象級企業家（entrepreneur）	現象級電影（《阿凡達》）	現象級歌星
過程	出生於巴西里約熱內盧市的貧民區，在街頭踢球，14歲出道	1. 1977年成立 2. 是個人電腦先鋒 3. 2007年6月29日推出iPhone	美國推出最多殺手級產品的企業家	籌備13年（含外星人語言）	2013年出道
公開承認	1997年起，三次世界、歐洲足球先生	全球股票市值第一公司2.21兆美元	時代雜誌7年7次年度風雲人物	票房收入29億美元，全球第二，3D科幻	2017年全球大舉得獎
影響	多功能球員，而且在每個位置皆有獨特的球技	1. 1C：iMac 2. 2C：以iPhone來說，觸控螢幕成為智慧型手機標準配備 3. 3C：Apple watch	3C產品簡約、便利、美學設計 1. 1C：iPad平板電腦 2. 2C：iPhone 3. 3C：iPod	個人曾獲得三次奧斯卡金像獎	2017年11月起跟聯合國兒童基金會合作

表　現象級用詞的演進

口碑內容行銷以塑造個人品牌：中國大陸超級（現象級）網紅李子柒經營方式

315

表　現象級的三要素的中分類

大分類	中分類	小分類	本章單元
一、過程	（一）辛苦的	1. 不是繼承的（富爸爸）或個人天賦的	14-2 14-3
	（二）創新	經營方式（business model） 2. 產品	14-4~7
二、公開承認	伍忠賢（2021）成就公認量表（1~10級）	公司、個人	14-8 14-9
三、影響層級	（一）總體環境	1. 政治／法律 2. 經濟／人口 3. 社會／文化 4. 科技／環境	14-10
	（二）個體環境	1. 生產因素供應者 2. 替代品 3. 對手 4. 潛在進入者 5. 買方（經銷商、消費者）	14-11

圖　中國大陸3G、4G手機年銷量與網紅人數

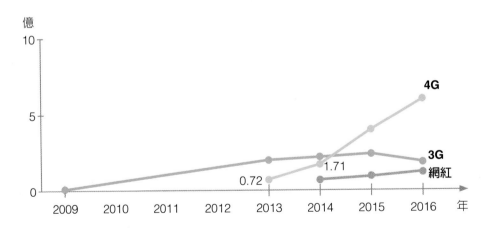

14-2　過程Ⅰ：2016年~2017年5月李佳佳的說法

　　站在李佳佳的立場，人之常情，總希望外界相信她的「影片」是自己拍的，可說是「李子柒版的《舌尖上的中國》」，《舌尖上的中國》是真人真事的紀錄片。

　　本單元把2016年~2017年5月自稱一個人「自編自導自演自拍的時間序」作出分析說明。

一、2016年3月25日~4月25日

1.「桃花酒」影片被推播至平台首頁

　　由本單元末的上表可見，2016年3月25日，李佳佳在「美拍」上發布了「桃花酒」影片（註：三月桃花開），特寫都是模糊的，並沒有引起熱烈反應，她便向微博名「@密碼大叔」（註：2014年起，他在平台「美拍」上傳影片，2016年上半年紅了）請益，買了單眼（中稱單眼反光相機，簡稱單反）、三角架，接連幾支影片上「美拍」。

　　4月1日，清明粑粑的做法。

　　4月18日，玫瑰花。

　　4月22日，櫻桃酒（背景音樂是中國古典音樂「神話」）。

　　4月25日，古法川貝枇杷膏的做法（片長3分13秒）。

2. 二段「微博」上貼文

　　4月22日，上傳「櫻桃酒」影片，22~23日沒有引起熱烈迴響。

　　4月24日，「可能這條路我真的走錯了，我並不適合做這個，那麼辛苦、那麼累，拍的視頻也沒人看，發完最後這個視頻就不拍了，繼續老老實實的做我的小生意。」

　　4月25日，「說要發夠5個原創視頻，好！」她上了「枇杷膏」影片。

3.「微博」上頭像

　　4月11日，「微博」（有中國大陸版推特之稱）上頭像（avanta）已換成李子柒「身披紅色薄紗、帽T式且加面紗」，「微博」公司已在「李子柒」名字旁加「V」（big V，V指verified，一般指粉絲人數10萬人以上）。

二、2016年6月20日

1. 中國大陸父親節（6月第三個週日，2016年6月21日）影片

以2016年6月20日，李子柒上傳一支影片到「美拍」，做了一道父親喜歡的菜（註：她父親在1994年她4歲時逝世），這道菜是她聽祖母說的。

2. 影片中「浮水印標誌」（vedio watermark，註：這主功能在於標示著作權）

由「行走的M-style」改成「李子柒」。

3. 2016年6月20~26日

「李子柒」開始出現在網路新聞頭條中。

4. 2016年6月29日

微念公司2015年11月向商標局申請「李子柒」五類商標；2016年6月29日，初審公告；8月29日，商標註冊核准。

三、2017年

2017年4月，李子柒在「微博」上傳「鞦韆」影片，爆量，網路上一堆貼文，主要指這些影片「不可能一人拍出來」、「造假」。

1. 2017年5月13日

針對網路負面流言，李子柒的「微博」貼文，停更了55天。但平均7天還是上傳一支影片。

2. 2017年5月

李子柒宣布跟微念公司合作，公司派一位攝影師、女助理（小名民國）給她。這起於2016年9月微念公司L先生（劉同明）透過「微博」跟她連絡。

		表　李佳佳（李子柒本名）對2016~2017年5月的說法	

項目	2016年	2017年
第一次 （一）問題	2016年3月25日，「桃花酒」影片並沒有引起熱烈反應，用iPhone 6拍片	2017年4月在（微博）上傳「鞦韆」影片，全網播放量8,000萬、點讚100萬。網友負評潮湧，主要是「太假了」、「一個人拍不出來」
（二）方案	向微博名稱「@密碼大叔」請益，他人在廣東省深圳市	
（三）解決之道	1. 買單眼反光相機，人民幣千數元，學影片剪輯 2. 買三角架，人民幣120元，2016年4月22日（櫻桃酒）影片大受歡迎	1. 2017年5月13日，「微博」上宣布「停止更新」（簡稱停更）附上9頁 2. 2017年5月，聘請1位攝影師、助理。在「停止更新」的55天期間，影片照常上傳，2017年5月23日，「小龍蝦」影片，是她第一支團隊製作影片
第二次 （一）問題	「美拍」上影片署名「行走的M-style」	─
（二）方案	朋友建議微博、影片變更名字	─
（三）解決之道	2016年6月20日起的影片浮水印標誌掛上「李子柒」名字	2017年7月20日，李佳佳跟微念公司合資成立（四川省）子柒文化傳播公司

		表　2017年7~11月微念公司孵化李子柒準備期

時	人	事
7月4日	李子柒	以「行走的M-style」的名義上傳「美拍」二支影片
9月	劉同明	微念公司董事長兼總經理劉同明到四川省綿陽市，拜訪李佳佳，談妥網路紅人經紀合約
10月	微念	對李佳佳的人物（或角色）設定，包括： 1. 2017年8月21日，YouTube上的「東方美食生活家」 2. 2018年6月營業的天貓商場李子柒旗艦店
11月20日左右	微念	最遲在11月28日，微念公司在北京市，透過快又好信息技術公司，申請第3、5、29、30、35（主要是商品批發零售）五類商標

14-3 過程Ⅱ：李子柒影片三階段發展

一、自助人助

2015年7月4日起，李子柒以iPhone 6手機拍片二次，觀看數寥寥可數。本書推論2015年9月，李子柒接受表弟（少數文章說同父異母弟弟，皆查不到姓名）建議，向一位攝影專家「@密碼大叔」學習構圖、攝影角度、剪輯，影片水準大幅進步。

二、2015年10月，本書推論微念公司簽下李佳佳

從影片數量（1個月4支）、品質（短片級的中國舌尖上的故事）等來推論，2016年3月起，李子柒在「美拍」上的影片，微念公司已跟她簽經紀約，並派出一位攝影師、助理。李子柒影片拍攝水準大幅提高，產量增加。

三、第三階段：2017年7月，跟微念公司合資成立公司

李子柒跟微念公司合作滿1年半，成立合資公司，2017年8月21日，平均每8天上傳一部影片上YouTube。在中國大陸經營七個媒體社群、美國二個（YouTube和臉書）。

● 表　現象級網路紅人李子柒學影片製作過程（李子柒的說法在「美拍」上）●

一、入門	2012年	在四川省綿陽市老家，照顧奶奶
	2015年7月4日	在天貓商場上經營網路商店，接受表弟的建議，推影片以打知名度
二、初級	2016年3月25日	在「美拍」上傳短片「桃花酒」，不紅。3月底，向「美拍」特效影片製作達人微博代號「@密碼大叔」，學影片拍攝、剪輯。買一台單眼相機、三腳架（人民幣120元）
三、中級	2016年4月	開始拍「古風美食」短片，有創意，拍攝內容以「農村生活」為主，主軸是古語「四季更替，適時而食」第二小期，「美拍」編輯的建議，重定位「古香古食」，有三大內容
	2016年4月25日	「美拍」上傳「櫻桃酒」影片，被「美拍」的公司美圖總經理吳欣鴻點讚，推引首頁熱門
	2016年5月起	微念公司旗下網路紅人「香噴噴的小烤雞」（微博公眾號，本名鄭宇軒）把李子柒推薦給「微博」美食頻道主管

時	2015年7月4日	2016年3月25日起	2017年8月21日起
一、影片拍攝	李佳佳	本書推論：微念公司與李子柒簽經紀約，派一位攝影師、助理	同左
（一）經營區域	中國大陸	立足中國	放眼世界
（二）市場定位 1. 人物設定		美好古典田園生活的演繹者	東方美食生活家
2. 產品			中國傳統文化裡受年輕女性喜歡的時尚食品
（三）行銷組合之第1P：產品策略之影片		2016年4月22日，上傳「美拍」「櫻桃酒」，美圖公司總經吳欣鴻4月25日，放在「美拍」首頁，半天點讚破萬 2016年11月，上傳「蘭州牛肉麵」，全網播放量5,000萬次、點讚60萬次	2017年4月，上傳「鞦韆」，播放8,000萬次，點重1,000萬次以上、點讚100萬次 2017年8月21日起，先上傳「葡萄皮染色藍紗裙」 2019年3月，李子柒「文房四寶」影片上架
二、影片水準 1. 影	2019年12月12日，中央紀委國家監委網站影片效果不足，缺乏構圖美感	2019年12月，芒果文創執行董事崔瑋表示，李子柒影片把長片（15分鐘以上）精緻化，達到電視紀錄片水準，運用在短片（15分鐘內）	2019年12月8日，中央電視台「熱評」，李子柒的影片是個奇蹟，一顆平常心，締造出國際文化傳播的奇蹟
2. 音（配樂）	寓意直白歌曲	中國古風演奏曲	同左
3. 剪輯	簡單	差異化的好內容	
4. 社群媒體	美拍、微博	快手、抖音	美國YouTube、臉書

雪梨（本名朱宸慧）屬於創新者、李子柒屬於早期大眾市場。

分析李子柒是下列二種情況中的哪一種？

1. 自我孵化網路紅人（self-incubating internet celebrities），其影片屬於用戶創作內容（user-generated content, UGC）。

2. 網紅經紀人公司孵化網路紅人（MCN incubated influencer），其影片稱為「公司創造內容」（professional generated content），這字直譯是「專業」，我們譯為「公司」或「職業」（來自職業球隊）。公司比個人有更多資金去聘請內容創作小組來拍出專業水準的影片，另一個指標是數量是個人的幾倍（即量產）。

為了回答這問題，我們採用1962年美國社會學教授埃弗里特‧羅傑斯（Everett M. Rogers）提出的「創新的傳播模型」（diffusion of innovations），比較雪梨和李子柒。

一、從競爭者人數、粉絲取得成本切入

由右表可見，2013年年底，中國大陸開放4G手機營運，許多人推出影片，搶著成為網路紅人賺錢。

- 2014年網路紅人約1萬人，有先行者優勢，要想成為1,000萬粉絲的「頭部」網路紅人，約須人民幣100萬元，即每位粉絲取得成本人民幣0.1元。

- 2015年網路紅人人數約3萬人，此時每位粉絲取得成本約人民幣0.15元，典型代表是自我孵化網路紅人「Papi醬」（本名姜逸磊），本身是「家學淵源」（父母），再加上中央戲劇學院導演系畢業。

- 2016年網路紅人約10萬人，每位粉絲取得成本約人民幣0.2元，網紅經紀公司微念公司孵化網路紅人李子柒，2016年3月~2017年7月，可能花了人民幣200萬元。

二、成熟階段（2017年起）

　　這階段由於競爭者多，想擁有500萬粉絲（腰部網紅）、1,000萬粉絲（頭部網紅），需要影片拍攝水準、頻率（一週至少1支影片）更高，素人必須跟網紅經紀公司簽約才能脫穎而出。

　　另一方面，由於上網影片常有著作權侵犯行為，2019年5月「小紅書」（號稱中國大陸版Instagram）要求網路紅人有網紅經紀公司代理，這逼得素人必須「靠行」。

產品壽命週期	導入	成長 I	成長 II	成熟
表　中國大陸網路紅人產業發展階段				
技術採用	創新者（innovator）占2.5%	早期採用者（early adopters）占13.5%	早期大眾（early majority）占34%	晚期大眾（late majority）占34%
時	2012~2014年	2014~2015年	2016年	2017年
地	浙江省杭州市	上海市	北京市	四川省成都市
人	消費型	消費型	數位內容	數位內容
行業	電子商務	電子商務		
公司	阿里巴巴集團旗下天貓商場	小紅書（2013年6月成立）偏重美妝、生活方式	微博公司，比較像中國大陸版推特	字節跳動公司旗下抖音，可說中國大陸版YouTube
主要網路紅人	1. 網路商店代言人（2013年起雪梨、張大奕） 2. 直播主播（2016年起）薇婭、李佳琦	號稱中國大陸版IG，俗稱「種草社區」 1. Annaitisan 2. 陳潔kiki 3. 聚划算百億補貼	1. Papi醬（本名姜逸磊）（2015年10月起走紅） 2. 李子柒（2016年4月25日起走紅）	例如：美食相關 1. 洋蔥國際傳媒旗下「辦公室小野」 2. 癮食文化傳媒 3. 魔卡視頻

®伍忠賢，2021年6月11日。

14-5 過程Ⅳ：微念公司打造李子柒的全景

· 從犯罪現場重建推論2016年3月起，微念公司打造出李子柒

　　2016年起，粉絲人數1,000萬以上的頭部網路紅人，近100%是網紅經紀公司孵化製造出來的，本單元從物證（沉默的證人）的現場調查（scene investigation），說明2016年起，微念公司如何打造出頂級流量網路紅人（粉絲數5,000萬以上）——李子柒。

一、小心求證，大膽推論的現場重建

　　一開始，我們跟許多李子柒的粉絲看法一樣，認為2016年~2017年4月，李子柒的影片是「用戶創造內容」。

　　當你把視野從粉絲移出，你會看到許多網路文章，考證李子柒影片走紅的條件等。套用檢察署檢察官的基本作業程序（SOP）「證據到哪裡，就辦（案）到哪裡」，這是本段主張標題「小心求證，大膽推論」，而不是1919年國學大師胡適主張的「大膽假設，小心求證」，2015年11月，李佳佳跟微念公司簽經紀合約現場重建「推論」詳見右頁表。

二、從能力來說，李子柒影片、旗艦店都不是李佳佳財力能及

　　由右表二種成為500萬粉絲網路紅人的投入成本來說，以李子柒2016年3月~2017年4月來說，約須人民幣100~140萬元，這對李佳佳等99%的人來說，是「力有未逮」的。

　　這期間李子柒一個月至少上傳影片4支，而且拍攝水準高，以用戶創作內容來說，一個月約1支影片。另一角度，這期間李佳佳一家（她、她祖母、她同父異母弟弟）生活費來自哪裡？

三、從「李子柒」智慧財產權歸屬於微念公司

1. 2015年11月，微念公司向商標局申請商標

　　依據中國大陸《商標法》第28條：「對申請註冊的商標，商標局從收到申請人申請文件起，9個月內審查完畢。」我們約看過100件商標申請，大部分都10個

月左右。2016年8月29日,微念公司首次取得「李子柒」數件商標註冊,大抵最快2015年10月,最遲11月商標申請。

2. 2017年7月20日,子柒文化傳播公司股權結構

在四川省綿陽市涪城區,成立「子柒文化傳播公司」,資本額人民幣100萬元,李佳佳持股比率49%,擔任執行董事,微念公司持股比率51%,擔任監事。

3. 2018年6月1日,天貓商場李子柒旗艦店

以「李子柒」最主要「變現」(monetization)來源為天貓商場李子柒旗艦店,2018年6月1日開業,經營主體(business entity)是微念公司。

4. 2021年7月14日,李子柒不上傳影片

中國大陸稱「停止更新」,可能是李子柒跟微念公司因股權問題發生爭議。

表　從犯罪行為分析微念公司打造出李子柒			
架構	投入	轉換	產出
法律行為	客觀要件(能力)		主觀要件(動機)
經濟學一般均衡	生產因素市場	產業結構	商品市場
說明	一、自然資源 二、勞工 三、資本(主要是資金) 要成為網路紅人,有二種成本算法: 1. 基本算法 每月至少(約)人民幣10萬元,包括 ・原料:道具 ・直接人工:拍攝相關 ・製造費用:機器 ・攝影棚折舊 以李佳佳宣稱2016年3月~2017年5月,獨立完成56支影片,約須投入人民幣140萬元 2. 從粉絲數反算 2017年5月,微念公司宣稱「頭部」(網紅粉絲數1,000萬以上),取得每位粉絲所需成本為人民幣0.2元 以2017年5月李子柒微博粉絲200萬人來算: 200萬人×人民幣0.2元=人民幣40萬元	以網路紅人經紀公司來說,微念公司對網路紅人孵化能力	依時間區分 1. 2016年8月29日微念公司取得「李子柒」第3、5、29、30、35五類商標大約2015年11月20日申請 2. 2017年7月20日四川省綿陽市子柒文化傳播公司成立,資本額人民幣100萬元,微念公司持股51%、李佳佳持股49% 涉及: ・李子柒影片所有權 ・李子柒商標申請商標權 3. 2018年6月1日天貓商場李子柒旗艦店開業,經營主體是微念公司

14-6　過程Ⅴ：打造一位千萬粉絲網路紅人的組織設計

　　限於篇幅，本處以三表，依序說明「資料來源」、「各階段孵化網路紅人的組織規模」、「網路紅人影片」（中國大陸稱視頻）的三個組織架構。

表　有關中國大陸孵化一位粉絲數500萬網路紅人重要文章

時	人	事
2016年 5月16日	於慶璇	在臺灣中時新聞網、網推上文章「培養一名『網紅』需要多少錢？幕後推手這麼說……」 業界人士陳興表示：「培養一位網路紅人，一年人民幣100萬元，包括10人小組。」
2019年 5月29日	運營研究社	在「微信上的中國」上文章「製造『帶貨』網紅們的神祕組織，到底是怎麼讓網紅火起來的？」
2019年 10月20日	運營黑客	在「媒體」、「每日頭條」上文章「一篇文章告訴你，抖音MCN是怎麼打造網紅的？」
2020年 7月20日	劉靜宇	中央電視網文章「揭祕MCN：網紅大紅大紫的背後推手」
2021年 3月17日	CBNData	「第一財經」上文章「2021年，如何製造網紅？對話5家MCN」

表　本書推估微念公司對李子柒的孵化過程投入人力

時	2016年	2017年	2018年	2019年
一、粉絲數				
1. 微博（萬人）	200	1,000	2,000	2,400
2. 地位（網路紅人）	腰部	頭部	超級頭部	頂級流量
二、微念	公司提供資源			
（一）營運				
・主管	1	1	1	1
・其他		2	2	4
（二）影片製作				
・攝影	1	2	3	4
・燈光	1	2	2	2
・助理	1	2	2	2
・剪輯	1	1	1	1

行銷管理	電影	網路影片	李子柒
一、行銷研究		中國大陸稱視頻 1. 對網友的了解：粉絲團、評論團 2. 對社群媒體（美拍、微博、抖音）的了解	
二、行銷策略 （一）市場區隔 　　市場定位 （二）行銷組合 1. 產品策略 1.1 硬體 ・場景	製片（producer） 下轄執行製片 （production manager） 導演（director），下轄執行導演、攝影指導、數位影像工程師、場記（supervisor）	一、營運人員團隊或營運主管 二、創意支持 （一）內容團隊 ✓ *週一、五開選題會議，是腦力激盪（中國大陸稱爆腦）	2017年4月前，李子柒號稱自編自導自演 2017年5月起，號稱增加下列二位： ・攝影師綽號小剛
1.2 商品 ・文 ・音 ・影	編劇或稱作家 錄音師、配樂師 攝影師，下轄燈光師、航拍攝影機師	✓編劇 （二）中期團隊	・女助理小名「民國」（1997年次） 可能有專人
1.3 角色 ・服裝 ・道具 ・化妝 1.4 中期製作 1.5 後期製作 ・文 ・音 ・影	美術指導或藝術指導 道具師 化妝師 字幕 背景音樂 電腦視覺數位特效	 （三）後期團隊	
三、促銷策略		三、商業發布	
四、實體配置策略		公關商務團隊 媒體、公關 發行（中國大陸稱渠道）	

2006年8月起，李子柒在影片方面分二部分說明。

1. 中國大陸：由2個社群媒體，擴大到7個社群媒體。文字媒體主要是微博、影音主要是字節跳動公司旗下3個媒體（國內抖音和西瓜視頻，抖音國際版）。

2. 美國：2017年8月21日，李子柒上傳影片到YouTube，本單元先拉個全景（下表），全球十七大活躍用戶的社群媒體；再拉個近景（右邊二個表）說明中美主要影音媒體的實力。

表　全球十七大社群網站

2022年12月，月活躍用戶，單位：億人

排名	國家	媒體	人數
1	美國	臉書	30
2	美國	YouTube	25.62
3	美國	Whats App	20
4	美國	IG	14.78
5	中國大陸	微信	12.63
6	中國大陸	抖音（國外）	10
7	美國	臉書Messenger	9.88
8	中國大陸	抖音（國內）	6
9	中國大陸	QQ	5.74
10	中國大陸	快手（Kwai）	5.73
11	美國	Snapchat	5.7
12	俄羅斯	Telegram	5.5
13	中國大陸	新浪	5.21
14	美國	Pinterest	4.44
15	美國	推特	4.36
16	美國	紅迪（Reddit）	4.3
17	美國	Quora	3

資料來源：整理自德國Statista，2022年7月26日。

表　美、中二家龍頭影音社群媒體		
時	2005年2月11日	2012年3月12日
地	美國加州聖布魯諾市	中國大陸北京市海澱區
人	YouTube，中國大陸稱「油管」	字節跳動公司
事	1. 谷歌公司於2006年收購為旗下公司 2. 是影片社群平台，主要收入是網友看影片時順便點選廣告（Google AdSense）	約50種App，其中「影」部分旗下三種型態社群媒體如下： 1. 文：每日頭條（2012年8月上線） 2. 音：番茄暢聽（2020年7月），長音頻 3. 影 　・國外：抖音國際版 　・國內：抖音（2016中9月）、西瓜視頻（2016年5月）

圖　美國元平台公司營收與用戶數績效

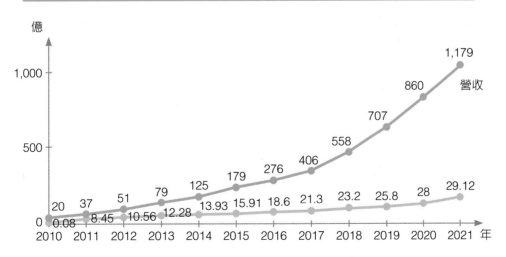

資料來源：Statista，2022年10月27日，用戶數。

營收：單位為億美元。

用戶數：單位為億人，指每月至少上網一次。

現象級人物的第二個條件是「公開承認」，英文如下：

・公開：universally、generally。

・承認：accepted、acknowledged、admitted。

一、人士公開承認量表

為了衡量李子柒「被公開承認」的程度，伍忠賢（2021）推出人士公開承認量表，由下往上，「分數」越來越高。

1. 量表發展過程

這個量表的發展步驟，第一步驟是從百度百科、知乎網上把李子柒公認大事紀表作出、發現量表中第二欄的「步步高升」趨勢。

2. 量表由低往高

由10分往100分，共十級。

二、李子柒得85分

1. 李子柒得85分

2019年起，中國大陸農業農村部兩度把李子柒列為某個項目的推廣大使。她住的四川省綿陽市平武縣地處四川之北，山多且寒冷，許多地方是貧困地區，李子柒可說是此區「脫貧攻堅」（poverty alleviation）的代表。

2. 跳空缺口

由右頁表可見，表中第二欄中「60分」從「缺」，一般是以美國哈佛大學商學院列入個案為指標，例如義大利服飾網路紅人琪亞拉（Chiara Ferragni），詳見單元14-9小檔案。李子柒在美國二家三線大學（碩士論文，陸生）、中國大陸一篇碩士論文，皆不是重量級論文。

	表　重要人士的「公開承認」程度衡量：李子柒		
得分	項目	說明	李子柒
100	五、政府 聯合國	含諾貝爾獎	
95	多個國家政府		
90	一國中央政府	形象大使	2020年8月，當選中國共產黨旗下青年聯合會1,375名之一
85	中央政府 一個部會	推廣大使	2020年5月19日，農業農村部聘首屆農民豐收節推廣大使之一，包括李子柒、雜交水稻之父袁隆平 2019年10月，受邀擔任農業農村部農村青年致富帶頭人推廣大使
80	地方政府	親善大使	2019年9月，成為首位成都非物質遺產推廣大使
70	四、學者 著名學者的重量級論文		
60	三、媒體 一國一線多家媒體	Top 20	2020年2月1日，美國《財富》雜誌中文網首次推出「中國最具影響力的商界女性」（未來榜）有李子柒、薇婭（本名黃薇） 2020年1月4日英國《泰晤士報》，將李子柒選為2020年全球最值得關注的20人之一李子柒
55	一線一家媒體	年度 風雲人物	2019年12月14日，中國「新聞週刊」在「年度影響力人物」14位，李子柒獲頒傳播人物獎，時尚人物獎為義大利的琪亞拉（Chiara Ferragni）
50	二、大型（以上）公司	廣告代言人	2019年8月5日，微博公司年度最具商業價值紅人獎，共3位 2018年5月24日，在北京市李子柒跟美味風雲食品公司推出「推出故宮食品」 2020年4月，YouTube粉絲破1,000萬人，金氏世界記錄公司認證華人記錄 2019年12月6日，登上「微博」熱搜榜 2019年8月5日獲得微博公司最具人氣「博主」（YouTube）獎 2018年美國YouTube銀牌獎，粉絲數破100萬，網友稱為「來自東方的神祕力量」
40	一、輿論（自媒體） 社群媒體持續爆表流量		2018年1月，在中國大陸全部網路粉絲數近2,000萬、累積播放量近30億次，號稱「微博」「2017年第一網路紅人」 2017年6月16日，在上海市，獲頒微博公司第一屆超級紅人獎的最具商業價值獎

®伍忠賢，2021年4月29日。

14-9 公開承認II：金氏世界紀錄認證

・以金氏世界紀錄公司認證中文版YouTube粉絲數第一

運動員的運動能力有奧運、各項運動比賽獎牌肯定，而且大部分有「世界紀錄」（world records），例如男子一百公尺賽跑。

至於一般運動比賽的世界紀錄，以英國金氏世界紀錄公司來說，它是全球非常高公信力的世界紀錄認證公司，二次認證李子柒是中文版YouTube粉絲數第一。

一、資料來源

社群媒體的市場調查公司至少有十二家，針對粉絲人數一定水準（例如500萬人）的網路紅人，大都每天都會出網路流量等統計數字。

其中中國大陸北京市NoxInfluencer公司，針對中國大陸人民在美國版YouTube等幾個社群媒體上的網路紅人（例如李子柒）有更深入的分析。

二、YouTube粉絲數趨勢分析

本書推論2016年，李子柒跟微念品牌管理公司簽經紀合約，有攝影師、助理、較專業的攝影機等，所以影片品質提升、產量增加。

1. 2017年8月21日上線

第一支影片「用葡萄皮染薄裙」（making a dress out of grape skins）。

2. 趨勢分析

從2018年起，有全年粉絲數，約735萬人，2021年約1,550萬人，四年成長104%，四年成長率28%。進行五年的趨勢分析，以了解李子柒影片的吸引力起伏，以預測未來。

2019年1月30日上的「年貨小零食」，片長10分鐘，做了九樣零食（花生瓜子糖葫蘆、肉乾果脯雪花酥），11月觀看次數達4,200萬。

哈佛大學商學院琪亞拉個案分析

時：2015年1月
地：美國麻州波士頓市
人：Anat Keinan和Kristina Maslauskaite，前者是波市頓大學行銷學系教授
事：在哈佛大學商學院「師資與研究」出版中個案「The Blonde Salad」，共25頁。
　　這是琪亞拉（Chiara Ferragni）公司名字

圖　李子柒在YouTube上的粉絲數

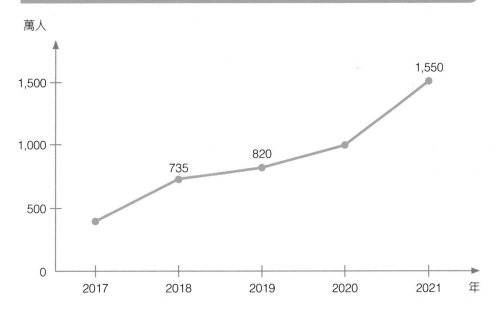

● 　圖　李子柒在YouTube上的影片總觀看次數（**Total YouTube Views**）　●

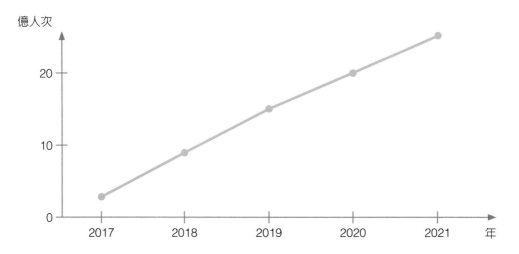

李子柒是中文版YouTube訂閱人數第一

時：2021年2月3日

地：英國

人：Echo Zhan，金氏世界紀錄有限公司（Guinness World Records）公司

事：在英國金氏（中稱吉尼斯）世界紀錄公司網站上「Li Ziqi breaks YouTube subscribers record for Chinese language channel」

　　二次創下YouTube（中國大陸稱油管）中文訂閱戶人數世界紀錄：

　　・2020年7月16日，1,140萬人

　　・2021年1月25日，1,400萬人

2020年，李子柒是YouTube中文版粉絲數第一；2019年是辦公室小野第一，她第二名。本單元拉個全景，說明中國大陸網路紅人在海外社群網站（例如YouTube）粉絲數破千萬人的，一手可數，重點在「美食」、「默片」、「片長5~10分鐘」。

一、全景：外國人喜歡看（後頁表第二欄）

時：2011年起，每年9月16日公布。

地：全球22國〔主要是20國集團（Group of Twenty），外加3國〕。

人：11,000個樣本，對象18~65歲，每國500個樣本。

事：由當代中國與世界研究院的「對外傳播研究中心」，委託「凱度」等二家外國廣告公司進行，網路問卷調查，調查期間每年3~6月。每年9月出版報告（約50頁），在第37頁接觸中國飲食品、中醫藥、武術。

二、轉換：「美食」、「默片」、「片長5~10分鐘」（後頁表第三欄）

中國大陸的影片「出口」（中國大陸稱「出海」），面臨文化、語言障礙，由前述報告可知，以外國人來看中國文化，排名第一的是「中式料理」。

網紅經紀公司找網路紅人在拍攝時，盡量讓網紅少說話（近似默片，但有背景音樂），片長「5~10分鐘」，當成「微電影」在拍，一集一個主題。

三、產出：2019年YouTube中文版前三名（後頁表第四欄）

事後諸葛看來，2019年NoxInfluencer 公司的YouTube中文版排行統計，詳見後頁表第四欄。

四、特寫：YouTube跟中國大陸短片

1. 美國YouTube

公司在「推薦」影片時，十分重視網友看完整部影片的完播率（finish rate）。要讓眾多網友看完5分鐘影片，影片內容必須「高水準」。

2. 中國大陸短片社群媒體

　　以字節跳動公司旗下抖音公司在推薦影片時，著重網友的點擊率，內容創作者（例如網路紅人經紀公司）挖空心思去弄「新」、「奇」，就算只有30秒的極短片也可以。

項目	投入：需求分析	轉換：影片內容	產出：績效
	表　YouTube中文版影片前三名：2019年為例		
時	2019年9月11日	2019年12月20日	至2019年12月19日
地	北京市西城區	廣東省廣州市越秀區	北京市
人	當代中國與世界研究院，中國中共中央宣傳部旗下中國外交出版發行事業局	諸未靜，記者	NoxInfluencer公司，2017年成立，Nox公司（2015年成立）旗下
事	發表「中國國家形象」全球調查報告，外國人認為最能代表中國文化的如下三項： 1. 中餐（55%） 2. 中醫藥（50%） 3. 武術（46%）	在「南方都市報」上文章「李子柒背後的網紅出口熱潮（中稱出海熱），美食默片最受歡迎」 1. 美食： 詳左中餐（55%） 2. 默片： 在國外避開語言障礙 3. 片長： 5~10分鐘	YouTube中國大陸區粉絲數前三名都是「美食默片」 1. 辦公室小野（本名周曉慧），801萬人，四川省成都市洋蔥末未來網路科技公司，2017年2月影片上傳YouTube 2. 李子柒（本名李佳佳），764萬人，浙江省杭州市微念公司，2017年8月22日影片上傳YouTube，以「古香古食」、「田園精靈」著稱

14-11　現象級網路紅人的影響

2016年起,李子柒大紅,時間太短,以致極少有重量級學術論文分析其影響。由後頁表可見,我們把李子柒分成影片、旗艦店商品二個,視為由公司、產品價值主張,套入總體環境量表來分析其「影響」。

一、全景:總體環境

為了了解某個人、某家公司的「影響」,伍忠賢(2021)提出「影響分析表」,底下說明。

1. 後頁表第一欄:消費者的需求層級

個人、公司的影響,歸根究柢來自滿足人類的需求層級。

2. 後頁表第二欄:總體環境

總體環境四大類、8中類,跟個人需求層級對應。

3. 後頁表中第三、四欄

李子柒影片的價值主張「東方」、「生活家」、「美食」,跟個人需求三層級對應。

4. 後頁表中第五、六欄

李子柒旗艦店商品價值主張:「新傳統」、「慢生活」、「輕養生」,分別跟「東方」、「生活家」、「美食」對應。

二、近景:對國外影響

1. 中國大陸政府視李子柒影片是文化輸出

2019年12月6~14日,中國大陸政府旗下中央電視台等多個媒體、機構,大力宣傳李子柒影片是「中國文化輸出」,和2011年起相比,在美國(例如紐約市時代廣場大螢幕)廣告來說,約須100億美元廣告費,才能達到李子柒影片的效果。

2. 國外觀眾分析

李子柒影片在國外約有1,550萬粉絲,66%在美國,其次在東南亞(越南)、南亞(印度);男女性別比率各占一半。

三、特寫：以青少年偶像崇拜說明網路明星李子柒走紅

右表從心理學角度中的青少年偶像崇拜，來說明李子柒影片滿足人們「自我實現」、「自尊」、「社會親和」三大類心理需求。

・中國大陸版的「日本阿信」，這是1981年4月~1984年1月期間日本放送協會（NHK）播出的連續劇，平均收視率52.6%，居日本連續劇收視紀錄第一，劇中女主角阿信（谷村信子，出嫁後改名田倉信子）原型是「八佰伴百貨」的創辦人和田加津。

・中國大陸版的「大長今」，這是2003年9月~2004年3月期間南韓MBC播出的連續劇，主要描述醫女徐長今多才多藝（烹飪、醫術）的故事。

表　李子柒影片與旗艦店商品的影響

馬斯洛人類需求層級	總體環境	符合	影片	符合	旗艦店產品
	（四）政治／法律 8. 政治 7. 法律	✓	公司價值主張 2017年8月21日影片上YouTube起		產品價值主張 2018年6月1日起
五、自我實現 四、自尊	（三）社會／文化 6. 文化	✓	東方：田園與牧歌，有療癒心理功能	✓	新傳統：把清宮美食蘇造醬等商品化
三、社會親和	5. 社會	✓	生活家：李子柒刻苦奮鬥，有激勵人心效果		
二、生活	（二）經濟／人口 4. 經濟 3. 人口	✓	美食	✓ ✓	慢生活 輕養生
一、生存	（一）科技／環境 2. 科技 1. 環境				

®伍忠賢，2021年6月6日。

偶像對象	需求層級	心理效益	情感三化
一、演藝明星以外例如體壇明星 二、演藝明星 1. 文 2. 音：歌星 3. 影：影星	認同取向 五、自我實現 成就導向：以偶像的人生觀、成功歷程、才能作為學習榜樣 四、自尊 形象導向：偶像的形象、魅力、性格 三、社會親和 情感取向：把偶像當成虛擬朋友、男女情人等	二、次要的依附 （secondary attachment） 1. 主要的：父母、老師、朋友 2. 次要的：偶像 （三）理想心理依附 1. 學習榜樣 2. 偶像具有角色榜樣功能 （二）（身分）認同的依附（identity attachment） ・性別認同 一、準社交關係 （parasocial relation） ・虛擬朋友 （一）浪漫化依附 （romantic attachment）	一、理想化 1. 過分美化所崇拜的偶像，因跟偶像有「距離美感」 2. 把偶像視為最完美的理想人物 二、絕對化 1. 把偶像神格化，盲目的追隨和崇拜 2. 不能容許別人對偶像有不同見解 三、浪漫化

Chapter 14

口碑內容行銷以塑造個人品牌：中國大陸超級（現象級）網紅李子柒經營方式

Date _____/_____/_____

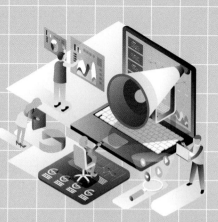

Chapter 15

數位促銷：李子柒旗艦店個案分析

15-1 全景：促銷五項活動──消費者消費過程與AIDAR模式

15-2 行銷組合第3P促銷之一：溝通

15-3 李子柒商品第3P促銷之二：李子柒的口碑／內容行銷

15-4 行銷組合第3P促銷之二：社群行銷──業配文、用戶評語，以小紅書為例

15-5 AIDAR模式之二「興趣」與行銷組合第3P促銷之一：網路商店

15-6 特寫：天貓商場顧客對李子柒旗艦店評分4.9分

15-7 李子柒網路商店網站設計

15-8 網站評比：李子柒旗艦店75分比星巴克67分

15-9 AIDAR模式全景：行銷組合第3P促銷之三──社群媒體行銷Ｉ，李子柒旗艦店、微博貼文與影片

15-10 李子柒社群媒體稽核

15-11 AIDAR模式之三「慾求」與行銷組合第3P促銷之二：社群媒體行銷Ⅱ，李子柒與其網路商店微博貼文主題標籤

15-12 AIDAR模式之四「購買」與行銷組合第3P促銷之四：贈品

15-1 全景：促銷五項活動──消費者消費過程與AIDAR模式

李子柒旗艦店在行銷組合第3P促銷策略的內容很多，本章詳細說明。一開始先拉個全景，看到促銷五個部處，大抵是依消費者購買五階段（AIDAR模式）而定，本章重點在促銷中的各項「媒體─內容」組合（中國大陸稱矩陣）。

一、全景：三位一體

由後頁表上部分可見，三列是殊途同歸。

1. 第一列：消費者購買行為AIDAR模式

消費者購買決策或採購行為，本書一向以伍忠賢（2021）AIDAR模式呈現。

2. 第二列：行銷組合第3P促銷策略

一般行銷組合第3P「促銷策略」有五項活動，大公司分別由處（甚至三級部）負責，在數位時代，多增加「社群行銷」。

3. 第三列：廣告種類

在單元6-3說明媒體的大、中分類，本處直接引用。

二、特寫Ⅰ：媒體的分類

媒體依公司內外大分類，中國大陸的用詞（表中打*號的）是治絲益棼。

1. 公司外部，中國大陸稱流量池（flow pool）

公司「外部」媒體，差別在於要付費，稱為「付費媒體」（paid media）。但粉絲社群不須付費，一群粉絲替公司、產品免費宣傳，稱為「免費媒體」（earned media）。

2. 公司內部，中國大陸稱私域流量（private domain traffic）

公司「內部」媒體，主要差別為這是公司的財產，公司不須付費，稱為「自有媒體」（owned media）。

三、特寫Ⅱ：李子柒旗艦店在媒體的選擇

由後頁表中下半部打✓處，可見李子柒旗艦店在促銷五項活動的媒體組合不同。

表　AIDAR與行銷組合第3P促銷之五項活動、媒體組合

消費者 購買行為	注意 (attention)	興趣 (interest)	慾求 (desire)	購買 (action)	續薦 (repurchase)
一、 行銷組合 第3P促銷	之一 溝通（含廣告）	之二 社群行銷	之三 人員銷售： 以帶貨直播 來說	之四 促銷	之五 顧客關係 管理
二、媒體 　(一) 公司外部 1. 付費媒體 　(paid media) 2. 粉絲媒體 　(earned media)	*流量池 (1)關鍵字廣告 (2)展示型廣告 (3)影音廣告	(flow pool) 天貓商場首頁（landing page） 粉絲團 （應援團）	✓薇婭		
(二) 公司 1.社群媒體 ・文：微博 ・音 ・影：抖音 2.公司網站	*私域流量 ✓李子柒貼文 ✓李子柒影片 ✓	(private) (1) 公眾號 微信朋友圈 (2) 小程序 (App)	(domain) ✓	(traffic) 首頁	✓推薦新網友可參加抽獎

*中國大陸的用詞。
®伍忠賢，2021年6月28日。

表　美、中類似社群媒體比對

購買	注意	興趣	慾求	購買、續薦
媒體	極短片	短片	圖文	文字、電玩
美	YouTube	Instagram	推特	推特
中	抖音	小紅書	微博	微博

李子柒商品八成是食品，分成五大類主食、湯、醬料、飲品、烘焙類。

2021年，李子柒商品在二種通路銷售。

- 網路商場占營收95%以上：在三大網路商場（天貓、京東、易購）李子柒旗艦店，加1個社群媒體（抖音上的抖音小站）；2020年，天貓商場上的店營收為人民幣16億元，臺灣的網友在天貓國際網上，可以買到李子柒商品。

- 商店：例如阿里巴巴集團旗下超市荷馬鮮生，李子柒商品95%的促銷是網路促銷，這是本章重點。

一、文、音、影、電玩四種媒體各有其用

由單元15-1的表可見，四種媒體「文、音、影、電玩」在消費者採購五過程（表中第一列）各有其用，這表重點之二是，中國大陸的一些社群媒體（例如微博），常自稱是中國大陸版的「推特」。

二、李子柒影片：擦板得分

2018年6月，天貓商場李子柒旗艦店開始營業，李子柒成為了微念公司李子柒商品代言人，李子柒一週約一支影片，一半是「置入性行銷」（placement marketing），例如2019年4月YouTube三支影片之一「蛋黃醬」製造過程，便替李子柒旗艦店第三大類醬料中主力商品蛋黃醬打下知名度。簡單的說，李子柒影片主要功能如下。

- 注意：中國大陸稱為「圈住粉絲」（簡稱圈粉）。

- 興趣：引導購買（shopping guide），即商場上的「首頁」（landing page）。在微博等社群媒體李子柒影片皆有跟李子柒旗艦店「超連結」（hyperlink）。

三、網路商店部分：直接進籃得分

以天貓商場李子柒旗艦店來說。

- 注意：這主要來自李子柒影片的超連結，以商店來說，商店在店外派出吉祥物或員工發傳單。

- 興趣：主要是圖文並茂的首頁、產品頁。
- 慾求：透過抽獎等讓網友「聞香下馬」。
- 購買：主要是把「人潮」變「錢潮」的「心動不如馬上行動」，稱為「轉換率」（conversion rate）。

表　AIDAR與行銷組合第3P促銷之五項活動、媒體組合

階段	注意	興趣	慾求：用戶轉換	購買：商品購買
一、媒體 （一）社群媒體	1分鐘 抖音	10分鐘 1. 微博 2. 騰訊 3. B站	微信公眾號 ・短文 ・圖片 ・影片	
（二）商場 以天貓為例	李子柒影片超連結	李子柒旗艦店首頁（landing page）	每個商品都有短片介紹	
二、不做	1. 李子柒不做其他公司的廣告代言人 2. 不置入性行銷，包括其他品牌	1. 碎片化、內化、缺乏知識性 2. 內容脫離現實、生活	李子柒不直播帶貨	不辦粉絲見面會

注意	慾求／興趣	購買
蓮花三枝（放照片）	1. 碗沖泡藕粉（放照片） 2. 產品罐（放照片）	李子柒藕像派（放手繪圖），定價單位為人民幣

15-3 李子柒商品第3P促銷之二：李子柒的口碑／內容行銷

李子柒是李子柒商品的最佳廣告代言人，主要宣傳廣告便是李子柒的影片，吸睛、深受粉絲歡迎，很多人看了影片就會點影片「超連結」，連結到天貓等三個商場上李子柒旗艦店首頁。

一、李子柒商品行銷的論文

有關李子柒商品行銷的論文較少，詳見下表，但仍缺乏問卷調查類的實證。

二、置入性行銷

微念公司把李子柒的影片視為數位內容產品品牌，而旗艦店視為另一產品品牌，希望能「獨立」品牌管理。但實際上，由後頁表可見，影片是為商品置入性行銷。

時	人	事
		表　有關李子柒商品行銷相關論文
2019年	滿雪瑩	在《傳播力研究》月刊上文章「內容型網紅的傳播策略研究」
2019年 10月	陳立勇	在《傳播力研究》月刊上文章「美食類自媒體品牌傳播研究——以美食博主李子柒為例」。他是天津市師範大學新聞傳播學院教授
2020年 3月	桑子文、陶亞亞	在《山東大學學報》上文章「李子柒IP運營的盈利模式研究」，共48頁。前者是上海市教委教學研究綜合教研員

消費熱點小檔案

消費熱點（consumption hot spots），指「一段時期」（數個月以上），一個產品／服務大紅、成為流行，有可能是政策造成，但大部分是消費者造成。

表　李子柒的短片一半為配合產品上市

攻擊性商品 占營收20%	核心商品 占營收30%	基本商品 占營收50%
四、養生保養類 （一）早餐類 1. 豆漿粉 2. 核桃粉：2018年 3. 臘八粥 （二）飲品類 1. 枇杷露：2019年9月 2. 紅糖薑茶：2019年10月 3. 草本茶：2018年8月逍遙草本茶、2018年3月櫻花茶 4. 人蔘蜜：2018年8月 五、烘焙類 （一）日常 1. 蛋黃酥：2020年6月 「菜籽油的一生」影片中有蛋黃酥 2. 紫薯米糕：2019年10月 （二）節慶 1. 月餅 2. 粽子：2020年6月 二個短片	三、調味醬類 （一）葷食醬 1. 牛肉醬：2019年10月好拌牛肉醬 2. 魚子醬：2018年3月古法燜雪水魚 3. 蛋黃醬：2018年4月、2019年4月 （二）素食醬 1. 蘇造醬：2018年8月宮廷蘇造醬 2. 菇菇醬：2019年6月我把香菇種到山裡 3. 鐵觀音剁椒醬	一、主食類 （一）螺蛳米粉：2018年6月 豆角晾足日頭 （二）方便麵 1. 紅油麵皮：2020年5月小麥的一生 2. 薯可寶，酸辣米粉：2018年11月 烤紅薯和酸辣湯 （三）玉米 二、副食類 （一）湯 1. 雞湯 2. 鴨湯：2019年3月酸蘿蔔老鴨湯 （二）火鍋鍋底 番茄鍋底：2018年7月暖胃湯鍋——番茄牛腩、2019年7月紅寶石番茄醬

15-4　行銷組合第3P促銷之二：社群行銷 —— 業配文、用戶評語，以小紅書為例

以李子柒旗艦店來說，每二個月會推出一個新產品或產品新口味（例如占營收37%的柳州螺螄米粉三種口味），上市第一、二天，一定有數十篇愛用文章，圖文並茂、鉅細靡遺的「開箱文」（unboxing）。怎麼有人這麼好心「好吃逗相報」？一半以上是業配文，剩下一半看似素人貼文，但這也是有「網路寫手」（internet writer）捉刀的，本單元以號稱中國大陸Instagram的「小紅書」，聚焦說明李子柒旗艦店的業配（advertorial）。

一、資料來源

時：2021年4月15日。

人：愛運營，這是一個泛用字，各平台幾乎皆有。

事：在「Md Editor」上「李子柒品牌營銷透視」。

二、李子柒旗艦店在「小紅書」上的業配文

由後表第二欄可見，以2021年3月來說，「小紅書」的數據平台「千瓜數據」，有統計業配「文」（貼文在小紅書上稱為「筆記」），頭部（粉絲數1,000萬人以上）網路紅人為「0%」，肩部（粉絲數500~800萬人）、腰部（粉絲數300~500萬人）網路紅人占55%為多數。

三、業配文的例子

時：2021年3月17日。

人：大二寶的美食料理。

事：「8分鐘帶你解鎖三種美滋滋的快手晚餐」，點讚數7萬，收藏數3.83萬，分享數0.6128萬，評論數0.0679萬。

小紅書小檔案

成立：2013年6月
公司：行吟資訊科技公司，社群媒體，號稱有逾2億用戶
地址：上海市黃埔區
業務範圍：網路購物、數據分析平台稱「千瓜數據」

地理	性別	年齡
一、二線城市占 60%	女性占 87%	1990年後占 70%

表　中國大陸版「Instagram」小紅書上李子柒旗艦店作為

廣告大分類	小紅書用詞，二種種草筆記
一、硬性廣告 （hard ad） （一）純廣告 （二）置入性行銷	以「筆記」稱呼「貼文」 商業筆記： 1. 企業號（或品牌號）須申請認證 2. 商城、開幕店展示 3. 討論區（互動裡） 1. 公司寄產品給網路經紀人使用，小紅書代為介紹網路紅人，網路 　 紅人（此處稱小紅書「達人」、「博主」）寫出「業配文」 2. 李子柒旗艦店部分 　・數量：2020年3月以前1,200篇，之後2,000篇 　・網路紅人結構： 　　 一線（頭部）0%、二線（肩腰部）55%、三線（尾部）45%
二、軟性廣告 （soft ad） （一）廣告新聞 （二）活動贊助 （三）用戶使用評 　　　 語	素人（或用戶）筆記： 1. 不准置入性行銷，即貼文中不准有其他平台的浮水印信息，但可 　 以有「商品」、「商店」連結 2. 2019年起，對於寫手代寫自稱審核較嚴格，網路上還是有報價， 　 以500字文章分二級：達人為人民幣160~3,000元，素人為人民幣 　 50元

15-5　AIDAR模式之二「興趣」與行銷組合第3P促銷之一：網路商店

　　「走過、路過，不要錯過」，這是許多攤販對路人的呼籲，想把人潮吸引到攤位，才有機會說明其商品有多好。同樣的，以微念公司經營李子柒影片在中國大陸8個社群媒體上架、關鍵字廣告，目的就是「招攬生意」（Soliciting business），將網友「登堂」（注意）、「入室」（興趣、慾求、購買）。關鍵在於網路商店網頁是否能讓網友「心動」（慾求），進而「馬上行動」，本單元說明天貓商場李子柒網路商店網頁（commercial web）設計。

一、資料來源

　　有關如何設計強效網頁的書、文章很多，下列文章綱舉目張。

　　時：2018年6月左右。

　　地：臺灣臺北市。

　　人：林韋佑（Doris Lin），睿博數位行銷公司（TransBiz）。

　　事：公司網頁上文章「打造最強Landing page，讀這一篇就夠了」。

二、李子柒網路商店的網頁設計：**AIDAR模式**

　　中文網頁分五項，全景是「店舖」導航（navigation），第2~6項則依功能排序：

- ・注意：首頁（landing page，直譯登陸頁）可視為一本週刊的封面、目錄，都是手繪李子柒（仙女樣）與東方美食生活家意境。
- ・興趣：產品頁（product page），各類產品照片。
- ・慾求（功能、定價）：買方（註：俗稱買家）評論（buyer reviews），10則顧客好評，扮演社會認同（social proof），也包括商店評論（store reviews），滿分五分。
- ・購買：聯繫我們，主要是客服電話、如何訂購產品。

三、李子柒商店英文網頁

　　在李子柒網路商店（Li Ziqi online shop）英文網頁，主頁上由上到下有四大類，詳見後表，剛好跟AIDA四階段對應。

表　AIDAR模式架構的天貓商場李子柒商店網頁

步驟	注意	興趣	慾求	購買
中文網頁	1. 店舖首頁 2. 店舖簡介 偏重首頁	3. 商品展示 偏重產品頁	4. 買方評論	5. 聯繫我們
英文網頁	Li Ziqi Shop Blog	Main	Customer Care	About
（一）	Main	Home	FAQs（或QnA）	註：faqs
（二）	Li Ziqi Shop Blog	All 所有商品照片	Search	frequently asked questions 常見問題
（三）	Li Ziqi Biography Story	衣住育三大類商品，但不含食品類五中類	衣住育三大類商品，但不含食品類五中類	Contact us（或Contact me）
（四）	YouTube Channel	Home & Kitchen		Tracking your order
（五）	Li Ziqi Interview	Chinese element	Privacy policy	
（六）	Li Ziqi wiki		Shipping & delivery	Refunds & returns policy

表　李子柒網路商店釋放「信任訊號」

AIDA	興趣	慾求	購買
一、問題：顧客擔心風險	（一）個人資料外洩 （二）資訊安全	收受的商品或服務不符合期望	法律風險（legal risk） 1. 網路購物詐騙下單不出貨出假貨 2. 盜刷
二、對策：釋放「信任訊號」（trust signals）	（一）cookie隱私權政策 （二）資料安全標籤	社會認同（social proof） （一）顧客（買方） 顧客證詞（testimonials） ·例如丹麥哥本哈根市的Trustpilot公司所刊登的顧客評論（好壞皆有） ·買賣評價 （二）第三方評分 天貓商場 ·商品與圖片相符4.9%	（一）第三方 1. 合作公司徽章（partnership badges） 2. 商場的防詐騙宣傳 （二）公司 1. 保證（guarantees） ·關注我們（about us）（或聯繫） ·公司地址、客服電話 2. 品牌標誌（brand logos）

網路商場為了了解買方對網路商店（online shop，俗稱賣家）的四項評分，會開放一個買方「回饋」區，讓買方給網路商店打分數。本單元以天貓商場上對李子柒旗艦店的評分。

一、網路商店評分

1. 名詞

・英文：detail seller rating（DSR）。

・中文：賣方（俗稱賣家）服務評級，本書稱為商店評分。

2. 天貓商場的商店評分

詳見後頁小檔案，這大抵沿用美國電子灣（eBay）方式。

二、天貓商場對李子柒旗艦店評分

1. 評分項目

由後頁表第一欄可見，四個評分項目分屬行銷組合中的產品策略、實體配置策略。

2. 李子柒旗艦店得分

在李子柒旗艦店首頁「網頁導航」下五項之二「店舖簡介」下按一下，會出現「店舖簡介」，便會出現後頁表中第三欄得分，買方評分皆在4.8分（滿分5分）以上，換算成百分評分為96分以上。計算方式各商場皆同，以電子灣來說，商品項目100項以上，且評分在前1%者，可以獲得「頂級網路商店」（top rated 或power seller）的「徽章」（badge），會顯示在網路商店首頁上。

表 天貓商場商店評分系統：李子柒旗艦店

行銷組合 （4Ps）項目	1分 很不 滿意	2分 不 滿意	3分 一般 滿意	4分 滿意	5分 很 滿意	李子柒 旗艦店	同業 平均
一、產品策略 （一）商品 商品跟廣告描述相符（item description）						4.9	3.375
（二）商店客服 人員服務態度（communication）						4.9	2.264
二、實體配置策略 （一）商店發貨速度（shipping time）						4.9	—
（二）宅配公司 宅配速度（這項評宅配公司）						4.8	3.325

美國亞馬遜公司的網路商店評分方式

人：亞馬遜公司

事：亞馬遜公司的買方評分系統（feedback manager）

對象：買方收貨後三天

行動呼籲按鈕：亞馬遜網路上會出現

行動鈕：feedback request、seller feedback、product reviews

期間：過去30、90、365天或限期

商店評分：4.38分

　　　　其中正面聲量占比高，計算如下：

涵意	(1)得分	回應數	(2)比重	(3)得分
很滿意	5分	55	0.55	2.75
滿意	4分	35	0.35	1.4
一般	3分	5	0.05	0.15
不滿意	2分	3	0.03	0.06
很不滿意	1分	2	0.02	0.02
		100個		4.38分

15-7　李子柒網路商店網站設計

　　李子柒網路商店在「3加1」（三大網路商場：天貓、京東、蘇寧易購，加一抖音小站），皆有設立網路商店（三級商店中旗艦店級），基於「80：20」原則，僅以天貓商場李子柒旗艦店網路設計說明。

一、資料來源

　　由後頁表第三欄可見，網址（或頁）設計公司，以李子柒旗艦店的網頁，單類彙總圖片，但比較少用文字說明這些圖片背後的設計想法。

二、李子柒旗艦店網頁設計

　　網路商店網路內容有四，大抵跟AIDAR模式中前四項對應。

1. 首頁（landing page），偏重AIDA「注意」

　　由後頁表第一欄可見，首頁會因「時」而變，符合孔子所說「時然後言，人不厭其言」。

2. 產品頁（product page），偏重AIDA中的「興趣」

　　產品頁分二種：「全部」（all）；依「食」、「衣」、「住」分類。

3. 社會認同（social proof），偏重AIDA中的「慾求」

　　以中文來說，有10則用戶留言。

　　以英文網頁來說，有Trustpilot（註：參見後頁小檔案）網站38則顧客評論，滾動式更新，以過去三個月為主。

4. 聯繫我們（contact us），偏重AIDA中的「購買」

　　主要是下單、七天鑑賞期、物流客服電話等。

三、特寫：以李子柒蓮藕粉為例

　　以李子柒網路商店食品五中類中「飲品類」中的「蓮藕粉」為例，圖片說明方式，以AIDA模式來看，四張手繪照片的AIDA模式階段有點凌亂。（本書基於遵守著作權考量，不放實圖）

Trustpilot 公司小檔案

時：2007年，公司成立
地：丹麥哥本哈根市
人：董事長 Timothy Weller
事：這是歐洲專注電子商務的顧客評價網站（美國最大的是Google），2002年度營
　　收1.02億美元，股票在倫敦證券交易所掛牌；此網站分五級：

極差	差	普通	佳	極佳
（bad）	（poor）	（average）	（great）	（excellent）

表　天貓商場李子柒旗艦店網址設計

情況	時	人	事
一、經常	2019年6月12日	模庫網 花瓣網 集設	「618首頁設計李子柒旗艦店圖片免費下載」 「李子柒 食品 零食 海報Banner設計」
二、時：一週年慶促銷頁 （campaign page）	2019年8月17日	有圖網 集設	「天貓店鋪首頁（促銷）活動頁面設計李子柒旗艦店」 促銷活動專題頁面設計 ・雙11、517吃貨節、520告白季、七夕節
三、促銷：中秋節	2020年9月24日	大美工 （damei gong.cn）	李子柒食品零食酒水天貓首頁活動（2020年9月24日~9月26日）專題頁面設計約10頁
四、物：單一商品	2021年6月24日 2021年7月5日	大美工 大美工	「李子柒烏骨雞湯　食品詳情頁設計欣賞」約17頁 「李子柒水果藜麥脆燕麥（片）」約15頁

15-8 網站評比：李子柒旗艦店75分比星巴克67分

各公司網頁效果得幾分？本單元由伍忠賢（2021）公司網頁評分表（company commercial page scale）來評分二家比較知名的公司：中國大陸天貓商場李子柒旗艦店75分，美國星巴克67分。

一、公司網頁評分表

由後頁表可見公司網頁中「網路商店銷售頁」（commercial或business page）評分方式。

1. 第一欄AIDAR模式

套用文章的「起承轉合」，同樣的，消費者消費決策程序大抵是AIDAR模式，平常是橫列式，為了版面表現，由上往下依序排列。

2. 四大類比重20、30、30、20

AIDAR共五大類，此處僅考慮AIDA，以其中「注意」一項，大都是圖案（或照片）；「興趣」部分包括第二類圖案、字體、文案內容。

二、中國大陸李子柒旗艦店網頁75分

限於篇幅，僅挑出較低、高分項目說明。

1. 較低分項目

第二項圖片吸引力，李子柒旗艦店喜歡用手繪「李子柒」（仙女樣）圖案、產品照片為輔，沒有顧客使用商品照片。此項稱為「新中國風」，詳見單元15-8的小檔案。

2. 較高分項目

- 第1項10分：圖案、文字皆「由左至右」，符合閱讀習慣。
- 第6項10分：40項產品，每項皆有標示價格。
- 第7項10分：在每類銷售頁最後一頁，都仔細寫上客服電話、退換貨規定，這是中國大陸《消費者權益保護法》第2章「消費者權益」的保障。

三、美國星巴克67分

美國星巴克網頁67分，這很正常，因為其本質上是商店，產品網頁偏重資料提供。限於篇幅，只說明較低、高分項目。

1. 較低分項目

・第6項1分：星巴克網頁上大都沒有產品定價。

2. 較高分項目

・第2項圖片8分：網頁的標準色是「綠色」（源自咖啡樹顏色），三分之一圖片是一位顧客拿著一杯星巴克飲料，自然快樂。

・第8項商店評分：consumer affairs評分3.8分（滿分5分），折算7分。

表　網路商店銷售頁評分表

AIDAR	項目	1分	5分	10分	李子柒旗艦店	星巴克
五、續薦（repurchase & referral）						
四、購買（call to action, CTA）	10. 彈跳視窗的行動呼籲按鈕	無感		有感	5	5
	9. 特價／促銷	沒特價		節慶促銷	8	8
三、慾求（desire）	8. 商店評分	1	3	5	9	7
	7. 公司聯絡方式、退換貨	沒電話沒退換		有電話退換貨	10	10
	6. 價格資料	沒定價		定價清楚	10	1
二、興趣（interest）	5. 文案內容（產品／服務效益）	標示超殺次標有說明			8	8
	4. 文字型式	硬體		手寫	5	5
	3. 圖案	立體設計		扁平化設計	5	5
一、注意（attention）	2. 照片（圖案）（目標市場）	手繪	產品照	顧客使用	5	8
	1. 方向	由右到左		由左到右	10	10
小計					75	67

®伍忠賢，2021年7月9日。

新中國風格的李子柒旗艦店網頁

時：大約2018年起

人：1990年後出生消費者占中國潮牌風消費人口57.72%，其中1995年後占25.8%

事：中國大陸開始流行「中國國家潮流」（Chinese style fashion），主要是把中國復
　　古表現運用在產品設計風格，俗稱「新中國風」（簡稱新國風），例如李子柒旗
　　艦店的手繪首頁，大都是濃濃的中國宮朝宮廷風，富麗堂皇

公司網頁中產品銷售頁評分表靈感來源

電影「白雪公主」中壞皇后對魔鏡常問的問題：「誰是全世界最美的女人？」，這問
題依時間序有二種評分方式

1. 1990年起，主觀，專家群評分方式

1990年底起，英國人T.C. Candler開始推出「世界最美臉蛋100人排行榜」由全球
30位夥伴來評分10,500位名人（主要是影歌星）（詳見Independent critics by T.C.
Candler）

2. 2017年1月，電腦系統客觀評分

時：2017年1月4日

地：美國亞歷桑那州斯科茨代爾市（Scottsdale）

人：Domains By Proxy公司，網站名稱prettyscale.com

事：推出長相評分網站、軟體（Am I pretty or ugly）。美國女演員史嘉蕾・喬韓森
　　（Scarlett Johansson）75分，南韓女子天團Twice中臺灣人周子瑜71分

　　微念品牌管理公司透過李子柒、李子柒品牌方，雙軌在中國大陸8個「文音影電玩」社群媒體上，進行社群媒體行銷，在AIDAR模式上依序負責二項功能「注意、興趣」、「慾求、購買、續薦」。

一、李子柒影片負責AIDAR模式的「注意」、「興趣」

　　李子柒貼文與「影片」（中國大陸稱視頻，video）負責吸引中國大陸8個社群媒體與1億位粉絲的「注意」、「興趣」。

1. 注意

　　一般來說，社群網站上的貼文主題標籤（hashtag），負責吸引網友的「注意」。

2. 興趣

　　影片的功能是引發「興趣」。

二、李子柒旗艦店社群媒體行銷負責「慾求」、「購買」

　　李子柒「旗艦店」（對外稱「品牌」）負責商場、社群媒體，發揮刺激消費者的「慾求」、「購買」。

1. 慾求

　　產品貼文的功用在於「慾求」。

2. 購買

　　透過集點、抽獎等，以促使顧客下單。

三、購買呼籲按鈕（call to action button）

　　單元15-8中量表第10項行動呼籲按鈕中的「購買」範圍較廣，由右下表可見，涵蓋AIDAR模式中的四項。

表　李子柒旗艦店社群媒體行銷功能

階段	慾望	購買
一、媒體 文 圖 影片	（一）微博 新產品上市、抽獎 光棍節（雙11，11月11日） 每個月的促銷檔期	（二）天貓商場 · 節慶行銷 · 促銷活動（promotions campaign）或稱促銷「方案」（programs）
二、署名	（一）微博 1. 李子柒的小店 2. 微博品牌活動 3. iPhone 6	（二）秒拍（炫一下公司） 1. 秒拍快活 2. 2017年12月起，朝花柒拾超活 3. 2017年11月前，古香古時超活

表　李子柒社群行銷功能

AIDAR階段	注意	興趣
一、內容 1. 文 2. 圖 3. 影片 主要是微博視頻號	單向貼文 主題標籤（＃hashtag） （消費）熱點性內容 迷因（meme）	跟粉絲互動 貼文加影片 一個月推出4支影片
二、媒體	微博	微博視頻號

表　購買呼籲按鈕（call to action）的功能

AIDAR	注意	興趣	慾望	購買	續薦
顧客	－	顧客留下資料 1. 電子郵件信箱 　立即寄送電郵 2. 立即註冊 　（apply now） 　（bookmark us） 　（sign up today） 3. 立即觀賞影片 4. 了解更多 　（learn more） 5. 下載手機App 　（download）	1. 用戶參與 · 按讚 　（like it） · 按追蹤 　（follow it） 2. 立即通話跟 　我們聯絡	1. 索取免費試用品 　（網路上試讀等） · 領取好康優惠 2. 購買 　（add to cart） 　（buy now） 　（purchase） 　（shop now） · 搶先預訂 　（order now） 　（subscribe）	1. 按續購 2. 推薦按分享 　（share）

社群媒體行銷（social media marketing）的立即績效如何？衡量方式之一是社群媒體稽核（social media auditing），本單元拉個全景，先了解有哪些市場調查公司在哪些社群媒體的績效衡量，與粉絲人文屬性。

一、資料來源

由下表可見，有四個國家的市場調查公司，每天針對李子柒的一個社群媒體進行社群媒體稽核。這是一個簡單的工作，以米慧信息科技公司的「有米雲」來說，在「啓信寶」查公司資料，資本額人民幣200萬元。

二、特寫：粉絲人文屬性

・**中國大陸粉絲人文屬性**：了解中國大陸粉絲人文屬性，對李子柒旗艦店的經營很重要，以利推出粉絲想要的商品、促銷案等。

・**YouTube上粉絲人文屬性**：YouTube粉絲1,600萬人，66%集中在美國；以性別來說，男女相近，這對拍影片題材選擇有關。

表　美、印、中的李子柒社群媒體稽核

地	人（市調公司）	事
一、美國 印第安納州 印第安納波利斯市	HypeAuditor	YouTube stats & analytics for李子柒Li Ziqi 1. 粉絲人數、流量 2. 認同度
二、印度	SpeakRJ，RJ指Rajat Jain	主要針對IG 1. 粉絲數、流量 2. 認同度二項（按讚、評論）占5.51%
三、印尼 雅加達市	Analisa.io	專門分析IG、抖音 抖音李子柒分析Tiktok analytics profile （＠liziqi）
四、中國大陸 廣東省 廣州市	米慧信息科技公司	在「有米雲」上分析五大社群媒體：抖音、微博、小紅書、快手、B站

表　全景：中國大陸短片的技術消費者分析		
時	2020年11月15日	2021年2月3日
地	北京市	廣東省廣州市
人	人民日報旗下品牌發展研究院	艾媒諮詢公司（ii Media Research），2007年成立
事	「視頻社會化發展報告」 四個資訊通訊節點： 1. 2013年：4G手機手機影片商業化元年 2. 2016年：網路直播元年 3. 2019年3月：5G手機元年 4. 2020年：手機社會化元年	發展「短視頻用戶行為和行業前景分析」報告 2020年11月，短視頻App每月活躍用戶排行榜（單位：億人）： ・抖音：4.9 ・快手：4 ・西瓜視頻：0.79 ・騰訊微視：0.62 ・火山網小視頻：0.5

表　2021年三大社群媒體李子柒粉絲分析			
社群媒體	微博	抖音	YouTube
一、時 1. 粉絲數（萬人） 2. 資料來源	2,700 有米雲	3,500	1,600
二、地理 1. 東西南北中 2. 省 3. 縣 4. 市	廣東省 四川省 江蘇省		各國占比重： 美 66% 印度 10% 英 7% 加拿大 4%
三、人文 （一）性別 男：女 （二）年齡 1. 45~54歲 2. 35~44歲 3. 25~34歲 4. 18~24歲 5. 17歲以下	24.34：75.66 18~29歲占70.9%		70：30 6% 13% 48% 22%

本單元以粉絲數2,800萬人的「微博」為對象,說明李子柒社群媒體行銷中AIDAR模式中的第三階段撩起網友的購買「慾求」(desire)。

一、資料來源

你在「谷歌」搜尋「李子柒的微博」,會出現「李子柒的微博—微博—WEIBO」,便會看到從最近(2020年12月9日)到2017年5月的貼文、影片。

參右上表,「微博」、「秒拍」(炫一下科技公司)二個社群媒體上的「文」(貼文)、「影」(照片、影片),以其中「微博視頻號」來說明。

· 中文:比較像6列文字的新詩(比較像七言律詩,8句)。

· 影片:左下角是播放次數,右下角是影片長度。

二、特寫:李子柒的帶貨貼文

在右上表中,我們挑了一些李子柒旗艦店的帶貨貼文,主要來自「微博視頻號」,至於百度App「李子柒圈粉無數,她的帶貨文案」也是來自於此。

三、特寫:2019年9月柳州螺螄米粉為例

由右下表可見,2019年9月,李子柒旗艦店推出廣西壯族自治區柳州市螺螄米粉;8月時,李子柒螺螄米粉影片上線,有一個月「宣傳期」,影片觀看次數才會到成長末期,產品上市後,影片進入成熟期。

表 社群媒體貼文影片行銷人與事

媒體	人	事
一、文	部落客(blogger)中稱博主	帶貨貼文(post with goods)
二、影		
(一)影片	影片部落客(video blogger、vlogger)	影片帶貨
(二)直播	直播主(live streamer)	直播帶貨(live commerce)

時	影片	文（摘要）
2019年 11月8日	6分12秒 4,500萬次 豆漿粉	正是一個早上經歷幾種天氣的季節！ 熬兩碗豆漿，蒸個米糕 不管再忙，大家都要好好吃早餐哦~
2019年 8月6日	10分17秒 5,700萬次 柳州螺絲米粉	夏天正是打麻竹筍的時候，做了些酸筍 螺蜥、豬筒骨……熬夠時辰當作底湯！ 一把米粉幾根菜，酸筍酸豆角，木耳蘿蔔乾 出鍋撒幾顆炒花生炸腐竹，一勺辣椒油 「酸辣鮮香燙」一碗非（物質）遺（產）柳州螺蜥米粉就有了
2019年 7月11日	8分41秒 4,955萬次 蓮藕粉	又一年荷花季 剩下的蓮藕拿來做了桂花堅果蓮藕粉 我家老太太專屬甜品！ 配上一盞荷花茶，只嘆夏天太短！ 【轉＋曬加購截圖】抽177位柒家人免單本產品
2019年 4月21日	燕窩	燕窩有豐富活性蛋白等營養元素，幫你把身體內外都照顧到。好心情，就來了！ 胡慶餘堂是中華老字號，擁有百年歷史。數百年中膳食大師們專注著手中的燉煮手藝，代代相傳每一盞燕窩都用心燉煮，不容有絲毫懈怠。這成就了胡慶餘堂的經典傳承，更燉成了你手中這一盞燕窩

表　李子柒旗艦店在「微博視頻」貼文影片

表　2019年李子柒旗艦店推出螺蜥米粉社群媒體行銷

時	事
7月	微念公司採購處人員選了柳州市幾家螺蜥米粉工廠經過評比等，選定中柳食品科公司（2016年4月成立），五大品牌之一
8月6日	在「B站」上一支影片「聽說愛吃螺蜥粉的朋友，都很可愛啊！」大紅，全網熱播
9月	李子柒螺蜥米粉上網銷售

站在李子柒旗艦店角度，透過李子柒旗艦店，李子柒的社群媒體行銷，大海下釣竿（貼文、影片），目的是希望魚兒吃餌上鉤，這個「餌」主要是抽獎的獎品。

一、針對粉絲行為

1. 苦勞：獎勵粉絲的「熱誠」

　　為了提高粉絲的「認同程度」（engagement rate），針對「按讚」、「評論」、「推薦」（轉貼產品貼文）等，每個月抽獎一次。

2. 功勞：獎勵粉絲轉換成顧客

　　這是顧客關係處會員管理組的事，每天不定時的開一次獎，集點夠的顧客可登網參加。

二、站在網路商場、李子柒網路商店立場

1. 網路商場

- ・天貓商場一年有幾次大促銷檔期，例如9月11日的美食大牌日、光棍節（11月11日，俗稱雙11）。
- ・快閃方式：以帶貨直播女王薇婭（本名黃薇）每年二~四次的「零食節」。

2. 李子柒旗艦店

- ・新品上市，網友「轉貼」文，大都抽177名，少數情況下抽277名。
- ・週年慶：大都是跟百貨公司週年慶一樣送「滿額禮」，例如滿人民幣99元，現金折扣10元。

三、微博抽獎

　　人：李子柒女助理，小名「民國」。

　　事：由微博抽獎平台監督（註：詳見「如何設置微博抽獎」），具有「公示鏈接」上，以示公平，由李子柒的助理宣布抽獎訊息、得獎名單。

表　美、中網路商場發明的促銷檔期

每年	時：開始年	人	事
5月20~21日	1998年	范曉萱，臺灣女歌手	在專輯Darling中一首歌「數字戀愛」，由於520有下列涵意所成的靈感來源，網路商場、商店告白季 「520」諧音「我愛你」 「521」諧音「我願意」 520、521合稱網路情人節
6月18日	2010年5月	京東商場，6月18日是京東成立日	俗稱網路商場「618購物節」、「年中慶」
6月21日	2015年	美國亞馬遜公司	亞馬遜會員日「prime day」，限會員（prime member）
11月11日	2009年10月	天貓商場	光棍節（雙11節）

表　李子柒網路商店促銷

項目	I	II	III
一、跟商場、商店有關	人為節慶 週年慶 一週年：2019年8月7日，新品上市滿人民幣169減20、滿99減10	三年三節 1. 春節 2. 端午節 3. 中秋節	商場促銷 1. 天貓美食大牌日，2020年9月11日 2. 帶貨直播主薇婭的零食節
二、跟商品有關		1. 端午節：粽子 2. 中秋節：月餅	
三、跟網友行為有關 1. 功勞：消費 2. 苦勞：粉絲認同程度	集點滿40點 每日一次不定時 按讚 每月7日，公布上月「粉絲互動網」，獲得「互動」小禮物	評論 例如每月4日，「陽光普照獎」抽獎5名	推薦 1. 例如轉「評讚」抽20名 2. 例如2021年5月17日轉發本條，抽獎1名

國家圖書館出版品預行編目(CIP)資料

超圖解數位行銷與廣告管理/伍忠賢著. -- 初
版. -- 臺北市 : 五南圖書出版股份有限公
司, 2024.11
　面； 公分
　ISBN 978-626-393-290-6(平裝)

1.CST: 網路行銷 2.CST: 廣告管理 3.CST:
個案研究

496　　　　　　　　　　113005459

1FSL

超圖解數位行銷與廣告管理

作　　　者：伍忠賢

企劃主編：侯家嵐

責任編輯：吳瑀芳

文字校對：林秋芬

封面設計：封怡彤

內文排版：賴玉欣

出 版 者：五南圖書出版股份有限公司

發 行 人：楊榮川

總 經 理：楊士清

總 編 輯：楊秀麗

地　　　址：106臺北市大安區和平東路二段339號4樓

電　　　話：(02)2705-5066　傳　　真：(02)2706-6100

網　　　址：https://www.wunan.com.tw

電子郵件：wunan@wunan.com.tw

劃撥帳號：01068953

戶　　　名：五南圖書出版股份有限公司

法律顧問：林勝安律師

出版日期：2024年11月初版一刷

定　　　價：新臺幣490元

經典永恆・名著常在

五十週年的獻禮——經典名著文庫

五南，五十年了，半個世紀，人生旅程的一大半，走過來了。

思索著，邁向百年的未來歷程，能為知識界、文化學術界作些什麼？

在速食文化的生態下，有什麼值得讓人雋永品味的？

歷代經典・當今名著，經過時間的洗禮，千錘百鍊，流傳至今，光芒耀人；

不僅使我們能領悟前人的智慧，同時也增深加廣我們思考的深度與視野。

我們決心投入巨資，有計畫的系統梳選，成立「經典名著文庫」，

希望收入古今中外思想性的、充滿睿智與獨見的經典、名著。

這是一項理想性的、永續性的巨大出版工程。

不在意讀者的眾寡，只考慮它的學術價值，力求完整展現先哲思想的軌跡；

為知識界開啟一片智慧之窗，營造一座百花綻放的世界文明公園，

任君遨遊、取菁吸蜜、嘉惠學子！